연구실 안전 관리사

2차 합격 | **단기완성**

SD에듀
㈜시대고시기획

머리말

우리나라는 기술강국이다. 기술강국하면 독일과 일본이 먼저 떠오르지만 이 두 나라는 쇠퇴해 가는 반면 우리나라는 계속해서 성장하고 있다. 코로나 시대에도 불구하고 한국의 경제력은 유럽 각국에 비해 견조한 흐름을 유지했다. 2025년 한국의 예상 경제성장률은 2.1%로, 다소 하락세를 보이고는 있으나 여전히 독일의 1.1%, 일본의 1.0%에 비해 높다. 이러한 배경에는 한국의 높은 R&D 투자가 있다. 2022년 기준 한국의 GDP 대비 R&D 투자비율은 5%가 넘는다.

2021년 기준 세계 각국의 GDP 대비 R&D 투자비율 통계에 따르면 우리나라는 이스라엘 다음으로 GDP 대비 R&D 투자비율이 높은 국가이다. 이어서 미국이 3위, 일본이 4위, 독일이 5위순이다. 불과 몇 년 전까지만 해도 일본의 기술력은 한국을 압도했지만 현재는 우리나라가 자동차를 제외한 전기전자, 반도체, 조선 등의 분야에서 일본을 추월한 지 오래이다. 경제대국 일본의 경제력은 여전히 우리보다 높다. 하지만 PPP (Purchasing Power Parity) 기준 1인당 GDP는 이미 2018년에 일본을 추월했고, 인구대비 실질 GDP 도 곧 일본을 추월할 것으로 보인다. 2019년 한일무역전쟁이 발발하면서 많은 사람들이 한국이 경제적인 타격을 입을 것이라고 걱정했지만, 한국은 오히려 위기를 기회로 만들어 소재와 부품 장비산업을 강화했다.

이러한 성장의 원동력은 정부와 기업들의 높은 R&D 투자의지라고 할 수 있다. 그러나 이에 따르는 문제는 바로 연구실 안전 사고이다. 우리나라는 2006년 4월 1일 연구실안전환경조성에 관한 법률이 시행된 이후, 연구실 사고 예방을 위해 많은 노력들을 해왔지만 여전히 부족한 실정이다. 2023년에 과학기술정보통신부에서 발표한 연구실 안전관리 실태조사에 따르면 현재 전국에 있는 대학 연구실 수는 51,000여 개이며, 연구실 사고발생건수는 321건으로 전년보다 증가했다. 또한 과거 조사에 따르면 연구실 사고의 원인으로는 연구실 안전인지 부족, 보호구 미착용 등 인적 원인이 약 70%로 큰 비중을 차지했다. 게다가 안타깝게도 20대 학생의 피해가 가장 컸다.

연구실 안전을 위해 연구자들은 미리 실험실 안전교육을 의무적으로 이수해야 하지만, 연구활동 전에 사고를 예방하기 위한 사전유해인자 위험분석활동은 여전히 미흡하다. 심지어 실험 시 반드시 착용해야 하는 기본 보호구조차 착용하지 않아 발생한 사고도 많다. 이러한 연구실 사고 예방을 위해 2022년부터 연구실 안전관리사라는 새로운 국가 자격이 신설되고 2022년 7월에 1차 시험, 10월에 2차 시험을 시행했다.

연구실안전관리사는 연구실장비 및 재료의 안전점검부터 연구실 사고발생 시 대응 및 사후관리까지 연구실의 전반적인 안전관리를 수행하는 사람이다. 실험실 안전을 대학과 기관의 연구자들로 하여금 자율적으로 관리하도록 하는 데에는 한계가 있다. 아직도 우리 사회전반에는 안전에 대한 투자를 비용으로 생각하는 경향이 높기 때문에 연구책임자가 안전관리비를 의무적으로 계상하도록 하고 있지만 실효성이 높지만은 않다.

현재 우리나라의 R&D 투자금액은 100조원을 넘고 앞으로도 지속적으로 증가할 것으로 보인다. 연구활동이 증가할수록 사고율도 증가할 수밖에 없다. 2019년 5월 강릉 수소폭발사고 이후 정부는 연구개발(R&D)사업의 안전성 규정을 대폭 강화했다.

국책연구과제 중에서 위험성이 높은 과제는 별도로 안전관리형 연구개발과제로 지정하여 사업초기부터 연구실 안전조치 이행계획서를 의무적으로 제출하도록 하고 있다. 하지만 정부 연구개발과제에 대한 평가심사나 안전자문직을 맡아 각 기관이 작성한 안전조치 이행계획서를 검토해 보면 대부분이 형식적인 경우가 많다. 심지어 연구활동에 있어 무엇이 위험한지조차 파악하지 못하는 경우도 많다. 아직도 연구활동에 있어 안전문화가 정착되지 못한 탓이다.

연구실안전관리사 자격이 신설되더라도 연구실의 안전관리는 연구실안전관리사 혼자서 하는 것이 아니다. 연구활동종사자들은 물론이고, 조직의 모든 구성원이 안전관리활동에 참여해야 한다. 해외의 경우 대학의 연구실에서 사고가 발생하면 연구실 책임자는 물론이고, 대학 총장까지 처벌할 정도로 규제가 강력하다. 법이 능사가 아니지만 법을 통해서라도 연구실에 대한 안전풍토(Safety Climate)가 변해야 한다. 그동안 한국의 연구실 안전관리는 한국의 경제수준에 비해 한참이나 낙후되어 있었다. 안전교육관리에 대한 시스템을 갖추지 않고 연구활동종사자 개개인의 안전의식에만 호소해 왔기 때문이다.

향후 한국의 안전분야 수요는 폭발적으로 증가할 것이다. 하지만 전문인력 공급은 여전히 부족하다. 그중에서도 R&D 강국인 한국의 연구실 안전분야는 더욱 그러하다. 연구실안전관리사라는 국가자격제도가 제대로 정착되어 대학을 비롯하여 국가, 기업들의 연구실 안전사고가 확실히 감소되기를 소망한다.

저자 김 훈

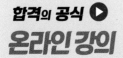

보다 깊이 있는 학습을 원하는 수험생들을 위한
SD에듀의 동영상 강의가 준비되어 있습니다.

www.sdedu.co.kr ➔ 회원가입(로그인) ➔ 연구실안전관리사

이 책의 구성과 특징

1 기계사고

(1) 기계사고 발생 시 조치순서

① 기계정지 : 사고가 발생한 기계 기구, 설비 등의 운전을 중지시킨다.

② 사고자 구조 : 사고자를 구출한다.

③ 사고자 응급처치 : 사고자에 대하여 응급처치(지혈, 인공호흡 등)를 하고 즉시 병원으로 이송한다.

④ 관계자 통보 : 기타 관계자에게 연락 후 보고한다.

⑤ 2차 재해방지 : 폭발이나 화재의 경우에는 소화 활동을 개시함과 동시에 2차 재해의 확산 방지에 노력하고, 현장에서 다른 연구활동종사자를 대피시킨다.

⑥ 현장보존 : 사고원인 조사에 대비하여 현장을 보존하고, 다른 연구활동종사자를 진정시킨다.

(2) 기계의 위험요인

원동기	• 에너지원을 기계를 움직이는 힘으로 바꾸어주는 장치 • 터빈, 증기기관, 외연기관, 내연기관 등이 있음
동력전달장치	• 원동기로부터 동력을 전달하는 부분 • 스위치·클러치(Clutch) 및 벨트이동장치 등 동력차단장치를 설치
작업점	• 공작물 가공을 위해 공구가 회전운동이나 왕복운동을 함으로써 이루어지는 지점 • 각종 위험점을 만들어내는 큰 힘을 가지고 있음
부속장치	• 기계를 지지하거나 원동기, 동력장치, 동력전달장치 등의 가동을 도와주는 기타 장치

(3) 기계의 사고체인 5요소

① 함정(Trap) : 기계요소의 운동에 의해서 트랩점이 발생하지 않

② 충격(Impact) : 운동하는 어떤 기계요소들과 사람이 부딪혀 그 가능성이 있는가?

③ 접촉(Contact) : 날카로운 물체, 연마체, 고온 물체, 또는 흐르 을 수 있는 부분이 없는가?

④ 말림, 얽힘(Entanglement) : 작업자의 신체 일부가 기계설비에

⑤ 튀어나옴(Ejection) : 기계요소와 피가공물이 튀어나올 위험이

※ 홀수번호 (단답형) 문제, 짝수번호 (서술형) 문제로 진행됩니다.

01 MSDS의 작성원칙에서 구성 성분의 함유량을 기재하는 경우에는 함유량의 [　　]%의 범위에서 함유량의 범위로 함유량을 대신하여 표시할 수 있다.

02 MSDS에 대해 설명하시오.

03 다음의 경고표지는 인체에 유해한 화학물질 경고표지이다. 어떤 유해성을 표기한 것인지 빈칸을 채우시오.

경고표지	유해성 분류기준
	[　　　　]

Point 1

전 과목 필수 이론

공식 학습가이드와 기출경향을 반영하여 연구실안전관리사 2차 시험 출제 이론의 핵심만 정리하였습니다.

Point 2

과목별 예상문제

과목별로 수록된 기출예상문제를 통해 학습했던 이론을 복습하고 실제 시험을 대비할 수 있습니다.

2023년 제2회 | 10월 14일 시행

2023 연구실안전관리사 제 2차 시험 기출복원문제

※ 응시자 후기 및 기출데이터 등의 자료를 기반으로 기출문제와 유사하게 복원된 문제를 제공합니다. 실제 시험문제와 일부 다를 수 있습니다.
※ 1~6번 단답형 문제, 7~12번 (일부) 서술형 문제로 진행됩니다.

01 연구실안전법에서 규정하는 연구실안전관리위원회에 관한 내용이다. 다음 빈칸을 채우시오.

「연구실 안전환경 조성에 관한 법률」제11조(연구실안전관리위원회)
① 연구주체의 장은 연구실 안전과 관련된 주요사항을 협의하기 위하여 연구실안전관리위원회를 구성 · 운영하여야 한다.
② 연구실안전관리위원회에서 협의하여야 할 사항은 다음 각 호와 같다.
  1. 제12조제1항에 따른 [   ]의 작성 또는 변경
  2. 제14조에 따른 안전점검 실시 계획의 수립
  3. 제15조에 따른 정밀안전진단 실시 계획의 수립
  4. 제22조에 따른 [   ]의 계상 및 집행 계획의 수립
  5. 연구실 [   ]의 심의
  6. 그 밖에 연구실 안전에 관한 주요사항

PART 02 | 연구실 안전관리 이론 및 체계

02 기출예상문제 정답

문제 p.068

※ 홀수번호 (단답형) 문제, 짝수번호 (서술형) 문제로 진행됩니다.

01 다음 빈칸을 채우시오.

[기초연구]	• 어떤 현상들의 근본원리를 탐구하는 실험적 · 이론적 연구활동 • 가설, 이론, 법칙을 정립하고, 이를 시험하기 위한 목적으로 수행 • 연구에 특정한 목적이 있고, 이를 위한 연구방향이 설정되어 있다면 이것을 목적기초연구(Oriented Basic Research)라고 함 • 경제사회적 편익을 추구하거나, 연구결과를 실제 문제에 적용하거나, 또는 연구결과의 응용을 위한 관련 부문으로의 이전 없이 지식의 진보를 위해서만 수행되는 연구를 순수기초연구(Pure Basic Research)라고 함
[응용연구]	• 기초연구의 결과 얻어진 지식을 이용하여 주로 특수한 실용적인 목적과 목표하에 새로운 과학적 지식을 획득하기 위하여 행해지는 연구 • 기초연구로 얻은 지식을 응용하여 신제품, 신재료, 신공정의 기본을 만들어내는 연구 및 새로운 용도를 개척하는 연구 • 응용연구는 연구결과를 제품, 운영, 방법 및 시스템에 응용할 수 있음을 증명하는 것을 목적으로 함 • 응용연구는 연구 아이디어에 운영 가능한 형태를 제공하며, 도출된 지식이나 정보는 종종 지식재산권을 통해 보호되거나 비공개 상태로 유지될 수 있음
[개발연구]	• 기초연구, 응용연구 및 실제경험으로부터 얻어진 지식을 이용하여 새로운 재료, 공정, 제품 장치를 생산하거나, 이미 생산 또는 설치된 것을 실질적으로 개선함으로써 추가 지식을 생산하기 위한 체계적인 활동 • 생산을 전제로 기초연구, 응용연구의 결과 또는 기존의 지식을 이용하여 신제품, 신재료, 신공정을 확립하는 기술 활동

02 연구실안전의 기본방향 3가지를 기술하시오.

① 연구실의 안전확보
② 적절한 보상을 통한 연구활동종사자의 건강과 생명보호
③ 안전한 연구환경 조성

Point 3

2023년
최신기출복원문제

2023년 제2회 연구실안전관리사 2차 시험 기출복원문제와 전문가의 예시 답안을 수록하였습니다.

Point 4

한눈에 보는
기출예상문제 + 정답

전 과목 기출예상문제와 정답이 한눈에 들어오는 부록으로 시험 직전까지 방대한 이론을 편리하게 복습할 수 있습니다.

시험안내

○ 연구실안전관리사란?

2020년 6월 연구실안전법 전부개정을 통하여 신설된 연구실 안전에 특화된 국가전문자격으로, 해당 자격을 취득한 사람은 대학·연구기관·기업부설연구소 등의 연구실안전환경관리자, 안전점검·정밀 안전진단 대행기관의 기술인력, 연구실 안전 수행기관의 연구인력, 연구실 안전 전문가 등으로 활약할 수 있다.

○ 연구실안전관리사의 직무

❶ 사전유해인자위험분석 실시 지도
❷ 연구활동종사자에 대한 교육·훈련
❸ 안전관리 우수연구실 인증 취득을 위한 지도
❹ 연구실 안전에 관하여 연구활동종사자 등의 자문에 대한 응답 및 조언

○ 응시자격

구 분	합격결정기준
안전관리 분야	• 기사 이상의 자격증을 취득한 사람 • 산업기사 이상의 자격 취득 후 안전 업무 경력이 1년 이상인 사람 • 기능사 자격 취득 후 안전 업무 경력이 3년 이상인 사람
안전 관련 학과	• 4년제 대학 졸업자 또는 졸업예정자 • 3년제 대학 졸업 후 안전 업무 경력이 1년 이상인 사람 • 2년제 대학 졸업 후 안전 업무 경력이 2년 이상인 사람
이공계 학과	• 석사학위를 취득한 사람 • 4년제 대학 졸업 후 안전 업무 경력이 1년 이상인 사람 • 3년제 대학 졸업 후 안전 업무 경력이 2년 이상인 사람 • 2년제 대학 졸업 후 안전 업무 경력이 3년 이상인 사람
안전 업무 경력	• 경력이 5년 이상인 사람

※ 응시자격에 관한 세부 기준은 자격시험 시행계획 공고문이나 국가연구안전정보시스템(www.labs.go.kr)에서 확인하시기 바랍니다.

2024년 시험일정

시험회차	접수기간	시험일자	합격자발표	응시자격 증빙서류 제출
제1차 시험	24. 4. 22(월) 10:00~ 24. 5. 3(금) 17:00	24. 7. 6(토)	24. 8. 7(수)	24. 4. 22(월) 10:00~ 24. 5. 3(금) 17:00
제2차 시험	24. 9. 2(월) 10:00~ 24. 9. 13(금) 17:00	24. 10. 12(토)	24. 11. 18(월)	–

※ 본 시험 일정은 '2024년 연구실안전관리사 자격시험 시행계획 공고'를 참고하였습니다. 자세한 사항은 국가연구안전정보시스템(www.labs.go.kr)을 통해 확인하실 수 있습니다.

시험방법

시험회차	시험방법	합격기준	시험시간	접수비
제1차 시험	객관식 4지 택일형	과목당 100점을 만점으로 하여 각 과목의 점수 40점 이상, 전 과목 평균 점수 60점 이상	09:30~12:00 (150분)	25,100원
제2차 시험	주관식 · 서술형	100점을 만점으로 하여 60점 이상	09:30~11:30 (120분)	35,700원

※ 입실시간(9:00) 이후 고사장 입장이 불가하므로 주의하시기 바랍니다.

시험절차

원서접수 → 1차 시험 → 2차 시험 → 자격증 발급 → 실무 교육, 훈련(의무) → 직무수행

시험안내

○ 출제기준

구 분	시험과목	시험범위	문항수/배점	문제유형
제1차 시험	연구실 안전 관련 법령	• 「연구실 안전환경 조성에 관한 법률」 • 「산업안전보건법」 등 안전 관련 법령	20/100	객관식 4지 택일
	연구실 안전관리 이론 및 체계	• 연구활동 및 연구실안전의 특성 이해 • 연구실 안전관리 시스템 구축 · 이행 역량 • 연구실 유해 · 위험요인 파악 및 사전유해인자위험 분석 방법 • 연구실 안전교육 • 연구실사고 대응 및 관리	20/100	
	연구실 화학 · 가스 안전관리	• 화학 · 가스 안전관리 일반 • 연구실 내 화학물질 관련 폐기물 안전관리 • 연구실 내 화학물질 누출 및 폭발 방지 대책 • 화학 시설(설비) 설치 · 운영 및 관리	20/100	
	연구실 기계 · 물리 안전관리	• 기계 안전관리 일반 • 연구실 내 위험기계 · 기구 및 연구장비 안전관리 • 연구실 내 레이저, 방사선 등 물리적 위험요인에 대한 안전관리	20/100	
	연구실 생물 안전관리	• 생물(유전자변형생물체 포함) 안전관리 일반 • 연구실 내 생물체 관련 폐기물 안전관리 • 연구실 내 생물체 누출 및 감염 방지 대책 • 생물 시설(설비) 설치 · 운영 및 관리	20/100	
	연구실 전기 · 소방 안전관리	• 소방 및 전기 안전관리 일반 • 연구실 내 화재, 감전, 정전기 예방 및 방폭 · 소화 대책 • 소방, 전기 시설(설비) 설치 · 운영 및 관리	20/100	
	연구활동종사자 보건 · 위생관리 및 인간공학적 안전관리	• 보건 · 위생관리 및 인간공학적 안전관리 일반 • 연구활동종사자 질환 및 인적 과실(Human Error) 예방 · 관리 • 안전 보호구 및 연구환경 관리 • 환기 시설(설비) 설치 · 운영 및 관리	20/100	
제2차 시험	연구실 안전관리 실무	• 연구실 안전 관련 법령 • 연구실 화학 · 가스 안전관리 • 연구실 기계 · 물리 안전관리 • 연구실 생물 안전관리 • 연구실 전기 · 소방 안전관리 • 연구활동종사자 보건 · 위생관리에 관한 사항	12/100	단답형 서술형

※ 위 출제기준은 '2024년 연구실안전관리사 자격시험 시행계획 공고'를 참고하였습니다.

시험관련자료

안전 · 보건표지의 종류와 형태

01 금지표지	101 출입금지	102 보행금지	103 차량통행금지	104 사용금지	105 탑승금지	106 금연
107 화기금지	108 물체이동금지	02 경고표지	201 인화성물질경고	202 산화성물질경고	203 폭발성물질경고	204 급성독성물질경고
205 부식성물질경고	206 방사성물질경고	207 고압전기경고	208 매달린물체경고	209 낙하물경고	210 고온경고	211 저온경고
212 몸균형상실경고	213 레이저광선경고	214 발암성 · 변이원성 · 생식독성 · 전신독성 · 호흡기 과민성 물질 경고	215 위험장소경고	03 지시표지	301 보안경착용	302 방독마스크착용
303 방진마스크착용	304 보안면착용	305 안전모착용	306 귀마개착용	307 안전화착용	308 안전장갑착용	309 안전복착용
04 안내표지	401 녹십자표지	402 응급구호표지	403 들것	404 세안장치	405 비상용기구	406 비상구
407 좌측비상구	408 우측비상구	05 의료폐기물	격리의료폐기물	위해의료폐기물 및 (봉투형)	일반의료폐기물 (상자형)	재활용 태반

🔄 폐기물 스티커 예시

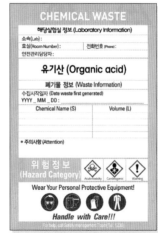

이 책의 목차

이 책의 목차

PART 01
연구실 안전 관련 법령

연구실 안전환경 조성에 관한 법률

1 연구실안전법

(1) 연구실안전법의 구성

제1장 총 칙	제1조 목 적 제2조 정 의 제3조 적용범위 제4조 국가의 책무 제5조 연구주체의 장 등의 책무	제2장 연구실 안전환경 기반 조성	제6조 연구실 안전환경 조성 기본계획 제7조 연구실안전심의위원회 제8조 연구실 안전관리의 정보화 제9조 연구실책임자의 지정·운영 제10조 연구실안전환경관리자의 지정 제11조 연구실안전관리위원회
제3장 연구실 안전조치	제12조 안전관리규정의 작성 및 준수 등 제13조 안전점검 및 정밀안전진단 지침 제14조 안전점검의 실시 제15조 정밀안전진단의 실시 제16조 안전점검 및 정밀안전진단 실시 　　　 결과의 보고 및 공표 제17조 안전점검 및 정밀안전진단 대행 　　　 기관의 등록 등 제18조 안전점검 및 정밀안전진단 실시 　　　 자의 의무 등 제19조 사전유해인자위험분석의 실시 제20조 교육·훈련 제21조 건강검진 제22조 비용의 부담 등	제4장 연구실사고에 대한 대응 및 보상	제23조 연구실사고 보고 제24조 연구실사고 조사의 실시 제25조 연구실 사용제한 등 제26조 보험가입 등 제27조 보험 관련 자료 등의 제출 제28조 안전관리 우수연구실 인증제
제5장 연구실 안전환경 조성을 위한 지원 등	제29조 대학·연구기관 등에 대한 지원 제30조 권역별 연구안전지원센터의 지 　　　 정·운영 제31조 검 사 제32조 증표 제시 제33조 시정명령	제6장 연구실안전 관리사	제34조 연구실안전관리사의 자격 및 시험 제35조 연구실안전관리사의 직무 제36조 결격사유 제37조 부정행위자에 대한 제재처분 제38조 자격의 취소·정지처분
제7장 보 칙	제39조 신 고 제40조 비밀 유지 제41조 권한·업무의 위임 및 위탁 제42조 벌칙 적용에서 공무원 의제	제8장 벌 칙	제43조 벌 칙 제44조 벌 칙 제45조 양벌규정 제46조 과태료

(2) 법의 체계

구 분	제 정	법률명	관 할	위반 구속력
법 률	국 회	• 연구실 안전환경 조성에 관한 법률	법 원	형사처벌 (구속, 벌금)
시행령	대통령	• 연구실 안전환경 조성에 관한 법률 시행령	행정청	행정명령 (과태료, 업무정지 등)
시행규칙	과학기술 정보통신부	• 연구실 안전환경 조성에 관한 법률 시행규칙		
행정규칙 (고시, 훈령, 예규 등)		• 소재 부품 장비 국가연구실 등의 지정 및 운영에 관한 규정(훈령) • 안전관리 우수연구실 인증제 운영에 관한 규정(고시) • 연구실사고에 대한 보상기준(고시) • 연구실 사고조사반 구성 및 운영규정(훈령) • 연구실 사전유해인자위험분석 실시에 관한 지침(고시) • 연구실 안전 및 유지관리비의 사용내역서 작성에 관한 세부기준(고시) • 연구실안전심의위원회 운영규정(훈령) • 연구실 안전점검 및 정밀안전진단에 관한 지침(고시)		

(3) 연구실안전법의 목적

① 연구실의 안전을 확보
② 연구실사고로 인한 피해 보상
③ 연구활동종사자의 건강과 생명을 보호
④ 안전한 연구환경을 조성하여 연구활동 활성화에 기여

(4) 법의 적용범위

① 대학·연구기관 등이 설치한 연구실에 관해 적용
② 연구실의 연구활동종사자를 합한 인원이 10명 미만인 연구실 제외

(5) 중대연구실사고

① 사망자 또는 후유장해 1급부터 9급까지에 해당하는 부상자가 1명 이상 발생한 사고
② 3개월 이상의 요양이 필요한 부상자가 동시에 2명 이상 발생한 사고
③ 3일 이상의 입원이 필요한 부상발생, 질병에 걸린 사람이 동시에 5명 이상 발생한 사고
④ 연구실의 중대한 결함으로 인한 사고

(6) 연구실 관련 용어 정의

연구실	대학·연구기관 등이 연구활동을 위하여 시설·장비·연구재료 등을 갖추어 설치한 실험실·실습실·실험준비실
연구활동	과학기술분야의 지식을 축적하거나 새로운 적용방법을 찾아내기 위하여 축적된 지식을 활용하는 체계적이고 창조적인 활동(실험·실습 등을 포함)
연구주체의 장	대학·연구기관 등의 대표자 또는 해당 연구실의 소유자
연구실안전환경관리자	대학·연구기관 등에서 연구실안전과 관련한 기술적인 사항에 대하여 연구주체의 장을 보좌하고 연구실책임자 등 연구활동종사자에게 조언·지도하는 업무를 수행하는 사람
연구실책임자	연구실 소속 연구활동종사자를 직접 지도·관리·감독하는 연구활동종사자
연구실안전관리담당자	각 연구실에서 안전관리 및 연구실사고 예방 업무를 수행하는 연구활동종사자
연구활동종사자	연구활동에 종사하는 사람으로서 각 대학·연구기관 등에 소속된 연구원·대학생·대학원생 및 연구보조원 등
연구실안전관리사	연구실안전관리사 자격시험에 합격하여 자격증을 발급받은 사람
안전점검	연구실 안전관리에 관한 경험과 기술을 갖춘 자가 육안 또는 점검기구 등을 활용하여 연구실에 내재된 유해인자를 조사하는 행위
정밀안전진단	연구실사고를 예방하기 위하여 잠재적 위험성의 발견과 그 개선대책의 수립을 목적으로 실시하는 조사·평가
연구실사고	연구실에서 연구활동과 관련하여 연구활동종사자가 부상·질병·신체장해·사망 등 생명 및 신체상의 손해를 입거나 연구실의 시설·장비 등이 훼손되는 것
중대연구실사고	연구실사고 중 손해 또는 훼손의 정도가 심한 사고로서 사망사고 등 과학기술정보통신부령으로 정하는 사고
유해인자	화학적·물리적·생물학적 위험요인 등 연구실사고를 발생시키거나 연구활동종사자의 건강을 저해할 가능성이 있는 인자

(7) 연구실 실태조사

주 체	• 과학기술정보통신부장관 • 과학기술정보통신부장관은 실태조사 시 연구주체의 장에게 조사계획을 미리 통보
내 용	• 연구실 및 연구활동종사자 현황 • 연구실 안전관리 현황 • 연구실사고 발생 현황 • 기타 과학기술정보통신부장관이 필요하다고 인정하는 사항
주 기	• 과학기술정보통신부장관이 2년마다 연구실 실태조사 실시(필요시 수시로 조사가능)

(8) 주체별 주요 책무

① 국 가

- ㉠ 연구실 안전환경 확보를 위한 지원 시책 수립 · 시행
- ㉡ 연구실 안전관리기술 고도화 추진, 연구실 사고예방 연구개발 추진
- ㉢ 연구실 유형별 안전관리 표준화 모델개발, 안전교육 교재보급
- ㉣ 연구실 안전문화 확산을 위한 노력
- ㉤ 연구실 안전환경 및 안전관리 현황 등에 대한 실태조사, 결과 공표
- ㉥ 교육부장관 : 대학연구실의 안전 확보를 위해 연구실 안전관리에 관한 내용을 대학별로 정보공시

② 연구주체의 장

- ㉠ 연구실안전에 관한 유지관리
- ㉡ 연구실의 안전환경 확보
- ㉢ 연구실사고 예방시책에 적극 협조
- ㉣ 연구활동종사자 상해 · 사망 시 피해를 구제하기 위해 노력
- ㉤ 과학기술정보통신부장관이 정한 연구실 설치 · 운영기준에 따라 연구실을 설치 · 운영

③ 연구실책임자

- ㉠ 연구실 내에서 이루어지는 교육 및 연구활동의 안전에 관한 책임
- ㉡ 연구실사고 예방시책에 적극 참여

④ 연구활동종사자

- ㉠ 연구실안전법에서 정하는 기준 및 규범 준수
- ㉡ 연구실 안전환경 증진활동에 적극 참여

2 연구실 안전환경 기반 조성

(1) 연구실안전환경조성 기본계획

주 기	• 5년마다 수립 · 시행
기본계획	• 연구실안전심의위원회의 심의를 거쳐 확정 • 기본계획 수립 · 시행 등에 필요한 사항은 대통령으로 정함
내 용	• 연구실 안전환경 조성을 위한 발전목표 및 정책의 기본방향 • 연구실 안전관리 기술 고도화 및 연구실사고 예방을 위한 연구개발 • 연구실 유형별 안전관리 표준화 모델개발 • 연구실 안전교육 교재의 개발 · 보급 및 안전교육 실시 • 연구실 안전관리의 정보화 추진 • 안전관리 우수연구실 인증제 운영 • 연구실의 안전환경 조성 및 개선을 위한 사업 추진 • 연구안전 지원체계 구축 · 개선 • 연구활동종사자의 안전 및 건강 증진 • 기타 연구실사고 예방 및 안전환경 조성에 관한 중요사항

(2) 연구실안전심의위원회

설치주체	• 과학기술정보통신부장관이 설치 · 운영
구 성	• 15명 이내(위원장 1명 포함)
위원장	• 과학기술정보통신부차관(심의위원회를 대표하고 심의위원회의 사무를 총괄)
위 원	• 부교수 이상, 책임연구원 이상, 공무원 등 과학기술정보통신부장관이 위촉하는 사람
임 기	• 3년(1회 연임가능)
회 의	• 정기회의 : 연 2회 • 임시회의 : 위원장이 필요하다고 인정 시, 재적위원 3분의 1 이상이 요구 시
의결방법	• 재적위원 과반수의 출석으로 개의하고 출석위원 과반수의 찬성으로 의결
간 사	• 역할 : 심의위원회의 활동지원, 사무처리 • 과학기술정보통신부장관이 과학기술정보통신부 소속 공무원 중에서 지명(1명)
심의내용	• 기본계획 수립 · 시행에 관한 사항 • 연구실 안전환경 조성에 관한 주요정책의 총괄 · 조정에 관한 사항 • 연구실사고 예방 및 대응에 관한 사항 • 연구실 안전점검 및 정밀안전진단 지침에 관한 사항 • 그 밖에 연구실 안전환경 조성에 관하여 위원장이 회의에 부치는 사항

(3) 연구실안전관리정보화

연구실안전 정보시스템	• 재난안전법에 따라 안전정보통합관리시스템과 연계하여 운영
권역별 연구안전 지원센터	• 연구실안전정보시스템을 운영하고, 연구주체의 장과 권역별 연구안전지원센터의 장은 연구실의 중대한 결함보고와 연구실 사용제한 조치 등을 과학기술정보통신부장관에게 보고
과학기술정보 통신부장관의 역할	• 연구실안전정보를 매년 1회 이상 공표 • 연구실안전환경조성, 연구사고 예방을 위해 연구실안전정보 수집 · 관리 • 연구실안전정보시스템을 구축 · 운영, 정보의 신뢰성과 객관성 확보를 위한 확인점검
연구실안전 정보시스템 포함정보	• 대학 · 연구기관 등의 현황 • 연구실사고에 관한 통계(분야별 연구실사고 발생현황, 연구실사고 원인, 피해현황 등) • 기본계획, 연구실안전 정책에 관한 사항 • 연구실 내 유해인자정보 • 안전점검지침, 정밀안전진단지침 • 안전점검, 정밀안전진단 대행기관의 등록현황 • 안전관리 우수연구실 인증현황 • 권역별 연구안전지원센터의 지정현황 • 법 및 시행령에 따른 제출 · 보고사항(연구실안전환경관리자 지정내용 등) • 기타 연구실안전환경조성에 필요한 사항

(4) 연구실책임자

지정주체	• 연구주체의 장
자격요건	• 대학 · 연구기관 등에서 연구책임자 또는 조교수 이상 • 해당 연구실의 연구활동과 연구활동종사자를 직접 지도 · 관리 · 감독하는 사람 • 해당 연구실의 사용 및 안전에 관한 권한과 책임을 가진 사람
역 할	• 연구실안전관리담당자 지정 • 연구실의 유해인자에 관한 교육 실시 • 보호구를 비치하고, 연구활동종사자에게 이를 착용하게 함

PART 01

(5) 연구실안전환경관리자

지정주체	• 연구주체의 장이 지정하고, 과학기술정보통신부장관에게 14일 이내 제출
지정인원	• 1명 이상 : 모든 연구활동종사자수가 1,000명 미만 • 2명 이상 : 모든 연구활동종사자수가 1,000~3,000명 미만 • 3명 이상 : 모든 연구활동종사자수가 3,000명 이상
자 격	• 연구실안전관리사 자격을 취득한 자 • 안전관리기술에 관하여 국가기술자격을 취득한 자 • 대통령령으로 정하는 안전관리기술 관련 학력이나 경력을 갖춘 자
전담업무 지정	• 연구실안전환경관리자는 상시연구자 300명 이상이고, 모든 연구자가 1,000명 이상일 시 연구실안전환경 담당자 중 1명 이상에게는 담당업무만을 전담하게 해야 함
대리인 지정사유	• 여행 · 질병 등으로 일시적으로 직무를 수행할 수 없는 경우 • 해임 · 퇴직하여 아직 연구실안전환경관리자가 선임되지 않은 경우 • 대리자의 직무대행 기간 : 30일을 초과금지(출산휴가 시 90일까지 인정)
업 무	• 안전점검 및 정밀안전진단 계획의 수립 · 실시 • 연구실안전교육계획 수립 · 실시 • 연구실사고발생의 원인조사, 재발방지를 위한 기술적 지도 · 조언 • 연구실안전환경 및 안전관리 현황에 관한 통계의 유지 · 관리 • 안전관리규정을 위반한 연구활동종사자에 대한 조치 건의 • 기타 안전관리규정이나 다른 법령에 따른 연구시설의 안전성 확보에 관한 사항

(6) 연구실안전관리위원회(위원장 포함 15명)

목 적	• 안전과 관련된 주요사항을 협의하기 위해 연구주체의 장이 구성
회 의	• 정기회의 : 연 1회 이상 • 임시회의 : 위원장 요구 시, 위원과반수 요구 시 • 과반수 출석으로 개의, 과반수의 찬성으로 의결
구 성	• 연구실안전환경관리자(필수인력) • 연구실책임자 • 연구활동종사자 • 연구실 안전 관련 예산 편성 부서의 장 • 연구실안전환경관리자가 소속된 부서의 장
협의사항	• 안전관리규정의 작성 또는 변경 • 안전점검실시 계획의 수립 • 정밀안전진단실시 계획의 수립 • 안전관련 예산의 계상 및 집행 계획의 수립 • 연구실안전관리 계획의 심의 • 기타 안전에 관한 사항

3 연구실 안전조치

(1) 안전관리규정

작성자	• 연구주체의 장 • 안전관리규정을 산업안전 · 가스 및 원자력 분야 등의 다른 법령에서 정하는 안전관리에 관한 규정과 통합하여 작성가능
작성대상	• 대학 · 연구기관 등에 설치된 각 연구실의 연구활동종사자를 합한 인원이 10명 이상
내 용	• 안전관리 조직체계 및 그 직무에 관한 사항 • 연구실안전환경관리자 및 연구실책임자의 권한과 책임에 관한 사항 • 연구실안전관리담당자의 지정에 관한 사항 • 안전교육의 주기적 실시에 관한 사항 • 연구실 안전표식의 설치 또는 부착 • 중대연구실사고 및 그 밖의 연구실사고의 발생을 대비한 긴급대처 방안과 행동요령 • 연구실사고 조사 및 후속대책 수립에 관한 사항 • 연구실안전 관련 예산 계상 및 사용에 관한 사항 • 연구실 유형별 안전관리에 관한 사항 • 그 밖의 안전관리에 관한 사항

(2) 안전점검, 정밀안전진단

① 안전점검

연구주체의 장	• 안전점검 지침에 따라 안전점검 실시 • 안전점검은 등록된 대행기관으로 하여금 대행하게 할 수 있음
과학기술정보 통신부장관	• 안전점검 지침 및 정밀안전진단지침을 작성하여 관보에 고시
안전점검지침, 정밀안전진단 지침내용	• 실시 계획의 수립 및 시행에 관한 사항 • 실시하는 자의 유의사항 • 실시에 필요한 장비에 관한 사항 • 점검대상 및 항목별 점검방법에 관한 사항 • 결과의 자체평가 및 사후조치에 관한 사항 • 기타 연구실안전 유지관리를 위해 과학기술정보통신부장관이 필요하다고 인정하는 사항
일상점검	• 연구활동에 사용되는 기계·기구·전기·약품·병원체 등의 보관상태 및 보호장비의 관리실태 등을 직접 눈으로 확인하는 점검 • 연구활동 시작 전에 매일 1회 실시 • 저위험연구실의 경우에는 매주 1회 이상 실시
정기점검	• 연구활동에 사용되는 기계·기구·전기·약품·병원체 등의 보관상태 및 보호장비의 관리실태 등을 안전점검기기를 이용하여 실시하는 세부적인 점검 • 매년 1회 이상 실시 • 면제대상 : 저위험연구실, 안전관리 우수연구실
특별안전점검	• 폭발사고·화재사고 등 연구활동종사자의 안전에 치명적인 위험을 야기할 가능성이 있을 것으로 예상되는 경우에 실시

② 정밀안전진단

연구주체의 장	• 유해인자를 취급하는 등 위험한 작업을 수행하는 연구실은 정기적으로 실시 • 정밀안전진단은 등록된 대행기관으로 하여금 대행하게 할 수 있음
정밀안전진단 지침내용	• 유해인자별 노출도 평가에 관한 사항 • 유해인자별 취급 및 관리에 관한 사항 • 유해인자별 사전 영향 평가·분석에 관한 사항
실시해야 하는 경우	• 중대연구실사고가 발생한 경우 • 안전점검 실시결과 정밀안전진단이 필요하다고 인정되는 경우
실시대상 연구실	• 연구활동에 유해화학물질을 취급하는 연구실 • 연구활동에 유해인자를 취급하는 연구실 • 연구활동에 독성 가스를 취급하는 연구실 ※ 실시대상 연구실은 2년마다 1회 이상 실시해야 함

③ 결과 공표

연구주체의 장	• 안전점검/정밀안전진단을 실시한 경우 그 결과를 지체 없이 공표 • 안전점검/정밀안전진단을 실시결과 중대한 결함이 있는 경우, 7일 이내에 과학기술정보통신부장관에게 보고
중대한 결함이 있는 경우	• 연구활동종사자의 사망 또는 심각한 신체적 부상이나 질병을 일으킬 우려가 있는 경우
중대한 결함이 발생할 수 있는 경우	• 유해화학물질, 유해인자, 독성 가스 등 유해 · 위험물질의 누출 또는 관리 부실 • 전기설비의 안전관리 부실 • 연구활동에 사용되는 유해 · 위험설비의 부식 · 균열 또는 파손 • 연구실 시설물의 구조안전에 영향을 미치는 지반침하 · 균열 · 누수 또는 부식 • 인체에 심각한 위험을 끼칠 수 있는 병원체의 누출
과학기술정보 통신부장관의 역할	• 보고받은 경우 이를 즉시 관계 중앙행정기관의 장 및 지방자치단체의 장에게 통보하고 연구주체의 장에게 필요조치를 요구 • 보고받은 안전점검 및 정밀안전진단 실시 결과에 관한 기록을 유지 · 관리 • 안전점검 또는 정밀안전진단 실시 결과를 확인하고 안전점검 또는 정밀안전진단이 적정하게 실시되었는지를 점검 • 점검 결과 등을 검토하여 연구실의 안전관리가 우수한 대학 · 연구기관 등에 대해서는 연구실의 안전 및 유지 · 관리에 드는 비용 등을 지원

(3) 안전점검 · 정밀안전진단의 대행기관 등록

기관등록	• 과학기술정보통신부장관에게 등록 • 과학기술정보통신부장관에게 등록사항 변경 • 변경사유 발생 시 변경등록신청서, 등록증, 변경사항을 증명하는 서류를 20일 이내 과학기술정보통신부장관에게 제출
등록취소 사유	• 거짓 또는 그 밖의 부정한 방법으로 등록/변경등록을 한 경우
업무정지(6개월) 시정명령 사유	• 타인에게 대행기관 등록증을 대여한 경우 • 대행기관의 등록기준에 미달하는 경우 • 등록사항의 변경이 있는 날부터 6개월 이내에 변경등록을 하지 아니한 경우 • 대행기관이 안전점검지침/정밀안전진단지침을 준수하지 아니한 경우 • 등록된 기술인력이 아닌 자로 안전점검 또는 정밀안전진단을 대행한 경우 • 안전점검 또는 정밀안전진단을 성실하게 대행하지 아니한 경우 • 업무정지 기간에 안전점검 또는 정밀안전진단을 대행한 경우
대행기관 등록 서류	• 기술인력 보유 현황 • 장비 명세서
교 육	• 등록된 기술인력은 권역별 연구안전지원센터에서 교육을 받아야 함 • 신규교육 : 기술인력이 등록된 날부터 6개월 이내 실시 • 보수교육 : 신규교육 이수 후 2년마다 실시

(4) 사전유해인자 위험분석

① 연구실책임자 : 사전유해인자위험분석을 실시하고 연구주체의 장에게 보고한다.

② 사전유해인자 위험분석 순서

　　㉠ 해당 연구실의 안전 현황 분석

　　㉡ 해당 연구실의 유해인자별 위험 분석

　　㉢ 연구실안전계획 수립

　　㉣ 비상조치계획 수립

③ 추가실시 사유

　　㉠ 연구활동과 관련하여 주요 변경사항이 발생하는 경우

　　㉡ 연구실책임자가 필요하다고 인정하는 경우

(5) 교육 · 훈련

연구주체의 장	• 연구실의 안전관리에 관한 정보를 연구활동종사자에게 제공 • 연구활동종사자에 대하여 연구실사고 예방 및 대응에 필요한 교육 · 훈련을 실시 • 지정된 연구실안전환경관리자가 전문교육 이수 • 교육 · 훈련담당자를 지정
연구실안전환경 관리자	• 연구실 안전에 관한 전문교육을 받아야 함 • 신규교육 : 연구실환경관리자가 지정된 날부터 6개월 이내에 받아야 하는 교육 • 보수교육 : 연구실안전환경관리자가 2년마다 받아야 하는 교육
교육훈련 담당자 지정	• 안전점검 실시자의 인적 자격 요건 중 정기점검/특별안전점검을 실시한 경험이 있는 사람(연구활동종사 자 제외) • 대학의 조교수 이상으로서 안전에 관한 경험과 학식이 풍부한 사람 • 연구실책임자, 연구실안전환경관리자, 연구실안전관리사 • 권역별 연구안전지원센터에서 실시하는 전문강사 양성 교육 · 훈련을 이수한 사람
신규 교육 · 훈련	• 연구활동에 신규로 참여하는 연구활동종사자에게 실시하는 교육 · 훈련
정기 교육 · 훈련	• 연구활동에 참여하고 있는 연구활동종사자에게 과학기술정보통신부령으로 정하는 주기에 따라 실시하는 교육 · 훈련
특별안전 교육 · 훈련	• 연구실사고가 발생했거나 발생할 우려가 있다고 연구주체의 장이 인정하는 경우 연구실의 연구활동종사 자에게 실시하는 교육 · 훈련

(6) 건강검진

연구주체의 장	• 유해인자에 노출될 위험성이 있는 연구활동종사자에 대하여 정기적으로 건강검진을 실시 • 건강검진 및 임시건강검진 결과를 연구활동종사자의 건강 보호 외의 목적으로 사용금지 • 유해인자를 취급하는 연구활동종사자에 대하여 특수건강검진을 실시 • 임시 작업과 단시간 작업을 수행하는 연구활동종사자에 대해서는 특수건강검진을 실시하지 않을 수 있으나, 발암성 물질, 생식세포 변이원성 물질, 생식독성 물질을 취급하는 연구활동종사자는 제외
과학기술정보 통신부장관	• 연구활동종사자의 건강을 보호하기 위하여 필요하다고 인정 시, 연구주체의 장에게 특정 연구활동종사자에 대한 임시건강검진의 실시나 연구장소의 변경, 연구시간의 단축 등 필요한 조치를 명할 수 있음
연구활동종사자	• 건강검진 및 임시건강검진 등을 받아야 함
과학기술정보 통신부령	• 건강검진 · 임시건강검진의 대상, 실시기준, 검진 항목 및 예외 사유 규정
임시건강검진을 실시하는 경우	• 연구실 내에서 유소견자가 발생한 경우 : 다음 중 어느 하나에 해당하는 연구활동종사자 　－ 유소견자와 같은 연구실에 종사하는 연구활동종사자 　－ 유소견자와 같은 유해인자에 노출된 해당 대학 · 연구기관 등에 소속된 연구활동종사자로서 유소견자와 유사한 질병 · 장해 증상을 보이거나 유소견자와 유사한 질병 · 장해가 의심되는 연구활동종사자 • 연구실 내 유해인자가 외부로 누출되어 유소견자가 발생했거나 다수 발생할 우려가 있는 경우 : 누출된 유해인자에 접촉했거나 접촉했을 우려가 있는 연구활동종사자

(7) 비용의 부담

대학 · 연구기관	• 안전점검 및 정밀안전진단에 소요되는 비용 부담
연구주체의 장	• 매년 소관 연구실에 필요한 안전 관련 예산을 배정 · 집행 • 안전 관련 예산을 다른 목적으로 사용금지 • 연구실 안전 및 유지 · 관리비를 사용한 경우 명세서 작성 • 매년 4월 30일까지 계상한 해당 연도 연구실 안전 및 유지 · 관리비의 내용과 전년도 사용 명세서를 과학기술정보통신부장관에게 제출
안전유지관리비 계상 항목	• 연구활동종사자에 대한 교육훈련 • 연구실안전환경관리자에 대한 전문교육 • 건강검진, 보험료, 보호장비 구입 • 안전유지관리를 위한 설비의 설치 · 유지 · 보수 • 안전점검, 정밀안전진단 • 기타 과학기술정보통신부장관이 고시하는 용도
안전관련예산	• 연구과제 수행을 위한 연구비 책정 시, 연구과제 인건비 총액의 1% 이상에 해당하는 금액을 안전 관련 예산으로 배정

4 연구실사고

(1) 사고보고

연구주체의 장	• 연구실사고가 발생한 경우에는 과학기술정보통신부령으로 정하는 절차 및 방법에 따라 과학기술정보통신부장관에게 보고하고 이를 공표하여야 함 • 안전점검 및 정밀안전진단의 실시 결과 또는 연구실사고 조사 결과에 따라 연구활동종사자 또는 공중의 안전을 위하여 긴급한 조치가 필요하다고 판단되는 경우에는 연구실 사용제한 조치를 취하여야 함 • 연구실 사용제한 조치를 취한 연구활동종사자에 대하여 그 조치의 결과를 이유로 신분상 또는 경제상의 불이익을 주어서는 아니 됨 • 연구실 사용제한조치가 있는 경우 그 사실을 과학기술정보통신부장관에게 즉시 보고하여야 하고, 과학기술정보통신부장관은 이를 공고하여야 함
연구실 사용제한 조치의 종류	• 정밀안전진단 실시 • 유해인자의 제거 • 연구실 일부의 사용제한 • 연구실의 사용금지 • 연구실의 철거 • 그 밖에 연구주체의 장 또는 연구활동종사자가 필요하다고 인정하는 안전조치
과학기술정보통신부장관	• 연구실사고가 발생한 경우 재발 방지를 위하여 연구주체의 장에게 관련 자료의 제출을 요청할 수 있음 • 추가 조사가 필요하다고 인정되는 경우에는 대통령령으로 정하는 절차 및 방법에 따라 관련 전문가에게 경위 및 원인 등을 조사하게 할 수 있음 • 제출된 자료와 조사 결과에 관한 기록을 유지·관리하여야 함
연구활동종사자	• 연구실의 안전에 중대한 문제가 발생하거나 발생할 가능성이 있어 긴급한 조치가 필요하다고 판단되는 경우에는 연구실 사용제한 조치를 직접 취할 수 있고, 이 경우 연구주체의 장에게 그 사실을 지체 없이 보고해야 함

(2) 사고조사반의 구성 및 운영

과학기술정보통신부장관	• 연구실사고의 경위 및 원인을 조사하게 하기 위하여 다음의 사람으로 구성되는 사고조사반을 운영할 수 있음
	  – 연구실안전과 관련한 업무를 수행하는 관계 공무원
	  – 연구실안전 분야 전문가
	  – 그 밖에 연구실사고 조사에 필요한 경험과 학식이 풍부한 전문가
	• 연구실사고 조사에 참여한 사람에게 예산의 범위에서 그 조사에 필요한 여비 및 수당을 지급할 수 있음
	• 기타 사고조사반의 구성 및 운영에 필요한 사항을 정함

사고조사반의 책임자	• 사고조사반 사람 중에서 과학기술정보통신부장관이 지명하거나 위촉 • 연구실사고 조사가 끝났을 때에는 지체 없이 연구실사고 조사보고서를 작성하여 과학기술정보통신부장관에게 제출해야 함

(3) 중대연구실사고 등의 보고 및 공표

연구주체의 장	• 중대연구실사고가 발생한 경우에는 지체 없이 관련사항을 과학기술정보통신부장관에게 전화, 팩스, 전자우편이나 그 밖의 적절한 방법으로 보고해야 함 • 연구활동종사자가 의료기관에서 3일 이상의 치료가 필요한 생명 및 신체상의 손해를 입은 연구실사고가 발생한 경우에는 사고가 발생한 날부터 1개월 이내에 연구실사고 조사표를 작성하여 과학기술정보통신부장관에게 보고해야 함 • 보고한 연구실사고의 발생 현황을 대학·연구기관 등 또는 연구실의 인터넷 홈페이지나 게시판 등에 공표해야 함
보고사항	• 사고 발생 개요 및 피해 상황 • 사고 조치 내용, 사고 확산 가능성 및 향후 조치·대응계획 • 그 밖에 사고 내용·원인 파악 및 대응을 위해 필요한 사항

5 보 험

(1) 보험가입

연구주체의 장	• 연구활동종사자의 상해·사망에 대비하여 연구활동종사자를 피보험자 및 수익자로 하는 보험에 가입해야 함 • 보험에 가입하는 경우 매년 보험가입에 필요한 비용을 예산에 계상해야 함 • 연구활동종사자가 보험에 따라 지급받은 보험금으로 치료비를 부담하기에 부족하다고 인정하는 경우 연구활동종사자에게 치료비를 지원할 수 있음
과학기술정보 통신부장관	• 연구주체의 장이 가입한 보험관련자료의 제출을 명할 수 있음
보험관련자료	• 해당 보험회사에 가입된 대학·연구기관 등 또는 연구실의 현황 • 대학·연구기관 등 또는 연구실별로 보험에 가입된 연구활동종사자의 수, 보험가입 금액, 보험기간 및 보상금액 • 해당 보험회사가 연구실사고에 대하여 이미 보상한 사례가 있는 경우에는 보상받은 대학·연구기관등 또는 연구실의 현황, 보상받은 연구활동종사자의 수, 보상금액 및 연구실사고 내용
치료비	• 진찰비, 검사비, 약제비, 입원비, 간병비 등 치료에 드는 모든 의료비용을 포함 • 지급받은 보험금은 연구활동종사자가 부담한 치료비 총액보다 작아서는 안 됨
보험의 종류	• 연구실사고로 인한 연구활동종사자의 부상·질병·신체상해·사망 등 생명 및 신체상의 손해를 보상하는 내용이 포함된 보험일 것
보상금액	• 과학기술정보통신부령으로 정하는 보험급여별 보상금액 기준을 충족할 것
보험가입 제외대상	• 산업재해보상보험법에 의해 보상이 이루어지는 자 • 공무원 재해보상법에 의해 보상이 이루어지는 자 • 사립학교교직원 연금법에 의해 보상이 이루어지는 자 • 군인 재해보상법에 의해 보상이 이루어지는 자

(2) 보험급여별 보상금액 기준

요양급여	• 연구활동종사자가 연구실사고로 발생한 부상 또는 질병 등으로 인하여 의료비를 실제로 부담한 경우에 지급 • 다만, 긴급하거나 그 밖의 부득이한 사유가 있을 때에는 해당 연구활동종사자의 청구를 받아 요양급여를 미리 지급할 수 있음 • 최고한도(20억 원 이상)의 범위에서 실제로 부담해야 하는 의료비
장해급여	• 연구활동종사자가 연구실사고로 후유장해가 발생한 경우에 지급 • 후유장해 등급별로 과학기술정보통신부장관이 정하여 고시하는 금액 이상
입원급여	• 연구활동종사자가 연구실사고로 발생한 부상 또는 질병 등으로 인하여 의료기관에 입원을 한 경우에 입원일부터 계산하여 실제 입원일수에 따라 지급 • 다만, 입원일수가 3일 이내이면 지급하지 않을 수 있고, 입원일수가 30일 이상인 경우에는 최소한 30일에 해당하는 금액은 지급 • 입원 1일당 5만 원 이상
유족급여	• 연구활동종사자가 연구실사고로 인하여 사망한 경우에 지급 • 2억 원 이상
장의비	• 연구활동종사자가 연구실사고로 인하여 사망한 경우에 그 장례를 지낸 사람에게 지급 • 1천만 원 이상
두 종류 이상의 보험급여 지급 시 지급기준	• 부상 또는 질병 등이 발생한 사람이 치료 중에 그 부상 또는 질병 등이 원인이 되어 사망한 경우 : 요양급여, 입원급여, 유족급여 및 장의비를 합산한 금액 • 부상 또는 질병 등이 발생한 사람에게 후유장해가 발생한 경우 : 요양급여, 장해급여 및 입원급여를 합산한 금액 • 후유장해가 발생한 사람이 그 후유장해가 원인이 되어 사망한 경우 : 유족급여 및 장의비에서 장해급여를 공제한 금액

6 안전관리 우수연구실 인증제

(1) 인증제의 실시

인증제 목적	• 연구실의 안전관리 역량을 강화 • 표준모델을 발굴 · 확산
과학기술정보 통신부장관	• 안전관리 우수연구실 인증을 할 수 있음 • 인증 기준 · 절차 · 방법 및 유효기간은 대통령령으로 정함
연구주체의 장	• 인증을 받으려는 연구주체의 장은 과학기술정보통신부장관에게 인증을 신청
인증취소 사유	• 거짓이나 그 밖의 부정한 방법으로 인증을 받은 경우(이 경우 반드시 취소) • 정당한 사유 없이 1년 이상 연구활동을 수행하지 않은 경우 • 인증서를 반납하는 경우 • 인증기준에 적합하지 아니하게 된 경우

(2) 인증제의 운영

연구주체의 장	• 인증을 원하는 경우 과학기술정보통신부령으로 정하는 인증신청서를 과학기술정보통신부장관에게 제출
인증기준	• 연구실 운영규정, 연구실 안전환경 목표 및 추진계획 등 연구실 안전환경 관리체계가 우수하게 구축되어 있을 것 • 연구실 안전점검 및 교육 계획·실시 등 연구실 안전환경 구축·관리 활동 실적이 우수할 것 • 연구주체의 장, 연구실책임자 및 연구활동종사자 등 연구실 안전환경 관계자의 안전의식이 형성되어 있을 것
과학기술정보 통신부장관	• 해당 연구실이 인증기준에 적합한지를 확인하기 위하여 연구실안전 분야 전문가 등으로 구성된 인증심의위원회의 심의를 거쳐 인증 여부를 결정 • 인증심의위원회의 구성 및 운영에 필요한 사항은 과학기술정보통신부장관이 정하여 고시 • 인증심의위원회의 심의 결과 해당 연구실이 인증기준에 적합한 경우에는 과학기술정보통신부령으로 정하는 인증서를 발급
인증서	• 인증의 유효기간은 인증을 받은 날부터 2년 • 인증을 받은 연구실은 재인증을 받으려는 경우 유효기간 만료일 60일 전까지 과학기술정보통신부장관에게 인증을 신청 • 인증을 받은 연구실은 과학기술정보통신부령으로 정하는 인증표시를 해당 연구실에 게시하거나 해당 연구실의 홍보 등에 사용할 수 있음

(3) 인증신청

제출서류	• 인증신청서 • 「기초연구진흥 및 기술개발지원에 관한 법률」에 따라 인정받은 기업부설연구소 또는 연구개발전담부서의 경우에는 인정서 사본 • 연구활동종사자 현황 • 연구과제 수행 현황 • 연구장비, 안전설비 및 위험물질 보유 현황 • 연구실 배치도 • 연구실 안전환경 관리체계 및 연구실 안전환경 관계자의 안전의식 확인을 위해 필요한 서류(과학기술정보통신부장관이 해당 서류를 정하여 고시한 경우만 해당)
과학기술정보 통신부장관	• 행정정보의 공동이용을 통하여 사업자등록증과 법인 등기사항증명서를 확인해야 함 • 다만, 신청인이 사업자등록증의 확인에 동의하지 않는 경우에는 그 사본을 첨부하도록 해야 함

7 연구실 안전환경 조성

(1) 연구실 안전환경조성에 필요한 비용 지원

국 가	• 연구기관 등에게 연구실의 안전환경 조성에 필요한 비용의 전부 또는 일부를 지원할 수 있음 • 지원대상의 범위, 지원방법 및 절차는 대통령령으로 정함
지원대상의 범위	• 연구실 안전관리 정책 · 제도개선, 안전관리 기준 등에 대한 연구, 개발 및 보급 • 연구실안전 교육자료 연구, 발간, 보급 및 교육 • 연구실안전 네트워크 구축 · 운영 • 연구실 안전점검 · 정밀안전진단 실시 또는 관련 기술 · 기준의 개발 및 고도화 • 연구실 안전의식 제고를 위한 홍보 등 안전문화 확산 • 연구실사고의 조사, 원인 분석, 안전대책 수립 및 사례 전파 • 그 밖에 연구실의 안전환경 조성 및 기반 구축을 위한 사업

(2) 권역별 연구안전지원센터의 지정 · 운영

과학기술정보 통신부장관	• 효율적인 연구실 안전관리 및 연구실사고에 대한 신속한 대응을 위하여 권역별 연구안전지원센터를 지정할 수 있음 • 권역별 연구안전지원센터로 지정받으려는 자는 과학기술정보통신부령으로 정하는 관련 서류를 과학기술정보통신부장관에게 제출해야 함 • 센터를 지정한 경우에는 해당 기관에 그 사실을 통보하고, 인터넷 홈페이지 및 안전정보시스템 등을 통하여 게시해야 함 • 센터가 업무를 수행하는 데에 필요한 예산 등을 지원
센터지정에 필요한 서류	• 지정신청서, 사업계획서, 센터 운영규정 • 사업 수행에 필요한 인력 보유 및 시설 현황 • 그 밖에 연구실 현장 안전관리 및 신속한 사고 대응과 관련하여 과학기술정보통신부장관이 공고하는 서류
지정요건	• 아래와 같은 기술인력을 2명 이상 갖출 것 　－ 안전, 기계, 전기, 화공, 산업위생 또는 보건위생, 생물 중 어느 하나에 해당하는 기술사자격 또는 박사 학위를 취득한 후 안전업무경력이 1년 이상인 사람 　－ 안전, 기계, 전기, 화공, 산업위생 또는 보건위생, 생물 중 어느 하나에 해당하는 기사 또는 석사 학위를 취득한 후 안전업무경력이 3년 이상인 사람 　－ 안전, 기계, 전기, 화공, 산업위생 또는 보건위생, 생물 중 어느 하나에 해당하는 산업기사를 취득한 후 안전업무경력이 5년 이상인 사람 • 권역별 연구안전지원센터의 운영을 위한 자체규정을 마련할 것 • 권역별 연구안전지원센터의 업무 추진을 위한 사무실을 확보할 것
센터의 업무	• 연구실사고 발생 시 사고 현황 파악 및 수습 지원 등 신속한 사고 대응에 관한 업무 • 연구실 위험요인 관리실태 점검 · 분석 및 개선에 관한 업무 • 업무 수행에 필요한 전문인력 양성 및 대학 · 연구기관 등에 대한 안전관리 기술 지원에 관한 업무 • 연구실 안전관리 기술, 기준, 정책 및 제도 개발 · 개선에 관한 업무 • 연구실 안전의식 제고를 위한 연구실 안전문화 확산에 관한 업무 • 정부와 대학 · 연구기관 등 상호 간 연구실 안전환경 관련 협력에 관한 업무 • 연구실 안전교육 교재 및 프로그램 개발 · 운영에 관한 업무 • 그 밖에 과학기술정보통신부장관이 정하는 연구실 안전환경 조성에 관한 업무 ※ 센터는 해당 연도의 사업계획과 전년도 사업 추진 실적을 과학기술정보통신부장관에게 매년 제출해야 함

(3) 검 사

과학기술정보 통신부장관	• 관계 공무원으로 하여금 대학·연구기관 등의 연구실 안전관리 현황과 관련 서류 등을 검사하게 할 수 있음 • 검사를 하는 경우에는 연구주체의 장에게 검사의 목적, 필요성 및 범위 등을 사전에 통보하여야 함 • 다만, 연구실사고 발생 등 긴급을 요하거나 사전 통보 시 증거인멸의 우려가 있는 경우 통보의무 예외
연구주체의 장	• 검사에 적극 협조하여야 하며, 정당한 사유 없이 이를 거부하거나 방해 또는 기피하여서는 아니 됨

(4) 시정명령

① 시정명령 대상

㉠ 연구실안전정보시스템의 구축과 관련하여 필요한 자료를 제출하지 아니하거나 거짓으로 제출한 경우

㉡ 안전관리규정을 위반하여 연구실안전관리위원회를 구성·운영하지 아니한 경우

㉢ 안전점검 또는 정밀안전진단 업무를 성실하게 수행하지 아니한 경우

㉣ 연구활동종사자에 대한 교육·훈련을 성실하게 실시하지 아니한 경우

㉤ 연구활동종사자에 대한 건강검진을 성실하게 실시하지 아니한 경우

㉥ 안전을 위하여 필요한 조치를 취하지 아니하였거나 안전조치가 미흡하여 추가조치가 필요한 경우

㉦ 검사에 필요한 서류 등을 제출하지 아니하거나 검사 결과 연구활동종사자나 공중의 위험을 발생시킬 우려가 있는 경우

② 시정명령 대상자

시정명령을 받은 사람은 그 기간 내에 시정조치를 하고, 그 결과를 과학기술정보통신부장관에게 보고하여야 한다.

8 연구실안전관리사

(1) 연구실안전관리사의 자격시험 및 직무

연구실안전 관리사	• 과학기술정보통신부장관이 실시하는 자격시험에 합격해야 함 • 자격취득자가 아닌 사람의 연구실안전관리사 명칭 사용금지
교육·훈련 이수	• 연구실안전관리사는 직무를 수행하려면 과학기술정보통신부장관이 실시하는 교육·훈련을 이수하여야 함
대여 등의 금지	• 자격증을 다른 사람에게 빌려주거나 다른 사람에게 자기의 이름으로 연구실안전관리사의 직무를 하게 하여서는 아니 됨
시 험	• 응시자격, 시험과목, 평가위원, 선발 기준 및 방법과 교육·훈련 대상자, 교육·훈련의 방법 및 절차는 대통령령으로 정함
결격사유	• 미성년자, 피성년후견인 또는 피한정후견인 • 파산선고를 받고 복권되지 아니한 사람 • 금고 이상의 실형을 선고받고 그 집행이 끝나거나(집행이 끝난 것으로 보는 경우를 포함) 집행을 받지 아니하기로 확정된 날부터 2년이 지나지 아니한 사람 • 금고 이상의 형의 집행유예를 선고받고 그 유예기간 중에 있는 사람 • 연구실안전관리사 자격이 취소된 후 3년이 지나지 아니한 사람

직무	• 연구시설 · 장비 · 재료 등에 대한 안전점검 · 정밀안전진단 및 관리 • 연구실 내 유해인자에 관한 취급 관리 및 기술적 지도 · 조언 • 연구실 안전관리 및 연구실 환경 개선 지도 • 연구실사고 대응 및 사후 관리 지도 • 그 밖에 연구실 안전에 관한 사항으로서 대통령령으로 정하는 사항

(2) 부정행위자에 대한 제재처분

부정행위자의 처벌	• 시험을 정지 또는 무효로 하고, 그 처분을 한 날부터 2년간 안전관리사시험 응시자격을 정지 • 과학기술정보통신부장관은 연구실안전관리사가 법에서 규정하는 경우에 해당하면 그 자격을 취소하거나 2년의 범위에서 그 자격을 정지할 수 있음
자격취소	• 거짓이나 그 밖의 부정한 방법으로 연구실안전관리사 자격을 취득 • 연구실안전관리사가 될 수 없는 자(결격사유)에 해당하게 된 경우 • 자격이 정지된 상태에서 연구실안전관리사 업무를 수행한 경우
자격정지	• 자격증을 다른 사람에게 빌려주거나, 다른 사람에게 자기의 이름으로 연구실안전관리사의 직무를 하게 한 경우 • 고의 또는 중대한 과실로 연구실안전관리사의 직무를 거짓으로 수행하거나 부실하게 수행하는 경우 • 직무상 알게 된 비밀을 제3자에게 제공 또는 도용하거나 목적 외의 용도로 사용한 경우
청문실시	• 과학기술정보통신부장관은 자격을 취소하거나 정지하려면 청문을 하여야 함

9 보칙 및 벌칙

(1) 보칙 주요 규정

신 고	• 연구실에서 법에 따른 명령을 위반한 사실이 발생한 경우 연구활동종사자는 그 사실을 과학기술정보통신부장관에게 신고할 수 있음 • 이 경우 연구주체의 장은 신고를 이유로 불리한 처우 금지
비밀 유지	• 안전점검/정밀안전진단을 실시하는 사람은 업무상 알게 된 비밀을 제3자에게 제공 또는 도용하거나 목적 외의 용도로 사용금지 • 연구실안전관리사는 그 직무상 알게 된 비밀을 누설하거나 도용금지

권한 · 업무의
위임 및 위탁
	• 과학기술정보통신부장관의 권한을 대통령령으로 정하는 바에 따라 관계 중앙행정기관의 장에게 위임할 수 있음
	• 과학기술정보통신부장관은 다음 업무를 권역별 연구안전지원센터에 위탁할 수 있음
	  − 연구실안전정보시스템 구축 · 운영에 관한 업무
	  − 안전점검 및 정밀안전진단 대행기관의 등록 · 관리 및 지원에 관한 업무
	  − 연구실 안전관리에 관한 교육 · 훈련 및 전문교육의 기획 · 운영에 관한 업무
	  − 연구실사고 조사 및 조사 결과의 기록 유지 · 관리 지원에 관한 업무
	  − 안전관리 우수연구실 인증제 운영 지원에 관한 업무
	  − 검사 지원에 관한 업무
	  − 기타 연구실 안전관리와 관련하여 필요한 업무로서 대통령령으로 정하는 업무

(2) 벌 칙

5년 이하의 징역 또는 5천만 원 이하의 벌금	• 안전점검 또는 정밀안전진단을 실시하지 아니하거나 성실하게 실시하지 아니함으로써 연구실에 중대한 손괴를 일으켜 공중의 위험을 발생하게 한 자 • 연구실 사용제한에 따른 조치를 이행하지 아니하여 공중의 위험을 발생하게 한 자 ※ 상기의 이유로 사람을 사상에 이르게 한 자는 3년 이상 10년 이하의 징역에 처함
1년 이하의 징역이나 1천만 원 이하의 벌금	• 직무상 알게 된 비밀을 제3자에게 제공 또는 도용하거나 목적 외의 용도로 사용한 자
양벌규정	• 위반행위 시 개인뿐만 아니라 법인도 처벌 • 사람을 사상에 이르게 한 개인뿐만 아니라 법인에게도 1억 원 이하의 벌금형을 과함
2천만 원 이하의 과태료를 부과	• 정밀안전진단을 실시하지 아니하거나 성실하게 수행하지 아니한 자 • 보험에 가입하지 아니한 자
1천만 원 이하의 과태료	• 안전점검을 실시하지 아니하거나 성실하게 수행하지 아니한 자 • 교육 · 훈련을 실시하지 아니한 자 • 건강검진을 실시하지 아니한 자
5백만 원 이하의 과태료	• 연구실책임자를 지정하지 아니한 자 • 연구실안전환경관리자를 지정하지 아니한 자 • 연구실안전환경관리자의 대리자를 지정하지 아니한 자 • 안전관리규정을 작성하지 아니한 자 • 안전관리규정을 성실하게 준수하지 아니한 자 • 안전점검 또는 정밀안전진단 실시결과 중대결함이 있음에도 보고를 하지 아니하거나 거짓으로 보고한 자 • 안전점검 및 정밀안전진단 대행기관으로 등록하지 아니하고 안전점검 및 정밀안전진단을 실시한 자 • 연구실안전환경관리자가 전문교육을 이수하도록 하지 아니한 자 • 소관 연구실에 필요한 안전 관련 예산을 배정 및 집행하지 아니한 자 • 연구과제 수행을 위한 연구비를 책정할 때 일정 비율 이상을 안전 관련 예산에 배정하지 아니한 자 • 안전 관련 예산을 다른 목적으로 사용한 자 • 연구실사고 보고를 하지 아니하거나 거짓으로 보고한 자 • 연구실사고 조사 실시명령을 위반하여 자료제출이나 경위 및 원인 등에 관한 조사를 거부 · 방해 또는 기피한 자 • 시정명령을 위반한 자

PART 01

기출예상문제

정답 및 해설 **p.312**

※ 홀수번호 (단답형) 문제, 짝수번호 (서술형) 문제로 진행됩니다.

01 연구활동종사자를 합한 인원이 [   ]명 미만인 연구실은 연구실안전법의 적용대상에서 제외한다.

02 연구실안전법의 목적 4가지를 기술하시오.

03 연구실 소속 연구활동종사자를 직접 지도 · 관리 · 감독하는 연구활동종사자를 [   ](이)라 한다.

04 중대연구실사고에 해당하는 사고 유형 4가지를 기술하시오.

05 다음 빈칸 안에 들어갈 용어를 기술하시오.

[ ]	대학 · 연구기관 등의 대표자 또는 해당 연구실의 소유자
[ ]	연구실 소속 연구활동종사자를 직접 지도 · 관리 · 감독하는 연구활동종사자
[ ]	각 연구실에서 안전관리 및 연구실사고 예방 업무를 수행하는 연구활동종사자
[ ]	연구활동에 종사하는 사람으로서 각 대학 · 연구기관 등에 소속된 연구원 · 대학생 · 대학원생 및 연구보조원 등
[ ]	연구실안전관리사 자격시험에 합격하여 자격증을 발급받은 사람

06 연구실안전환경관리자의 정의를 기술하시오.

07 연구실 실태조사는 과학기술정보통신부장관이 [   ]년마다 조사를 실시한다.

08 연구실안전심의위원회의 심의내용을 기술하시오.

09 연구실안전환경조성 기본계획은 [   ]년마다 수립 · 시행한다.

10 연구실 안전관리 정보화에서 과학기술정보통신부장관의 역할을 기술하시오.

11 연구실안전환경관리자의 지정에 대한 설명이다. 다음 빈칸을 채우시오.

- [   ]명 이상 – 모든 연구활동종사자수가 1,000명 미만
- [   ]명 이상 – 모든 연구활동종사자수가 1,000~3,000명 미만
- [   ]명 이상 – 모든 연구활동종사자수가 3,000명 이상

12 연구주체의 장이 대리자로 하여금 연구실안전환경관리자의 직무를 대행하게 하는 경우 2가지를 기술하시오.

13 연구실안전환경관리자의 대리자를 지정하는 경우 대리자의 직무대행 기간은 [   ]일을 초과할 수 없다. 다만, 출산휴가를 사유로 대리자를 지정한 경우에는 [   ]일을 초과할 수 없다.

14 연구실안전관리위원회에서 협의하여야 할 사항을 기술하시오.

15 연구실안전관리위원회를 구성할 경우에는 해당 대학 · 연구기관 등의 연구활동종사자가 전체 연구실안전관리위원회 위원의 [   ]분의 [   ] 이상이어야 한다.

16 연구실안전관리규정에 포함되어야 하는 사항 10가지를 기술하시오.

17 [   ]은(는) 연구실의 안전관리를 위하여 안전점검지침에 따라 소관 연구실에 대하여 안전점검을 실시하여야 한다.

18 정밀안전진단지침에 포함되어야 하는 사항 3가지를 기술하시오.

19 중대연구실사고가 발생한 경우와 안전점검 실시결과 정밀안전진단이 필요하다고 인정되는 경우에 [   ]은(는) 정밀안전진단지침에 따라 정밀안전진단을 실시해야 한다.

20 정밀안전진단을 실시해야 하는 연구실 3가지를 기술하시오.

21 정밀안전진단 실시대상 연구실은 [   ]년마다 [   ]회 이상 실시해야 한다.

22 안전점검, 정밀안전진단 실시 결과 연구활동종사자의 사망 또는 심각한 신체적 부상이나 질병을 일으킬 우려가 있는 경우 5가지를 기술하시오.

23 안전점검, 정밀안전진단 실시 결과 중대한 결함이 있는 경우 [   ]일 이내에 과학기술정보통신부장관에게 보고해야 한다.

24 안전점검, 정밀안전진단의 대행기관 등록에 관한 내용 중 등록기관의 등록 취소를 할 수 있는 경우를 기술하시오.

25 안전점검, 정밀안전진단의 대행기관 등록 시 변동사항이 있다면 해당 사유 발생일부터 [   ]개월 이내에 변경등록을 해야 한다.

26 안전점검, 정밀안전진단의 대행기관 등록에 관한 내용 중 업무정지 6개월 및 시정명령을 내릴 수 있는 경우를 기술하시오.

27 [   ]은(는) 사전유해인자위험분석 결과를 [   ]에게 보고하여야 한다.

28 사전유해인자위험분석 순서를 기술하시오.

29 [   ]은(는) 연구실의 안전관리에 관한 정보를 연구활동종사자에게 제공하여야 한다.

30 연구주체의 장은 유해인자에 노출될 위험성이 있는 연구활동종사자에 대하여 정기적으로 건강검진을 실시하여야 하는데, 이에 따라 임시건강검진을 실시하는 경우에 대해 기술하시오.

31 연구실환경관리자는 지정된 날부터 [   ]개월 이내에 신규교육을 받아야 하고, [   ]년마다 보수교육을 받아야 한다.

32 연구주체의 장이 연구실 안전유지관리비로 예산에 계상해야 하는 항목에 대해 기술하시오.

33 연구주체의 장은 연구과제 수행을 위한 연구비를 책정할 때 그 연구과제 인건비 총액의 [   ]% 이상에 해당하는 금액을 안전 관련 예산으로 배정해야 한다.

34 연구실사고 조사 결과에 따라 연구활동종사자 또는 공중의 안전을 위하여 긴급한 조치가 필요하다고 판단되는 경우에 취해야 할 조치에 대해 기술하시오.

35 연구실사고가 발생한 경우 [   ]은(는) 재발 방지를 위하여 [   ]에게 관련 자료의 제출을 요청할 수 있다.

36 연구주체의 장이 중대연구실 사고 발생 시 과학기술정보통신부장관에게 보고해야 하는 사항에 대해 기술하시오.

37 연구주체의 장은 연구활동종사자가 의료기관에서 [   ]일 이상의 치료가 필요한 생명 및 신체상의 손해를 입은 연구실사고가 발생한 경우에는 사고가 발생한 날부터 [   ]개월 이내에 연구실사고 조사표를 작성하여 과학기술정보통신부장관에게 보고해야 한다.

38 연구주체의 장이 연구실사고에 대비하여 가입해야 하는 보험의 종류와 보상금액에 대해 기술하시오.

39 [   ]은(는) 대통령령으로 정하는 기준에 따라 연구활동종사자의 상해 · 사망에 대비하여 연구활동종사자를 [   ] 및 [   ](으)로 하는 보험에 가입하여야 한다.

40 연구주체의 장은 연구활동종사자가 보험에 따라 지급받은 보험금으로 치료비를 부담하기에 부족하다고 인정하는 경우에는 대통령령으로 정하는 기준에 따라 해당 연구활동종사자에게 치료비를 지원할 수 있는데, 이 기준에 대해 기술하시오.

41 보험급여별 보상금액기준에 대한 설명이다. 다음 빈칸을 채우시오.

[　　　]	• 연구활동종사자가 연구실사고로 발생한 부상 또는 질병 등으로 인하여 의료비를 실제로 부담한 경우에 지급 • 다만, 긴급하거나 그 밖의 부득이한 사유가 있을 때에는 해당 연구활동종사자의 청구를 받아 요양급여를 미리 지급할 수 있음 • 최고한도(20억 원 이상)의 범위에서 실제로 부담해야 하는 의료비
[　　　]	• 연구활동종사자가 연구실사고로 후유장해가 발생한 경우에 지급 • 후유장해 등급별로 과학기술정보통신부장관이 정하여 고시하는 금액 이상
[　　　]	• 연구활동종사자가 연구실사고로 발생한 부상 또는 질병 등으로 인하여 의료기관에 입원을 한 경우에 입원일부터 계산하여 실제 입원일수에 따라 지급 • 다만, 입원일수가 3일 이내이면 지급하지 않을 수 있고, 입원일수가 30일 이상인 경우에는 최소한 30일에 해당하는 금액은 지급 • 입원 1일당 5만 원 이상
[　　　]	• 연구활동종사자가 연구실사고로 인하여 사망한 경우에 지급 • 2억 원 이상
[　　　]	• 연구활동종사자가 연구실사고로 인하여 사망한 경우에 그 장례를 지낸 사람에게 지급 • 1천만 원 이상

42 과학기술정보통신부 장관이 안전관리우수연구실 인증을 취소할 수 있는 경우 4가지를 기술하시오.

43 [   ]은(는) 인증을 원하는 경우 과학기술정보통신부령으로 정하는 인증신청서를 [   ]에게 제출해야 한다.

44 안전관리 우수연구실 인증제의 인증기준을 기술하시오.

45 안전관리 우수연구실 인증서는 [   ]의 심의 결과 해당 연구실이 인증 기준에 적합한 경우에는 과학기술정보통신부령으로 정하는 인증서를 발급한다.

46 안전관리 우수연구실 인증제 신청 시 제출서류를 기술하시오.

47 국가는 대학연구기관이나 연구실 안전관리와 관련 있는 연구 또는 사업을 추진하는 비영리 법인 또는 단체에 연구실의 [   ]에 필요한 비용의 전부 또는 일부를 지원할 수 있다.

48 연구실 안전환경조성에 필요한 비용 지원대상에 해당하는 연구 및 사업의 범위를 기술하시오.

49 과학기술정보통신부장관은 [   ] 및 [   ]을(를) 위하여 권역별 연구안전지원센터를 지정할 수 있다.

50 권역별 연구안전지원센터로 지정받으려는 자가 과학기술정보통신부령으로 정하는 지정신청서에 첨부하여 과학기술정보통신부장관에게 제출하여야 하는 관련 서류를 기술하시오.

51 권역별 연구안전지원센터는 해당 연도의 사업계획과 전년도 사업 추진 실적을 과학기술정보통신부장관에게 [   ]년마다 제출해야 한다.

52 권역별 연구안전지원센터의 업무에 대해 기술하시오.

53 금고 이상의 실형을 선고받고 그 집행이 끝나거나 집행을 받지 아니하기로 확정된 날부터 [   ]년이 지나지 아니한 사람, 연구실안전관리사 자격이 취소된 후 [   ]년이 지나지 아니한 사람은 안전관리사가 될 수 없다.

54 과학기술정보통신부장관이 연구주체의 장에게 일정한 기간을 정하여 시정명령을 내릴 수 있는 경우를 기술하시오.

55 연구실안전관리사는 거짓이나 그 밖의 부정한 방법으로 연구실안전관리사 자격을 취득한 경우, 연구실안전관리사가 될 수 없는 재[   ]에 해당하게 된 경우, 자격이 정지된 상태에서 연구실안전관리사 업무를 수행한 경우에는 그 자격을 [   ]할 수 있다.

56 연구실안전관리사의 직무를 기술하시오.

행운이란 100%의 노력 뒤에 남는 것이다.

− 랭스턴 콜먼 −

PART 02
연구실 안전관리 이론 및 체계

CHAPTER 01 연구활동 및 연구실안전의 특성 이해

1 연구활동

(1) 연구실 안전관리의 목적

① 안전관리에 관한 기준 확립 및 사고예방

② 안전사고 발생 시 신속하고 적절한 초기대응

③ 인명의 안전과 자산을 보존

(2) 연구실 안전의 기본방향

① 연구실의 안전확보

② 적절한 보상을 통한 연구활동종사자의 건강과 생명보호

③ 안전한 연구환경 조성

(3) 연구활동의 정의

① 과학기술분야의 지식 축적

② 새로운 적용방법을 찾아내기 위하여 축적된 지식을 활용하는 체계적이고 창조적인 활동

(4) 연구활동의 주요형태

기초연구 (Basic Research)	• 어떤 현상들의 근본원리를 탐구하는 실험적 · 이론적 연구활동 • 가설, 이론, 법칙을 정립하고, 이를 시험하기 위한 목적으로 수행 • 연구에 특정한 목적이 있고, 이를 위한 연구방향이 설정되어 있다면 이것을 목적기초연구(Oriented Basic Research)라고 함 • 경제사회적 편익을 추구하거나, 연구결과를 실제 문제에 적용하거나, 또는 연구결과의 응용을 위한 관련 부문으로의 이전 없이 지식의 진보를 위해서만 수행되는 연구를 순수기초연구(Pure Basic Research)라고 함
응용연구 (Applied Research)	• 기초연구의 결과 얻어진 지식을 이용하여 주로 특수한 실용적인 목적과 목표하에 새로운 과학적 지식을 획득하기 위하여 행해지는 연구 • 기초연구로 얻은 지식을 응용하여 신제품, 신재료, 신공정의 기본을 만들어내는 연구 및 새로운 용도를 개척하는 연구 • 응용연구는 연구결과를 제품, 운용, 방법 및 시스템에 응용할 수 있음을 증명하는 것을 목적으로 함 • 응용연구는 연구 아이디어에 운영 가능한 형태를 제공하며, 도출된 지식이나 정보는 종종 지식재산권을 통해 보호되거나 비공개 상태로 유지될 수 있음
개발연구 (Experimental Development)	• 기초연구, 응용연구 및 실제경험으로부터 얻어진 지식을 이용하여 새로운 재료, 공정, 제품 장치를 생산하거나, 이미 생산 또는 설치된 것을 실질적으로 개선함으로써 추가 지식을 생산하기 위한 체계적인 활동 • 생산을 전제로 기초연구, 응용연구의 결과 또는 기존의 지식을 이용하여 신제품, 신재료, 신공정을 확립하는 기술 활동

(5) 연구활동의 특성

① 생산목적보다 연구와 개발을 통한 성과를 추구한다.

② 연구목적을 위하여 연구방법이나 업무순서가 바뀌기도 한다.

③ 연구활동종사자가 연구장치 자체를 디자인하거나 변경하기도 한다.

④ 다양한 종류의 물질과 가스 등을 소량씩 사용하고 보관한다.

⑤ 물질 자체의 위험성은 물론, 다른 물질이나 환경과의 반응 위험이 공존한다.

2 안전의 법칙

(1) 안전의 정의

① 불안전한 상태와 불안전한 행동을 제거하는 것을 말한다.

② 사고가 없는 온전한 상태를 유지하는 것을 말한다.

③ 안전관리를 통해 사고를 예방하고 피해를 감소시키는 것을 말한다.

(2) 하인리히의 법칙

① 1 : 29 : 300의 법칙

    ㉠ 1건의 중상해사고 : 29건의 경상해사고 : 300건의 아차사고

    ㉡ 아차사고만 제대로 관리할 수 있다면 중상해사고를 사전에 예방할 수 있다.

② 하인리히의 도미노이론 : 직접원인을 제거할 수 있다면 재해로 이어지지 않는다.

    ㉠ 1단계 : 기초원인으로 유전적인 요소와 사회적 환경의 영향

    ㉡ 2단계 : 2차원인으로 개인의 결함

    ㉢ 3단계 : 직접원인으로 불안전한 행동과 불안전한 상태

    ㉣ 4단계 : 사 고

    ㉤ 5단계 : 사고로 인한 재해

(3) 버드의 법칙

하인리히의 도미노이론을 발전시킨 수정 도미노이론을 발표하였으며, 직접원인보다 기본원인인 4M을 더 강조한다.

① 1단계 : 근본원인으로 통제의 부족

② 2단계 : 기본원인인 4M

③ 3단계 : 직접원인인 불안전한 행동과 불안전한 상태

④ 4단계 : 사 고

⑤ 5단계 : 재 해

(4) 연구실안전의 4M 위험요소

기계적 (Machine)	• 실험장비·설비의 결함 • 위험방호 조치의 불량 • 안전장구의 결여 • 유틸리티의 결함
물질·환경적 (Media)	• 작업공간 및 실험기구의 불량 • 가스, 증기, 분진, 흄 발생 • 방사선, 유해광선, 소음, 진동 • MSDS 자료 미비 등
인적 (Man)	• 연구원 특성의 불안전행동 • 실험자세, 동작의 결함 • 실험지식의 부적절 등
관리적 (Management)	• 관리감독 및 지도결여 • 교육·훈련의 미흡 • 규정, 지침, 매뉴얼 등 미작성 • 수칙 및 각종 표지판 미부착 등

(5) 하비(Harvey)의 안전대책 3E

Education(안전교육)	교육적 측면 : 안전교육의 실시 등
Engineering(안전기술)	기술적 측면 : 설계 시 안전측면 고려, 작업환경의 개선 등
Enforcement(안전독려)	관리적 측면 : 안전관리조직의 정비, 적합한 기준설정 등

3 인간의 정보처리

(1) 인간의 정보처리과정

위켄(Wickens)의 정보처리체계(Human Information Processing) : 감각 → 지각 → 정보처리(선택 → 조직화 → 해석 → 의사결정) → 실행

감각(Sensing)		물리적 자극을 감각기관을 통해서 받아들이는 과정
지각(Perception)		감각기관을 거쳐 들어온 신호를 장기기억 속에 담긴 기존기억과 비교
정보처리	선 택	여러 가지 물리적 자극 중 인간이 필요한 것을 골라냄
	조직화, 해석	선택된 자극을 조직화한 뒤 해석
	의사결정	지각된 정보는 어떻게 행동할 것인지 결정
실 행		결정된 의사를 행동에 옮김

(2) 인간의 기억체계

① 감각기억(SM ; Sensory Memory) : 감각의 임시보관

② 단기기억(STM ; Short-Term Memory) 또는 작업기억(Work Memory)

    ⊙ 감각기억은 주의집중을 통해 단기기억으로 저장됨

    ⓒ 단기기억용량 : 7±2[밀러(Miller)의 매직넘버(Magic Number)]

③ 장기기억(LTM ; Long-Term Memory)

    ⊙ 단기기억에 의미를 부여하면 장기기억으로 저장됨

    ⓒ 장기기억용량 : 무한대, 정보가 잘 정리되어 있을수록 인출(Retrieval)이 쉬워짐

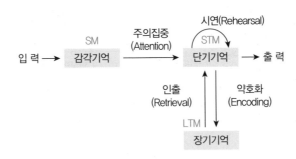

[인간의 기억체계]

(3) 정보처리 과정상의 오류

① 입력오류 : 외부정보를 받아들이는 과정에서 인간의 감각기능의 한계

② 정보처리오류 : 입력정보는 올바르나 처리과정에서 기억 · 추론 · 판단의 오류

③ 출력오류 : 신체적 반응에서 제대로 수행하지 못함

(4) 주의력(Attention)

① 정보처리를 직접 담당하지는 않으나 정보처리단계에 관여하며 정보를 받아들일 때 충분히 주의를 기울이지 않으면 지각하지 못한다.

② 주의력의 4가지 특징

방향성	주의가 집중되는 방향의 자극과 정보에는 높은 주의력이 배분되나 그 방향에서 멀어질수록 주의력이 떨어진다.
선택성	여러 작업을 동시에 수행할 때는 주의를 적절히 배분해야 하며, 이 배분은 선택적으로 이루어진다.
일점집중성	한 가지에 집중하면 다른 것에 주의를 기울이지 않는다.
변동성	주의력의 수준이 50분 간격으로 높아졌다 낮아졌다를 반복하는 현상을 말한다.

③ 부주의 : 주의력의 결핍으로 발생

　㉠ 의식의 저하 : 피로한 경우나 단조로운 반복작업을 하는 경우 정신이 혼미해진다.

　㉡ 의식의 혼란 : 주변환경이 복잡하여 인지에 지장을 초래하고 판단에 혼란이 생긴다.

　㉢ 의식의 중단 : 질병 등으로 의식의 지속적인 흐름에 공백이 발생한다.

　㉣ 의식의 우회 : 걱정거리, 고민거리, 욕구불만 등으로 의식의 흐름이 다른 곳으로 빗나간다.

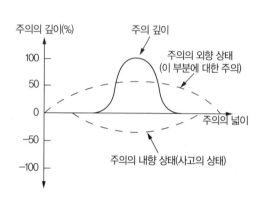 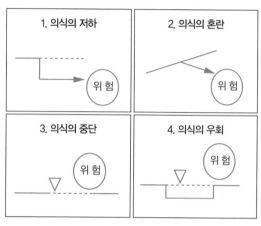

(5) 착오(Mistake)

① 조작과정 착오 : 작업자의 기능 미숙, 작업 경험 부족

② 판단과정 착오 : 능력 부족, 정보 부족, 자기합리화, 과신

③ 인지과정 착오 : 생리적 · 심리적 능력의 한계, 정보량 저장의 한계, 단조로운 작업으로 인한 감각 차단

④ 불안정 요인 : 불안, 공포, 과로, 수면 부족 등

⑤ 재해누발 소질 요인(Proneness) : 성격적 · 정신적 결함, 신체적 결함

(6) 의식수준

인간의 의식수준은 뇌파의 활성화 정도에 따라 0단계부터 4단계로 구분한다.

구 분	뇌 파	의식모드	주파수대역	신뢰도
0단계	δ(Delta)	실신한 상태	0.5~4Hz	없 음
1단계	θ(Theta)	몽롱한 상태	4~7Hz	낮 음
2단계	α(Alpha)	편안한 상태	8~12Hz	높 음
3단계	β(Beta)	명료한 상태	15~18Hz	매우 높음
4단계	High β(Beta)	긴장한 상태	18 Hz 이상	매우 낮음

(7) 집단사고

① **집단규범(Group Norm)** : 소속 집단이 가진 생각이나 개념을 말한다.

② **집단사고(Groupthink)** : 응집력이 강하게 구성된 집단 내에서 의사결정이 획일적으로 변하는 현상을 말한다.

③ **동료집단(Peer Group)** : 동료집단은 인간의 행동에 가장 크게 영향을 미치는 외적 요인이 되며, 동료집단을 의식해 자신의 행동을 바꾸는 현상인 동조현상(Conformity)이 나타난다.

(8) 라스무센(Rasmussen)의 인간의 3가지 행동수준

① 인간의 3가지 행동수준

지식기반 행동 (Knowledge Based Behavior)	인지 → 해석 → 사고/결정 → 행동
규칙기반 행동 (Rule Based Behavior)	인지 → 유추 → 행동
숙련기반 행동 (Skill Based Behavior)	인지 → 행동

② 유형에 따른 불안전한 행동의 원인

유 형	불안전한 행동의 원인
지식기반 행동 (Knowledge Based Behavior)	지식의 부족
규칙기반 행동 (Rule Based Behavior)	잘못된 적용
숙련기반 행동 (Skill Based Behavior)	기능의 미숙
위반 (Violation)	태도의 불량

(9) 레빈(Lewin)의 법칙

① 인간의 행동은 개성과 환경의 함수

② 개성(P ; Personality) : 연령, 성격, 경험, 지능, 심신상태

③ 환경(E ; Environment) : 인간관계, 작업환경

$$B = f(P \times E)$$

B : 인간의 행동(Behavior), P : 개성(Personality), E : 환경(Environment)

4 휴먼에러

(1) 제임스 리즌(James Reason)의 정보처리 단계에서의 휴먼에러의 분류

기능기반오류 (Skill-based Error)	숙련상태에 있는 행동에서 나타나는 에러[실수(Slip), 망각(Lapse)]
규칙기반오류 (Rule-based Mistake)	처음부터 잘못된 규칙을 기억, 정확한 규칙이나 상황에 맞지 않게 잘못 적용
지식기반오류 (Knowledge-based Mistake)	처음부터 장기기억 속에 지식이 없음
위반 (Violation)	지식을 갖고 있고, 이에 알맞는 행동을 할 수 있음에도 나쁜 의도를 가짐

(2) 스웨인(Swain)과 구트만(Guttman)의 분류(행위적 분류)

실행 에러 (Commission Error)	작업 내지 단계는 수행하였으나 잘못한 에러
생략 에러 (Omission Error)	필요한 작업 내지 단계를 수행하지 않은 에러
순서 에러 (Sequential Error)	작업수행의 순서를 잘못한 에러
시간 에러 (Timing Error)	주어진 시간 내에 동작을 수행하지 못하거나 너무 빠르게 또는 너무 느리게 수행하였을 때 생긴 에러
불필요한 행동 에러 (Extraneous Act Error)	해서는 안 될 불필요한 작업의 행동을 수행한 에러

(3) 정보처리과정상의 휴먼에러

재해 누발소질 요인	• 성격적 · 정신적 · 신체적 결함
인지과정 과오	• 생리적 · 심리적 능력의 한계, 단기기억 저장의 한계 • 단조로운 작업으로 인한 감각차단 • 불안, 공포, 수면부족 등으로 인한 정서불안
판단과정 과오	• 능력부족, 정보부족, 경험부족, 기능미숙 • 정보 처리상의 한계용량(Channel Capacity)
조작과정 과오	• 작업자의 기능 미숙, 작업 경험 부족

(4) 휴먼에러의 내적·외적요인

내적요인 (심리적 요인)	• 그 일에 대한 지식이 부족할 때 • 일할 의욕이 결여되어 있을 때 • 서두르거나 절박한 상황에 놓여 있을 때 • 무엇인가의 체험으로 습관화되어 있을 때 • 스트레스가 심할 때
외적요인 (물리적 요인)	• 기계설비가 양립성(Compatibility)에 위배될 때 • 일이 단조로울 때 • 일이 너무 복잡할 때 • 일의 생산성이 너무 강조될 때 • 자극이 너무 많을 때 • 동일 현상의 것이 나란히 있을 때

5 동기·욕구이론

(1) 매슬로우(Maslow)의 욕구단계이론 : 하위욕구가 충족되어야 상위욕구로 전이됨

1단계	생리적 욕구(Physiological Needs)
2단계	안전의 욕구(Safety Security Needs)
3단계	사회적 욕구(Acceptance Needs)
4단계	존경의 욕구(Self-esteem Needs)
5단계	자아실현의 욕구(Self-actualization)
6단계	자아초월의 욕구(Self-transcendence) (자아초월 = 이타정신 = 남을 배려하는 마음)

(2) 허츠버그(Herzberg)의 2요인(동기·위생)이론

위생요인(유지욕구)	직무불만족 요인
동기요인(만족욕구)	직무만족 요인

① 허츠버그는 직무에 만족하는 요인과 불만족하는 이유가 각기 다르다고 본다.

② 위생요인의 만족은 직무만족이 아니라 불만족이 일어나지 않은 상태이다.

③ 직무에 만족하려면 동기요인을 강화해야 한다.

(3) 맥그리거(Mcgregor)의 X, Y이론

X이론	인간불신감, 성악설, 물질욕구(저차원 욕구), 명령 및 통제에 의한 관리, 저개발국형
Y이론	상호신뢰감, 성선설, 정신욕구(고차원 욕구), 자율관리, 선진국형

① 환경개선보다는 일의 자유화 추구 및 불필요한 통제를 없앤다.

② 인간의 본질에 대한 기본적인 가정을 부정론과 긍정론으로 구분한다.

(4) 데이비스(Davis)의 동기부여이론

능력 = 지식 × 기술, 동기 = 상황 × 태도

① 경영의 성과 = 인간의 성과 × 물질의 성과
② 인간의 성과 = 능력 × 동기

(5) 맥클랜드(Mcclelland)의 성취동기이론

성취욕구 (Need for Achievement)	• 어려운 일을 성취하려 한다. • 스스로의 능력을 성공적으로 발휘함으로써 자긍심을 높이려는 것이다. • 성취욕구가 강한 사람은 성공에 대한 강한 욕구를 가지고 있으며, 책임을 적극적으로 수용하고, 행동에 대한 즉각적인 피드백을 선호한다.
권력욕구 (Need for Power)	• 리더가 되어 남을 통제하는 위치에 서는 것을 선호한다. • 타인들로 하여금 자기가 바라는 대로 행동하도록 강요하는 경향이 크다.
친화욕구 (Need for Affilation)	• 다른 사람들과 좋은 관계를 유지하려고 노력한다. • 타인들에게 친절하고 동정심이 많으며, 타인을 돕고 즐겁게 살려고 하는 경향이 크다.

(6) 알더퍼(Alderfer)의 ERG이론

매슬로우(Maslow)와 달리 동시에 2가지 이상의 욕구가 작용할 수 있다고 주장한다.

① 생존이론(Existence) : 생존과 유지에 관한 욕구, 생리적, 안전에 대한 욕구
② 관계이론(Relatedness) : 타인과 의미있고 만족스러운 관계에 대한 욕구
③ 성장이론(Growth) : 개인의 성장과 발전에 대한 욕구

매슬로우 (Maslow) 욕구 6단계설	알더퍼 (Alderfer) ERG이론	허즈버그 (Herzberg) 2요인론	맥그리거 (McGregor) X, Y이론	데이비스 (Davis) 동기부여 이론
자아초월의 욕구 (Self-transendence)	성장 욕구 (Growth)	동기요인 (만족 욕구)	Y이론	경영의 성과 = 인간의 성과 × 물질의 성과
자아실현 욕구 (Self-actualization)				
존경의 욕구 (Self-esteem Needs)				
사회적 욕구 (Acceptance Needs)	관계 욕구 (Relatedness)	위생요인 (유지 욕구)	X이론	인간의 성과 = 능력 × 동기유발
안전의 욕구 (Safety Security Needs)				능력 = 지식 × 기술
생리적 욕구 (Physiological Needs)	생존 욕구 (Existence)			동기유발 = 상황 × 태도

[동기 · 욕구이론 비교]

6 안전관리모델

(1) 브래들리 모델(Bradley Model)

1단계(반응적)	조직 구성원의 본능에 의해 안전이 관리되는 수준
2단계(의존적)	전반적인 안전관리가 관리감독자(Supervisor)에 의존하는 수준
3단계(독립적)	조직 구성원 스스로가 안전을 능동적이고 책임지는 수준
4단계(상호의존적)	팀이 중심이 되어 서로의 안전을 챙겨주는 수준으로 안전문화의 완성단계

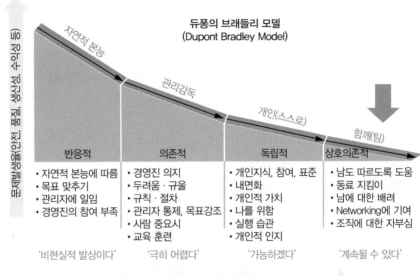

(2) 프랭크 호킨스(Frank Hawkins)의 SHELL 모델

연구활동종사자(L1 ; Liveware 1)를 중심으로 주변의 모든 요소가 안전에 직접적인 연관성을 가지고 있으며, 5가지 요소가 모두 조화를 이루어야 안전관리가 가능하다.

L1(Liveware 1)	연구활동종사자 본인 등 업무를 주도적으로 수행하는 사람
L2(Liveware 2)	연구활동 집단에 소속된 기타 구성원들
H(Hardware)	기계, 설비, 장치, 도구 등 유형적인 요소
S(Software)	시스템 내의 작업지시, 정보교환 등 구성 요소 간 영향을 주고받는 모든 무형적인 요소
E(Environment)	주변 환경과 조명, 습도, 온도, 기압, 산소농도, 소음, 시차 등을 나타내는 환경적 요소

(3) 스위스 치즈 모델(Swiss Cheese Model)

① 제임스 리즌(James Reason)의 스위스 치즈 이론은 인적요인보다는 조직적 요인을 강조한다.

② 스위스 치즈 모델은 조직사고(Organizational Accident)의 위험성을 강조한다.

③ 스위스 치즈 이론에 의한 사고발생의 4단계 과정은 다음과 같다.

1단계	조직의 문제(Organizational Influences)로 근본적인 문제임
2단계	감독의 문제(Unsafe Supervision)
3단계	불안전 행위의 유발조건(Preconditions for Unsafe Acts)
4단계	사고를 일으킨 행위자의 불안전한 행위(Unsafe Acts)

(4) 위험의 감소대책 적용순서

> 위험의 제거 → 위험의 대체 → 공학적 대책 → 조직적 대책 → 개인적 대책

① **위험의 제거** : 물리적인 위험의 제거

② **위험의 대체** : 덜 위험한 물질로 대체

③ **공학적 대책** : 안전장치의 설치 등 공학적인 방법을 이용

④ **조직적 대책** : 절차서 마련 등 조직적 방법을 이용

⑤ **개인적 대책** : 개인보호구 착용 등 개인적인 조치

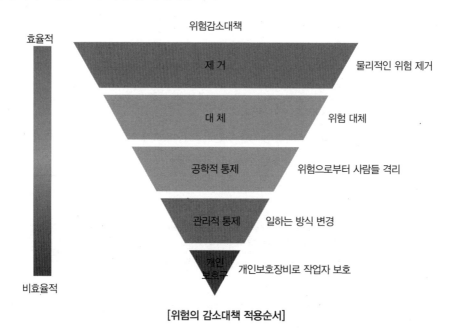

[위험의 감소대책 적용순서]

7 연구실 안전관리 조직

(1) 안전관리조직

구 분	직계(Line)형 조직	참모(Staff)형 조직	직계참모(Line-Staff)형 조직
내 용	• 안전관리의 모든 업무가 생산라인을 통해 직선적으로 이루어짐 • 생산과 안전을 동시에 지시	• 안전업무를 담당하는 안전담당 참모(Staff)가 있음 • 안전담당 참모가 경영자에게 안전관리에 관한 조언과 자문 • 생산은 안전에 대한 권한, 책임이 없음	• 직계형과 참모형의 장점만을 채택한 형태 • 안전업무를 전담하는 참모를 두고 생산라인의 각 계층에서도 각 부서장이 안전업무를 수행 • 생산과 참모가 협조를 이루어 나갈 수 있고, 생산은 생산과 안전보건에 관한 책임을 동시에 부담
장 점	• 안전에 관한 지시 및 명령 계통이 철저 • 안전대책의 실시가 신속하고 정확함 • 명령과 보고가 상하관계뿐으로 간단·명료	• 사업장 특성에 맞는 전문적인 기술연구가 가능 • 경영자에게 조언과 자문역할을 할 수 있음 • 안전정보 수집이 빠름	• 안전에 대한 기술 및 경험축적이 용이 • 사업장에 맞는 독자적인 안전개선책 수립이 가능 • 안전지시나 안전대책이 신속하고 정확하게 전달
단 점	• 안전에 대한 지식 및 기술축적이 어려움 • 안전에 대한 정보수집, 신기술 개발이 어려움 • 생산라인에 과도한 책임을 지우기 쉬움	• 안전지시나 명령이 작업자에게까지 신속·정확하게 전달되지 못함 • 권한다툼이나 조정 때문에 시간과 노력이 소모	• 명령과 권고가 혼동되기 쉬움 • 스탭의 월권행위가 발생할 수 있음 • 라인이 스탭을 활용하지 않을 가능성 존재
규 모	• 100명 이하 조직	• 100~1,000명 이하 중규모 조직	• 1,000명 이상 대규모 조직

[직계형(Line) 조직]

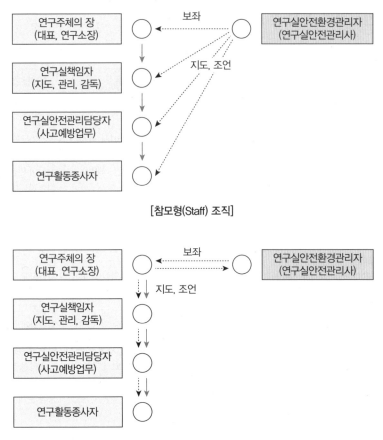

[참모형(Staff) 조직]

[직계참모형(Line–Staff) 조직]

(2) 연구실 안전관리조직

연구주체의 장	대학 · 연구기관 등의 대표자 또는 해당 연구실의 소유자
연구실안전환경관리자	대학 · 연구기관 등에서 연구실안전과 관련한 기술적인 사항에 대하여 연구주체의 장을 보좌하고, 연구실책임자 등 연구활동종사자에게 조언 · 지도하는 업무를 수행하는 사람
연구실책임자	연구실 소속 연구활동종사자를 직접 지도 · 관리 · 감독하는 연구활동종사자
연구실안전관리담당자	각 연구실에서 안전관리 및 연구실사고 예방업무를 수행하는 연구활동종사자
연구활동종사자	연구활동에 종사하는 사람으로서 각 대학 · 연구기관 등에 소속된 연구원 · 대학생 · 대학원생 및 연구보조원 등

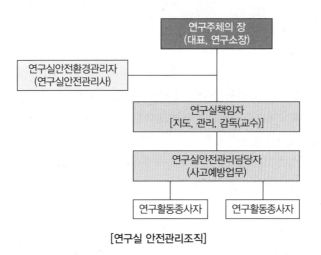

[연구실 안전관리조직]

(3) 연구실안전의 원칙

기본수칙	• 위험한 작업 시 적절한 보호구 등을 착용한다. • 소화기, 비상샤워기 등의 위치와 사용법을 숙지한다. • 독성 물질, 휘발성 물질 등의 위험물질은 후드 내에서 사용한다. • 사고 발생 시 신속히 안전관리담당자에게 보고한다. • 연구실로부터 대피할 수 있는 비상구 확보 및 항시 개방한다. • 실험 테이블 위에 나와 있는 유기용매는 최소량으로 한다. • 선반이나 테이블 위의 시약병 전도를 방지한다.
타인의 안전 고려	• 부주의하거나 위험한 행동을 하는 자를 주의시킨다. • 실험업무를 타인의 협조를 받는 경우 필요한 보호구를 착용한다.
연구위험성숙지	• 연구계획, 신규장비의 사용, 신규 화학약품 취급 시 연구에 관계되는 위험성과 사고 시의 안전조치를 숙지한다. • 연구에 대한 위험과 안전조치에 대한 정보공유를 통해 연구실 내 모든 사람이 숙지하고 사고 시의 안전에 대비할 수 있도록 한다.

(4) 화학약품 취급 시 안전수칙

① 운송 시 운반용 캐리어, 바스켓, 전용 운반 용기를 사용한다.

② 실험실 내부가 아닌 엘리베이터나 복도 등에서는 용기의 개봉을 금지한다.

③ 약품명 등의 라벨을 부착한다.

④ 직사광선을 피하고 다른 물질과 섞이지 않도록 하며 화기, 열원으로부터 격리시킨다.

⑤ 위험한 약품의 분실, 도난 시 연구실책임자 및 안전관리담당자에게 보고한다.

⑥ 물질안전보건자료(MSDS)를 숙지한다.

(5) 폐수 · 폐기물 처리수칙

① 폐수 처리 시 유의사항

- ㉠ 폐시약 원액은 집수조에 버리지 않고 별도 보관하여 처리하며, 시약의 성분별로 분류하여 관리한다.
- ㉡ 폐수 보관 용기는 일반 용기와 구별이 되도록 도색 등의 조치를 한다.
- ㉢ 일반하수 싱크대에 폐수를 무단 방류하는 행위를 금지한다.
- ㉣ 폐수 집수조에 유리병 등 이물질 투여하는 행위를 금지한다.
- ㉤ 폭발성 및 인화성이 있는 시약류를 집수조에 투여하는 행위를 금지한다.
- ㉥ 시약을 취급한 기구나 용기 등을 세척한 세척수도 폐수 집수조에 처리한다.
- ㉦ 폐수 집수조의 저장량을 주기적으로 확인하고 수탁처리전문업체에 위탁처리한다.

② 폐기물 처리 시 유의사항

- ㉠ 시약병은 잔액을 완전히 제거하고 내부를 세척 및 건조하여 처리한다.
- ㉡ 병뚜껑과 용기를 분리하여 처리한다.
- ㉢ 운반이 용이하도록 적절한 용기에 담아 보관장소에 보관한다.
- ㉣ 재활용 가능한 품목은 분리하여 배출한다.
- ㉤ 품목별 보관 용기에 일반 쓰레기를 투여하는 행위를 금지한다.
- ㉥ 연구가 종료되면 폐기물을 반드시 처리하여 방치되는 일이 없도록 한다.

(6) 전기 · 가스 안전수칙

① 전기 안전수칙

- ㉠ 전기스위치 부근에 인화성, 가연성 유기용매의 취급을 금지한다.
- ㉡ 장비를 검사하기 전에 회로의 스위치를 끄거나 장비의 플러그를 뽑아서 전원을 끈다.
- ㉢ 연결 코드선은 가능한 한 짧게 사용한다.

② 가스 안전수칙

- ㉠ 가스저장 시설에는 실험용가스 성분과 종류별로 보관한다.
- ㉡ 비눗물이나 점검액으로 배관, 호스 등의 연결부분을 수시로 점검하고 가스의 누출 여부를 확인한다.
- ㉢ 연소기는 항상 깨끗이 관리하고 노즐이 막히지 않도록 청소한다.
- ㉣ 가스 누설 경보기의 작동이 잘 되고 있는지 수시로 확인한다.
- ㉤ 가스탱크 내용물에 대한 표기를 확인한다.
- ㉥ 노후한 가스용기는 반납 및 전도방지조치를 실시한다.

8 연구실 안전사고예방

(1) 연구활동종사자의 보호

복 장	• 모든 연구활동종사자는 실험을 하는 동안 발을 보호할 수 있는 신발 착용(샌들 등 발끝이 드러나는 신발은 부적절) • 긴 머리는 부상을 방지하기 위하여 뒤로 묶음 • 실험 시 청결한 실험복 항시 착용, 실험실을 떠날 때 반드시 탈의 • 위험물 취급 시 반드시 적합한 보안경 착용
미생물	• 모든 미생물 표본을 전염성이 있는 것으로 간주 • 취급 미생물이 요구하는 안전조건 준수
방사선	• 방사선 발생원(레이저, 자외선, 방사선물질, 아크램프 등)은 연구실책임자의 지시와 감독하에 사용

(2) 실험 실습 시 기본사항

실습 시	• 연구실책임자의 허락 없이 실험실 출입을 금지한다. • 실험실에서의 인가되지 않은 실험을 금지한다. • 정해진 시간 외 실험실 사용 시 연구실책임자로부터 허가를 받는다. • 실험실 내에서 식음료 섭취를 금지한다. • 입을 이용한 피펫팅을 금지한다.
실습 후	• 고장 난 장비, 깨진 유리기구는 연구실책임자에게 알린다. • 폐기물은 싱크대에 놓아두거나 방치하면 안되며, 연구실책임자의 허락 없이 폐기물을 싱크대에 버리지 않는다. • 누출된 물질은 즉시 닦아내며 시약, 액체 또는 실험기구는 연구실책임자의 허가 없이 실험실 외부로 반출을 금지한다. • 생물 시료와 접촉한 장갑은 특별히 표시된 바이오 폐기물통 안에 폐기한다. • 실험실을 떠나기 전에 항상 손을 씻는다.

(3) 비상상황 시 대처방안

① 비상시 비상탈출 절차를 숙지한다.

② 건물의 모든 작업구역과 비상구의 위치를 숙지한다.

③ 실험실의 비상 샤워기, 안구 세정기, 소화기 위치를 숙지한다.

④ 실험기구, 폐기자재 등의 보행로나 소방통로 방치를 금지한다.

⑤ 실험실의 사건보고 양식에는 아차사고까지 보고하고 기록한다.

⑥ 비상사태 발생 시 가장 가까운 비상구로 신속하고 안전하게 이동하고, 재출입이 가능할 때까지 대기한다.

PART 02

연구실 안전관리시스템 구축·이행 역량

1 연구실안전관리시스템

(1) 연구실안전관리시스템

시스템	• 하나의 공통적인 목적을 수행하기 위해 조직화된 요소들의 집합체
PDCA사이클	• 1950년대 에드워드 데밍(Edwards Deming)에 의해 개발 • 계획(Plan)을 세우고, 실행(Do)하고, 평가(Check)하며, 개선(Action)하는 관리방법
연구실안전관리 시스템	• 연구주체의 장이나 연구실책임자가 안전을 위해 PDCA사이클을 통해 연구실의 안전운영을 달성하기 위해 구축한 시스템
목 적	• 위험요인에 노출된 연구활동종사자와 이해관계자에 대한 위험을 제거, 최소화하여 연구실안전 향상
기대효과	• 연구실의 자율적인 안전관리 시스템을 구축, 지속적인 실행 및 운영, 보수함으로써 연구실 사고예방과 안전한 연구환경 구축

(2) 연구실의 PDCA사이클

실행계획 (Plan)	• 연구실안전을 위한 자료의 수집 및 분석 • 개선 계획의 개발 및 평가를 위한 기준을 설정
실행 및 운영 (Do)	• 연구실 안전환경 방침과 목표를 실제적으로 프로세스에 적용하여 수행하는 단계 • 수립된 계획을 이행하는 과정에서 발생하는 변화가 있었는지를 파악하고, 체계적으로 문서화
점검 및 시정조치 (Check)	• 실행(Do) 단계에서 수행되는 일련의 과정을 모니터링 • 계획(Plan)단계에서 수립된 목표와 긴밀히 연계되어 수행되고 있는가를 평가하고 분석 • 계획 단계에서 설정된 목표와 실행 단계에서의 실제결과 간의 차이를 확인하고 평가
검토 및 개선 (Action)	• 평가(Check) 단계에서의 평가 및 분석을 통해 피드백을 도출하는 단계 • 세부목표 결과가 성공적이지 못하다면 안전관리 계획을 수정하고 프로세스를 재검토하여 새로운 계획 을 수립할 때 반영하는 단계

2 연구실 안전관리

(1) 개 념

① 목 적

㉠ 연구실에 잠재된 유해·위험요인을 사전에 파악한다.

㉡ 안전계획 및 비상조치계획 등 필요한 대책을 수립한다.

㉢ 안전하고 쾌적한 연구 환경을 조성한다.

㉣ 연구실사고 발생 시 신속하고 체계적인 대응으로 인명과 재산피해를 최소화한다.

② 안전관리규정

㉠ 연구실의 안전관리조직체계와 그 직무에 관한 사항

㉡ 연구실의 각 담당자의 권한과 책임을 기술

㉢ 안전교육, 사고조사, 안전관련 예산의 편성, 연구실 유형별 안전관리 등의 내용을 수록

③ 교육·훈련

연구실 안전관리에 대한 정보를 연구활동종사자에게 제공하기 위함이다.

④ 연구실의 중대한 결함

연구활동종사자의 사망 또는 심각한 신체적 부상이나 질병을 야기할 우려가 있는 결함을 말한다.

(2) 연구실안전 관련 용어

사고원인	• 비정상 상태를 발생시키는 원인 • 직접적인 원인과 간접적인 원인으로 구분 • 하나의 비정상 상태에 대해 여러 원인이 존재
사고조사	• 사고원인 규명과 사고로 인한 피해를 산정하기 위한 조사 • 자료의 수집, 관계자 등에 대한 질문, 현장 확인 등
사고대응	• 사고 발생 시 응급처치, 사고피해의 확대 방지, 사고현장 보존 등의 활동
생물안전관리자	• 생물안전 준수사항 이행을 감독하고 생물안전교육·훈련과 안전점검을 실시하는 자 • 생물안전사고조사 및 보고, 생물안전에 관한 정보수집 등을 수행
가연성 가스	• 공기 중에서 연소하는 가스 • 폭발한계의 하한이 10% 이하인 것 • 폭발한계의 상한과 하한의 차가 20% 이상인 것
독성 가스	• 공기 중에 일정량 이상 존재하는 경우 인체에 유해한 독성을 가진 가스 • 허용농도가 100만분의 5,000 이하인 것(5,000ppm 이하)
병원체	• 질병의 원인이 되는 미생물 • 바이러스, 리케차, 세균, 진균, 스피로헤타, 원충의 6종으로 분류
유해광선	• 전자파로서 인체에 해를 주는 자외선, 적외선, 광학방사선, X-ray, γ선 등

CHAPTER 03 연구실 유해·위험요인 파악 및 사전유해인자 위험분석 방법

1 불안전한 행동의 배후요인

(1) 인적요인

① 심리적 요인

지름길반응	지나가야 할 길이 있음에도 불구하고, 가급적 가까운 길을 걸어 빨리 목적장소에 도달하려고 하는 행동을 뜻한다.
주연적 동작	어떤 것을 의식의 중심에서 생각하며 동작하는 도중에 의식의 주변부(주연, 周緣)에서 일어나는 일상적인 습관동작을 뜻한다.
억측판단	자의적인 주관적 판단, 희망적 관측을 토대로, 위험도를 확인하지 않고 안일한 판단을 과신하는 것이다.

② 생리적 요인

㉠ 피로 : 작업능률에 관련되는 것 외에 주의력의 산만 등을 초래한다.

㉡ 수면부족 : 수면부족 시 건강하고 안전한 생활을 할 수 없다.

(2) 외적요인(환경적 요인)

① 인간적 요인 : 인간관계에 의한 요인, 각자의 능력 및 지능에 의한 요인

② 설비적 요인 : 기계설비의 위험성과 취급성의 문제 및 유지관리 시의 문제

③ 작업적 요인 : 작업방법적 요인 및 작업환경적 문제

④ 관리적 요인 : 교육훈련의 부족, 감독지도의 불충분, 적정배치의 불충분

2 연구실 유해 · 위험요인 파악

(1) 위험성평가

① **사전준비** : 위험성평가 실시계획서 작성, 평가대상 선정, 평가에 필요한 각종 자료 수집

② **유해 · 위험요인을 파악**

    ㉠ 위험성평가에서 가장 중요

    ㉡ 유해 · 위험요인을 명확히 하는 것

    ㉢ 유해 · 위험요인이 사고에 이르는 과정을 명확히 하는 것

    ㉣ 유해 · 위험요인이 누락되지 않는 것이 중요

    ㉤ 순회점검, 안전보건자료파악, 청취조사 등

③ **위험성 추정** : 사고로 이어질 수 있는 가능성과 중대성을 추정하여 크기 산출

④ **위험성 결정** : 추정한 위험성의 크기가 허용 가능한 범위인지 여부를 판단

⑤ **감소대책의 수립 및 실행** : 허용 불가능한 위험성을 합리적으로 실천 가능한 범위에서 가능한 한 낮은 수준으로 감소시키기 위한 대책 수립 및 실행

(2) 위험성평가 기법

① **FTA(Fault Tree Analysis)** : 정상사상을 설정하고, 하위의 사고의 원인을 찾아가는 연역적 분석기법이다.

② **ETA(Event Tree Analysis)** : 장치의 이상, 운전자의 실수가 어떠한 결과를 초래하는지 정량적으로 분석하는 귀납적 분석기법이다.

③ **BTA(Bow Tie Analysis)** : FTA와 ETA를 합쳐놓은 것으로, FTA는 사고 발생의 원인을 찾아가고 ETA는 그로 인해 어떠한 잠재적 사고가 발생하는지 찾아가는 기법이다.

④ **FHA(Fault Hazard Analysis)** : 여러 공장에서 제작된 부품을 조립하여 하나의 기계가 되었을 때 각각의 서브시스템이 전체시스템에 어떠한 영향을 미치는지 분석하는 기법이다.

⑤ **FMEA(Failure Mode & Effect Analysis)** : 정성적, 귀납적 분석법으로 서브시스템, 구성요소, 기능 등의 잠재적 고장 형태에 따른 시스템의 위험을 파악하는 기법이다.

⑥ **THERP(Technique for Human Error Rate Prediction)** : 휴먼에러발생율을 정량적으로 평가하기 위해 개발된 기법이다.

⑦ **HAZOP(Hazard & Operabilty Studies)** : 관련 자료를 토대로 정해진 연구(Study) 방법에 의해 운전상의 문제점을 찾아내어 그 원인을 제거하는 위험성평가 기법이다.

3 사전유해인자 위험분석

(1) 사전유해인자 위험분석의 개요

개 념	연구실에 잠재되어 있는 유해 · 위험요인을 사전에 파악하여, 안전계획 및 비상조치계획 등 필요한 대책을 수립하는 활동을 말한다.
주 체	연구실책임자 : 분석결과를 연구주체의 장에게 보고한다.
목 적	연구실 및 연구활동종사자를 보호하고 연구개발 활성화에 기여한다.

(2) 사전유해인자 위험분석 수행 절차

① **사전 준비** : 실시 대상의 범위를 지정한다.

② **연구실안전 현황분석** : 관련 자료(기계 · 기구 · 설비, MSDS, 연구내용, 연구방법)를 토대로 안전현황을 분석한다.

③ **연구개발 활동별 유해인자 위험분석** : 현황 분석결과를 토대로 유해인자에 대한 위험을 분석하고, 유해 인자 위험분석보고서를 작성한다.

④ **연구개발 활동 안전분석** : 유해인자를 포함한 연구에 대해 연구개발활동 안전분석을 실시하고, R&D SA 보고서를 작성한다.

⑤ **연구실안전 계획수립** : 연구활동별 유해인자 위험분석 실시 후 유해인자에 대한 안전한 취급 및 보관 등을 위한 조치, 폐기방법, 안전설비 및 개인보호구 활용 방안 등을 연구실 안전계획에 포함한다.

⑥ **비상조치 계획수립** : 화재, 누출, 폭발 등의 비상사태가 발생했을 경우에 대한 대응방법, 처리절차 등을 비상조치 계획에 포함한다.

※ R&D SA ; Research & Development Safety Analysis

CHAPTER 04 연구실 안전교육

1 안전교육

(1) 안전교육의 목적과 필요성

① 목 적
- ㉠ 재해로부터 예방, 경제적 손실 예방
- ㉡ 지식, 기능, 태도의 향상
- ㉢ 안전에 대한 신뢰도 향상

② 필요성
- ㉠ 기술의 급격한 변화
- ㉡ 새로운 위험의 등장
- ㉢ 위험에 대한 대응능력 향상

(2) 교육의 종류와 진행과정

> 지식교육 → 기능교육 → 태도교육

① 지식교육
- ㉠ 지식을 전달하는 교육이다.
- ㉡ 도입 → 제시 → 적용 → 확인

② 기능교육
반복적 시행착오를 통한 경험을 체득하고, 경험을 통해 기술을 습득할 수 있다.

③ 태도교육
- ㉠ 안전을 습관화하는 등의 마음가짐을 교육한다.
- ㉡ 행동을 습관화하는 교육으로서, 장기간에 걸쳐 일어난다.
- ㉢ 지식교육이나 기능교육과는 달리 확인이 불가능하다.

(3) 안전교육의 8원칙

① 피교육자 중심의 원칙 : 상대방의 입장에서 한다.

② 동기부여 : 동기부여를 중요하게 교육한다.

③ 쉬운 것부터 : 쉬운 것부터 어려운 것 순으로 진행한다.

④ 반복 : 정기적으로 반복한다.

⑤ 한 번에 한 가지씩 : 한 번에 한 가지씩 순서대로 진행한다.

⑥ 오감활용 : 시각, 청각, 촉각, 미각, 후각의 모든 감각을 활용한다.

⑦ 인상의 강화 : 사진 등의 보조자료를 활용하거나 견학 등을 활용한다.

⑧ 기능적 이해 : 지식보다 기능 중심의 이해를 중점으로 한다.

(4) 교육방법

OJT	일상업무를 통한 현장위주의 실습교육
Off-JT	이론 중심의 집합교육
실습법	흥미를 일으키기 쉽고 습득이 빠름, 장소 섭외의 어려움, 사고의 위험성
토의법	자주적이고 적극적이나 많은 시간 소요, 인원구성의 한계
프로젝트법	프로젝트나 미션을 제공하여 진행하는 과정에서 학습
시청각법	시청각적 교육 매체 활용

2 연구실 안전교육

(1) 연구실 관련 안전교육

목 적	• 안전관리역량, 안전의식, 비상대응능력 향상
연구주체의 장	• 연구실 안전관리에 관한 정보를 연구활동종사자에게 제공하여야 함 • 연구실사고 예방 및 대응에 필요한 내용을 교육하여야 함
종 류	• 연구활동종사자 교육 : 신규교육훈련, 정기교육훈련, 특별안전교육훈련 • 안전점검 및 정밀안전진단 대행기관 기술인력 교육 : 신규교육(18시간), 보수교육(12시간) • 연구실안전환경관리자 교육 : 신규교육(18시간), 보수교육(12시간)

(2) 교육내용

① 연구활동종사자 교육

신규교육	• 연구실 안전환경 조성 관련 법령에 관한 사항 • 연구실 유해인자에 관한 사항 • 보호장비 및 안전장치 취급과 사용에 관한 사항 • 연구실사고 사례, 사고 예방 및 대처에 관한 사항 • 안전표지에 관한 사항 • 물질안전보건자료에 관한 사항 • 사전유해인자위험분석에 관한 사항 • 그 밖에 연구실 안전관리에 관한 사항
정기교육	• 연구실 안전환경 조성 관련 법령에 관한 사항 • 연구실 유해인자에 관한 사항 • 안전한 연구활동에 관한 사항 • 물질안전보건자료에 관한 사항 • 사전유해인자위험분석에 관한 사항 • 그 밖에 연구실 안전관리에 관한 사항

특별안전교육	• 연구실 유해인자에 관한 사항 • 안전한 연구활동에 관한 사항 • 물질안전보건자료에 관한 사항 • 그 밖에 연구실 안전관리에 관한 사항

② 안전점검 및 정밀안전진단 대행기관 기술인력 교육

신규교육 및 보수교육	• 연구실 안전환경 조성 관련 법령에 관한 사항 • 연구실 안전 관련 제도 및 정책에 관한 사항 • 연구실 유해인자에 관한 사항 • 주요 위험요인별 안전점검 및 정밀안전진단 내용에 관한 사항 • 유해인자별 노출도 평가, 사전유해인자위험분석에 관한 사항 • 연구실사고 사례, 사고 예방 및 대처에 관한 사항 • 기술인력의 직무윤리에 관한 사항 • 그 밖에 직무능력 향상을 위해 필요한 사항

③ 연구실안전환경관리자 교육

신규교육 및 보수교육	• 연구실 안전환경 조성 관련 법령에 관한 사항 • 연구실 안전 관련 제도 및 정책에 관한 사항 • 안전관리 계획 수립 · 시행에 관한 사항 • 연구실 안전교육에 관한 사항 • 연구실 유해인자에 관한 사항 • 안전점검 및 정밀안전진단에 관한 사항 • 연구활동종사자 보험에 관한 사항 • 안전 및 유지 · 관리비 계상 및 사용에 관한 사항 • 연구실사고 사례, 사고 예방 및 대처에 관한 사항 • 연구실 안전환경 개선에 관한 사항 • 물질안전보건자료에 관한 사항 • 그 밖에 연구실 안전관리에 관한 사항

연구실사고 대응 및 관리

1 연구실사고

(1) 사고의 정의

① 물체, 물질, 복사 작용 혹은 반작용으로 인하여 사람에게 상해를 초래하거나 초래할 가능성이 있는 사상 (Event)으로 피해의 경중은 사고 여부를 판단하는 기준이 아니다.

② 유해인자(Hazard)가 위험(Risk)으로 변화하는 데에는 자극(Stimulus)이 필요하며, 자극은 내부 자극일 수도 있고 외부 자극일 수도 있다.

③ 자극은 사고를 일으키는 촉발 사상(Initiating Event)이 되며, 직접적으로 사고가 발생한 계기가 되는 사상(Event)을 직접 원인(Immediate Cause)이라고 한다.

(2) 연구실사고의 정의

① 중대 연구실사고(즉시 보고) : 연구실사고 중 손해 또는 훼손의 정도가 심한 다음에 해당하는 사고
  ㉠ 사망 또는 후유장애 부상자가 1명 이상 발생한 사고
  ㉡ 3개월 이상의 요양을 요하는 부상자가 동시에 2명 이상 발생한 사고
  ㉢ 부상자 또는 질병에 걸린 사람이 동시에 5명 이상 발생한 사고
  ㉣ 연구실의 중대한 결함으로 인한 사고

② 일반 연구실사고(3일 이상 치료 필요, 1개월 이내 보고) : 중대 연구실사고를 제외한 일반적인 사고로 다음에 해당하는 사고
  ㉠ 인적 피해 : 병원 등 의료기관 진료 시
  ㉡ 물적 피해 : 1백만 원 이상의 재산피해 시

③ 단순 연구실사고(보고하지 않아도 됨)
  인적·물적 피해가 매우 경미한 사고로 일반 연구실사고에 포함되지 않는 사고 대학·연구기관

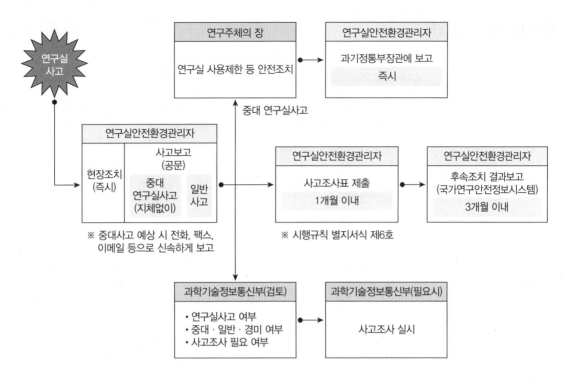

(3) 연구실사고 보고 및 관계자의 역할

① 보고내용

ⓐ 사고발생 개요 및 피해상황

ⓑ 사고조치 및 전망

ⓒ 그 밖의 중요한 사항

② 보고절차 : 사고발생 → 사고현황 파악 → 보고 → 후속조치 및 공표

③ 연구실사고 관계자의 역할

연구실책임자	• 위급상황 전파 및 응급처치 • 사고피해 최소화 대책 시행 • 필요시 소방서, 병원 연락
연구실안전환경관리자	• 유관기관 협조 및 대응 • 사고원인 분석 • 필요시 소방서, 병원 연락
연구주체의 장	• 필요시 사고대책본부 구성 • 사고수습대책 수립 • 사고 상황 과학기술정보통신부 보고

2 연구실 사고대응

(1) 사고별 대응방법

중대 연구실사고	• 사고대책본부를 운영하기 위해 사고 대응반과 현장사고조사반 구성 • 사고대책본부 : 사고 대응반을 사고 장소에 급파, 초기인명구호, 사고피해의 확대 방지 • 현장사고조사반 : 사고원인분석, 출입통제, 과학기술정보통신부 보고
일반 연구실사고	• 연구주체의 장 : 현장사고조사반 운영 • 연구실안전환경관리자 : 사고원인 및 피해규모 파악, 연구주체의 장 및 과학기술정보통신부에 보고 • 연구실안전환경관리자 및 안전담당부서 : 사고원인분석, 사고재발방지대책 수립 • 연구실책임자 : 응급조치 실시, 재발방지대책 시행 • 현장사고조사반 : 사고원인 규명
단순 연구실사고	• 연구실책임자 : 응급조치 실시, 재발방지대책 수립·시행

(2) 사고조사체계

사고조사	• 연구주체의 장 : 현장사고조사반 구성, 현장상황 파악 • 물적 증거가 손상 또는 소실되기 전에 착수(늦어도 사고 대응이 완료된 후 24시간 이내) • 필요에 따라 외부 사고조사기관에 조사의뢰 • 현장사고조사반 : 사고조사보고서 작성, 조사내용을 기초로 하여 재발방지대책 제시
사고조사 목적	• 동종유사사고 재발방지 • 사고영향요인의 규명
사고조사의 방향	• 객관적인 원인 규명 • 책임추궁이 아닌 재발방지 우선 • 생산성 저해요인 제거 • 관리조직상의 장애요인 확인
사고조사 방법	• 시간 경과에 따른 사고전개과정 분석(Accident Dynamics) • ETA, FTA 등 수학적 분석방법 • 특성요인도 • 통계적 분석방법
조사항목	• 일반적인 사항(성명, 성별, 경력, 직종, 작업내용 및 순서, 협동작업 여부 등) • 사고의 전개과정(Accident Scenario) : 5W1H 원칙 준수 • 기인물(Initiating Object)과 가해물(Harmed Object) • 직접원인(Direct Cause)과 간접원인(Indirect Cause)
사고처리 절차	• 사고보고 → 사고조사반운영 판단 → 계획수립 후 기관통보 → 사고조사 실시 → 사고조사 결과 발송 → 후속조치 확인
사고조사 절차	• 사실확인 → 직접원인과 문제점 확인 → 기본원인과 문제점 확인 → 대책수립
사고조사보고서 기재사항	• 사고발생 일시 및 사고조사 일자 • 사고개요, 발생원인, 조치현황 • 사고 시 인물 사진, 사고현장 사진, 피해 사진 • 사고의 유형 및 피해의 크기와 범위 • 사고 재발방지를 위한 장단기 대책 등

재발방지대책 수립 · 시행	• 목적 : 사고의 원인을 확실하게 규명하여 동종 · 유사사고 재발방지 • 현장사고조사반 : 사고조사 후 도출된 사항에 대해 시정 및 조치 계획 수립, 결과보고 • 연구실책임자 : 연구활동종사자를 대상으로 안전교육 실시 등 재발방지대책 시행 • 재발방지대책 수립 순서 : 위험의 제거 → 위험의 회피 → 자기 방호 → 사고확대 방지
사후관리	• 연구주체의 장 : 시정조치계획 이행 여부 확인, 미이행 시 연구활동 중지 명령 • 연구실안전환경관리자 : 사고보고서 보존 • 연구실안전환경관리자 : 연말사고통계 분석, 향후 연도 안전관리추진계획에 반영

(3) 사고조사반

사고조사반 구성의 법적 요건	• 연구실안전과 관련한 업무를 수행하는 관계 공무원 • 연구주체의 장이 추천하는 안전분야 전문가 • 기계안전기술사, 화공안전기술사, 전기안전기술사, 산업위생관리기술사, 소방기술사, 가스기술사, 인간공학기술사 • 그 밖에 사고조사에 필요한 경험과 학식이 풍부한 전문가
사고조사반의 구성인원, 임기기간	• 구성인원 : 15명 내외 • 조사반원의 임기 : 2년(연임 가능)
사고조사반의 업무	• 연구실안전법 이행 여부 확인 • 사고원인 및 사고경위 조사 • 기타 과학기술정보통신부장관이 조사를 요청한 사항
사고조사반의 조사 실시	• 사고조사 시 권한을 표시하는 사고조사반원증 제시 • 조사반장은 사고조사가 효율적이고 신속히 수행될 수 있도록 조사업무 총괄 • 조사반장은 현장 도착 후 즉시 사고원인 및 피해내용, 연구실 사용제한 등 긴급한 조치의 필요 여 부 등에 대해 과학기술정보통신부장관에게 유 · 무선으로 보고
사고조사반의 보고서 작성내용	• 조사 일시 • 해당 사고조사반 구성 • 사고개요 • 조사내용 및 결과(사고현장 사진 포함) • 문제점 • 복구 시 반영 필요사항 등 개선대책 • 결론 및 건의사항

연구실 위험감소대책

1 위험감소대책의 수립

개 념	• 위험성 평가결과를 토대로 허용 불가능한 위험을 합리적으로 실천 가능한 범위에서 가능한 한 낮은 수준으로 감소시키는 대책을 수립하고 실행한다.
프로세스	• 위험성 크기 추정 → 감소대책의 우선도 결정 → 우선도에 따라 개선 실시 → 실시 결과 평가 → 평가 결과에 따라 재개선 실시
대책의 적용순서	• 위험제거 → 위험회피 → 자기 방호 → 사고확대 방지 ① 위험제거 : 가장 근원적으로 해결 가능한 안전관리 방법으로 위험을 자체를 제거한다. ② 위험회피 : 위험원 제거가 불가능 시, 위험원을 시간적 · 공간적으로 피해갈 수 있는 방법을 말한다. ③ 자기 방호 : 위험회피가 불가능 시, 위험으로부터 보호할 수 있는 방호벽, 개인보호구 등으로 방호한다. ④ 사고확대 방지 : 사고발생 이후 피해확산방지를 위한 조치, 교육과 훈련이 필요하다.
불안전한 행동의 원인	• 지식의 부족(알지 못함) • 기능의 미숙(할 수 없음) • 태도 불량 혹은 의욕부진(하지 않음)
4M 중 Man 관점의 불안전한 행동과 사고방지 대책	① 안전활동에 대한 동기부여 ② 안전 리더십과 팀워크 형성 ③ 효과적 커뮤니케이션 ④ 인간관계의 개선(②, ③번 항목과 관련) ⑤ 연구활동종사자의 생활지도(고민, 피로, 수면 부족, 알코올, 질병, 무기력, 노령화 등) ⑥ 인적오류 예방기법의 적용(실험순서 혼동의 우려가 있는 경우 지적 확인 후 실험) ⑦ 위험예지(사전유해인자위험분석, 위험예지훈련, 위험성평가)

2 사고예방대책의 수립

(1) 시스템 안전 우선순위

① 시스템을 개발함에 있어 안전을 확보하기 위한 유해위험요인 제거기법의 적용순서를 말한다.

② 유해인자 제거, 저감설계 → 공학적 대책(안전장치) → 관리적 대책(경고장치) → 특수절차

(2) 유해위험요인 최소화 설계

시스템의 설계 사항이나 구조 자체가 유해위험요인을 지니지 않도록 구상단계에서부터 신중히 고려하여 설계한다.

(3) 통제단계

위험의 회피 → 제 거 → 대 체 → 공학적 대책 → 관리적 대책 → 개인보호구 지급

① **위험의 회피** : 설계 시부터 작업현장에 위험이 존재하지 않도록 조치한다.

② **제거** : 작업 방법에서 발견된 위험을 사전에 제거한다.

③ **대체** : 덜 위험한 방법 또는 재료로 바꾸어 위험을 감소시킨다.

④ **공학적 대책** : 공학적인 방법을 적용하고 안전장치를 설치한다.

⑤ **관리적 대책** : 작업방법, 관리적인 방법으로 통제한다.

⑥ **개인보호구 지급 및 사용** : 개인보호구를 활용하여 노출을 방지한다(최후의 수단).

기출예상문제

정답 및 해설 **p.327**

※ 홀수번호 (단답형) 문제, 짝수번호 (서술형) 문제로 진행됩니다.

01 다음 빈칸을 채우시오.

[ ]	• 어떤 현상들의 근본원리를 탐구하는 실험적 · 이론적 연구활동 • 가설, 이론, 법칙을 정립하고, 이를 시험하기 위한 목적으로 수행 • 연구에 특정한 목적이 있고, 이를 위한 연구방향이 설정되어 있다면 이것을 목적기초연구(Oriented Basic Research)라고 함 • 경제사회적 편익을 추구하거나, 연구결과를 실제 문제에 적용하거나, 또는 연구결과의 응용을 위한 관련 부문으로의 이전 없이 지식의 진보를 위해서만 수행되는 연구를 순수기초연구(Pure Basic Research)라고 함
[ ]	• 기초연구의 결과 얻어진 지식을 이용하여 주로 특수한 실용적인 목적과 목표하에 새로운 과학적 지식을 획득하기 위하여 행해지는 연구 • 기초연구로 얻은 지식을 응용하여 신제품, 신재료, 신공정의 기본을 만들어내는 연구 및 새로운 용도를 개척하는 연구 • 응용연구는 연구결과를 제품, 운용, 방법 및 시스템에 응용할 수 있음을 증명하는 것을 목적으로 함 • 응용연구는 연구 아이디어에 운영 가능한 형태를 제공하며, 도출된 지식이나 정보는 종종 지식재산권을 통해 보호되거나 비공개 상태로 유지될 수 있음
[ ]	• 기초연구, 응용연구 및 실제경험으로부터 얻어진 지식을 이용하여 새로운 재료, 공정, 제품 장치를 생산하거나, 이미 생산 또는 설치된 것을 실질적으로 개선함으로써 추가 지식을 생산하기 위한 체계적인 활동 • 생산을 전제로 기초연구, 응용연구의 결과 또는 기존의 지식을 이용하여 신제품, 신재료, 신공정을 확립하는 기술 활동

02 연구실안전의 기본방향 3가지를 기술하시오.

03 하인리히의 1:29:300의 법칙은 1건의 [   ], 29건의 [   ], 300건의 [   ](으)로 구성된다.

04 하인리히의 도미노이론 5단계를 기술하시오.

05 1931년 『산업재해예방을 위한 과학적 접근』이라는 책을 통해 산업재해의 직접원인인 인간의 불안전한 행동과 불안전한 상태를 제거해야 한다고 주장했던 사람의 이름을 쓰시오.

06 버드의 도미노이론 5단계를 기술하시오.

07 4M에 대한 설명을 읽고, 다음 빈칸을 채우시오.

[ ]	• 실험장비 · 설비의 결함 • 위험방호 조치의 불량 • 안전장구의 결여 • 유틸리티의 결함
[ ]	• 작업공간 및 실험기구의 불량 • 가스, 증기, 분진, 흄 발생 • 방사선, 유해광선, 소음, 진동 • MSDS 자료 미비 등
[ ]	• 연구원 특성의 불안전행동 • 실험자세, 동작의 결함 • 실험지식의 부적절 등
[ ]	• 관리감독 및 지도결여 • 교육 · 훈련의 미흡 • 규정, 지침, 매뉴얼 등 미작성 • 수칙 및 각종 표지판 미부착 등

08 하비(Harvey)의 안전대책 3E에 대해 기술하시오.

09 인간의 정보처리과정을 감각 → 지각 → 정보처리 → 실행 순으로 정리한 사람의 이름을 쓰시오.

10 감각(Sensing)과 지각(Perception)에 대해 설명하시오.

11 단기기억 용량에서 처리할 수 있는 최대 정보량를 뜻하는 용어를 쓰시오.

12 밀러의 매직넘버 7에 대해 기술하시오.

13 인간의 뇌에서 정보처리를 직접 담당하지는 않으나 정보처리단계에 관여하며, 정보를 받아들일 때 충분히 [   ]을(를) 기울이지 않으면 지각하지 못하는 현상이 발생한다.

14 주의력의 4가지 특징에 대해 기술하시오.

15 다음 빈칸을 채우시오.

의식의 [ ]	피로한 경우나 단조로운 반복작업을 하는 경우 정신이 혼미해짐
의식의 [ ]	주변환경이 복잡하여 인지에 지장을 초래하고 판단에 혼란이 생김
의식의 [ ]	질병 등으로 의식의 지속적인 흐름에 공백이 발생
의식의 [ ]	걱정거리, 고민거리, 욕구불만 등으로 의식의 흐름이 다른 곳으로 빗나감

16 착오(Mistake)의 종류 중에서 판단과정의 착오에 대해 논하시오.

17 다음 빈칸을 채우시오.

의식수준	뇌 파	의식모드	주파수대역	신뢰도
0단계	[ ]	실신한 상태	0.5~4Hz	없 음
1단계	[ ]	몽롱한 상태	4~7Hz	낮 음
2단계	[ ]	편안한 상태	8~12Hz	높 음
3단계	[ ]	명료한 상태	15~18Hz	매우 높음
4단계	[ ]	긴장한 상태	18Hz 이상	매우 낮음

18 라스무센(Rasmussen)의 3가지 행동수준 중 지식기반의 행동, 규칙기반의 행동, 숙련기반의 행동별로 발생하는 정보처리의 단계에 대해 기술하시오.

19 응집력이 강하게 구성된 집단 내에서 의사결정이 획일적으로 변하는 현상을 뜻하는 용어를 쓰시오.

20 레빈(Lewin)의 법칙에 대해 기술하시오.

21 숙련상태에 있는 행동에서 나타나는 에러로 실수(Slip), 망각(Lapse) 등의 형태로 나타나는 휴먼에러는 무엇이라 하는가?

22 휴먼에러의 분류 중 스웨인(Swain)과 구트만(Guttman)의 행위적 분류에 의한 휴먼에러의 형태를 기술하시오.

23 휴먼에러의 요인에 대한 설명이다. 다음 빈칸을 채우시오.

[　　]	• 그 일에 대한 지식이 부족할 때 • 일할 의욕이 결여되어 있을 때 • 서두르거나 절박한 상황에 놓여 있을 때 • 무엇인가의 체험으로 습관화되어 있을 때 • 스트레스가 심할 때
[　　]	• 기계설비가 양립성(Compatibility)에 위배될 때 • 일이 단조로울 때 • 일이 너무 복잡할 때 • 일의 생산성이 너무 강조될 때 • 자극이 너무 많을 때 • 동일 현상의 것이 나란히 있을 때

24 인간의 욕구는 일련의 단계별로 형성된다고 하는 욕구단계설을 주장한 매슬로우(Maslow)의 욕구 6단계를 기술하시오.

25 위생요인의 만족은 직무만족이 아니라 불만족이 일어나지 않은 상태이며, 직무에 만족하려면 동기요인을 강화해야 한다는 동기위생이론을 주장한 사람의 이름을 쓰시오.

26 인간의 본질에 대한 기본적인 가정을 부정론과 긍정론으로 구분하고, 환경개선보다는 일의 자유화 추구 및 불필요한 통제를 없애는 것이 더 중요하다고 주장한 사람과 그 이론의 이름을 쓰시오.

27 데이비스(Davis)의 동기부여이론에 의하면 인간의 성과는 무엇으로부터 비롯되는지 설명하시오.

28 브래들리(Bradley)의 안전관리모델에 대해 기술하시오.

29 연구활동종사자(L1 ; Liveware 1)를 중심으로 주변의 모든 요소가 안전에 직접적인 연관성을 가지고 있으며, 5가지 요소가 모두 조화를 이루어야 안전관리가 가능하다고 주장한 사람과 그의 안전관리모델의 이름을 쓰시오.

30 스위스 치즈 이론에 의한 사고발생의 4단계 과정을 기술하시오.

31 매슬로우(Maslow)의 욕구단계설과는 달리, 동시에 2가지 이상의 욕구가 작용할 수 있다고 주장한 사람의 이름을 쓰시오.

32 위험의 감소대책은 위험의 대체, 위험의 제거, 공학적 대책, 조직적 대책, 개인적 대책 등의 방법이 있다. 이들의 적용순서를 기술하시오.

33 연구실의 안전관리조직 중 안전에 대한 기술 및 경험축적이 용이하고, 사업장에 맞는 독자적인 안전개선책 수립이 가능하며, 안전지시나 안전대책이 신속하고 정확하게 전달되는 조직의 형태를 뜻하는 용어를 쓰시오.

34 참모(Staff)형 조직의 장단점을 기술하시오.

35 연구활동종사자의 안전사고 위험이 있는 신발의 종류를 기술하시오.

36 연구실안전의 원칙 중 기본수칙에 대해 5가지 이상 기술하시오.

37 실험 실습 시 주의사항이다. 다음 빈칸을 채우시오.

① 연구실책임자의 [   ] 없이 실험실 출입금지
② 실험실에서의 [   ]되지 않은 실험금지
③ 실험실 내에서 [   ] 섭취금지
④ 입을 이용한 [   ] 금지

38 연구실에서 비상상황발생 시 대처방안에 대해 기술하시오.

39 연구실의 PDCA사이클 중에서 연구실 안전환경 방침과 목표를 실제적으로 프로세스에 적용하여 수행하는 단계를 쓰시오.

40 연구실의 PDCA사이클의 개발자의 이름과 그 내용에 대해 기술하시오.

41 가연성 가스는 공기 중에서 연소하는 가스로, 폭발한계의 하한이 [   ]% 이하, 폭발한계의 상한과 하한의 차가 [   ]% 이상인 것이다.

42 독성 가스에 대해 기술하시오.

43 불안전한 행동의 배후요인 중 인적요인으로 [   ]와(과) [   ]이(가) 있다.

44 인간의 불안전한 행동의 심리적인 요인 중 하나인 억측판단에 대해 기술하시오.

45 다음은 인간의 불안전한 행동의 배후요인 중 환경적 요인에 대한 설명이다. 빈칸을 채우시오.

[ ]	인간관계에 의한 요인, 각자의 능력 및 지능에 의한 요인
[ ]	기계설비의 위험성과 취급성의 문제 및 유지관리 시의 문제
[ ]	작업방법적 요인 및 작업환경적 문제
[ ]	교육훈련의 부족, 감독지도의 불충분, 적정배치의 불충분

46 연구실의 유해위험요인을 파악하기 위한 위험성평가 중에서 사전준비 사항에 대해 기술하시오.

47 연구실의 유해위험요인을 파악하기 위한 위험성평가에 대한 설명이다. 다음 빈칸을 채우시오.

① [ ]	• 위험성평가 실시계획서작성 • 평가대상 선정 • 평가에 필요한 각종 자료 수집
② [ ]	• 위험성평가에서 가장 중요 • 유해위험요인을 명확히 하는 것 • 유해위험요인이 사고에 이르는 과정을 명확히 하는 것 • 유해위험요인이 누락되지 않는 것이 중요 • 순회점검, 안전보건자료파악, 청취조사 등
③ [ ]	• 사고로 이어질 수 있는 가능성과 중대성을 추정하여 크기 산출
④ [ ]	• 추정한 위험성의 크기가 허용 가능한 범위인지 여부를 판단
⑤ [ ]	• 허용 불가능한 위험성을 합리적으로 실천 가능한 범위에서 가능한 한 낮은 수준으로 감소시키기 위한 대책을 수립·실행

48 위험성평가에 대한 여러 가지 기법 중에서 FTA(Fault Tree Analysis)에 관해 설명하시오.

49 사전유해인자위험분석 수행 절차에 대한 설명이다. 다음 빈칸을 채우시오.

① [ ]	실시 대상 범위 지정
② [ ]	관련자료(기계·기구·설비, MSDS, 연구내용, 연구방법)를 토대로 안전현황을 분석
③ [ ]	현황분석결과를 토대로 유해인자에 대한 위험을 분석하고 유해인자 위험분석 보고서 작성
④ [ ]	유해인자를 포함한 연구에 대해 연구개발활동안전분석을 실시하고, R&D SA 보고서 작성
⑤ [ ]	연구활동별 유해인자 위험분석 실시 후 유해인자에 대한 안전한 취급 및 보관 등을 위한 조치, 폐기방법, 안전설비 및 개인보호구 활용 방안 등을 연구실 안전계획에 포함
⑥ [ ]	화재, 누출, 폭발 등의 비상사태가 발생했을 경우에 대한 대응 방법, 처리 절차 등을 비상조치계획에 포함

50 연구실 안전교육의 목적에 대해 기술하시오.

51 다음은 안전교육의 진행순서를 나타낸 것이다. 빈칸을 채우시오.

[   ]교육 → [   ]교육 → [   ]교육

52 안전교육의 8원칙에 대해 기술하시오.

53 일상업무를 통한 현장위주의 실습교육방법을 뜻하는 용어를 쓰시오.

54 지식교육의 진행과정을 순서대로 기술하시오.

55 연구실사고 발생 시 보고절차를 기술하시오.

56 연구실사고 대응방법 중 중대 연구실사고 발생 시 대응방안에 대해 기술하시오.

지식에 대한 투자가 가장 이윤이 많이 남는 법이다.

− 벤자민 프랭클린 −

PART 03

연구실 화학·가스 안전관리

1 화학물질의 성질

(1) 화학물질

정 의	• 원소 또는 화합물 • 원소 간의 화학반응, 인위적인 반응 등을 거쳐 생성된 물질 • 자연 상태에서 존재하는 물질을 추출하거나 정제한 것
특 성	• 화재 및 폭발가능성, 부식성, 독성, 자기반응성 등 • 화학물질의 종류에는 천연화학물질과 인공화학물질이 있음
분 류	• 물리적 위험성 : 폭발성, 인화성 등 • 건강유해성 : 급성독성, 피부 부식성, 자극성 • 환경유해성 : 환경에 유해한 영향을 끼치는 유해성
표 기	• GHS : 화학물질 분류 및 표시에 관한 세계조화시스템 • MSDS : 화학물질의 유해위험성, 응급조치요령, 취급방법 등을 설명해 주는 자료 • Cas No : 화학구조나 조성이 확정된 화학물질에 부여된 고유번호
유해성과 위해성	• 유해성(Hazard) : 사람이나 환경에 유해한 영향을 미치는 성질 • 위해성(Risk) : 유해한 화학물질이 노출되는 경우 사람의 건강이나 환경에 피해를 줄 수 있는 정도 • 위해성(Risk) = 유해성(Hazard) × 노출량(Exposure)

(2) 유해화학물질의 종류

① 유독물질 : 유해성이 있는 화학물질이다.

② 허가물질 : 위해성이 있다고 우려되는 화학물질이다.

③ 제한물질 : 특정 용도로 사용되는 경우 위해성이 크다고 인정되는 화학물질이다.

④ 금지물질 : 위해성이 크다고 인정되는 화학물질이다.

⑤ 사고대비물질

　　㉠ 급성독성 · 폭발성 등이 강하여 화학사고의 발생 가능성이 높은 화학물질이다.

　　㉡ 화학사고가 발생한 경우에 그 피해 규모가 클 것으로 우려되는 화학물질이다.

(3) 화학물질의 성질

절대압력	• 진공을 기준으로 측정한 압력
게이지압력	• 대기압을 기준으로 측정한 압력
표준대기압	• 0℃에서 표준 중력에서, 760mm 높이 수은주의 압력 (1atm = 760mmHg = 101.325kPa = 14.7psi)
온 도	• 섭씨온도(℃) : 표준기압에서 물의 어느 점 0℃과 끓는 점 100℃을 100등분한 것 • 화씨온도(F) : 표준기압에서 물의 어는 점 32F, 끓는 점 212F를 180등분한 것 • 절대온도 : 열역학적으로 분자운동이 정지한 상태의 온도를 0으로 측정한 온도(절대영도 = -273.16℃)
비 중	• 액비중 : 4℃ 물과 비교한 비중 • 가스비중 : 0℃, 1atm의 공기와 비교한 비중
증기압	• 액체가 기체로 되는 증발속도와 기체가 액체로 되는 응축속도가 같게 되어 평형을 이루었을 때의 기체가 나타내는 압력 • 증기압과 대기압이 같아지는 온도가 끓는점

(4) MSDS의 16가지 정보

① 화학 제품과 회사에 관한 정보

② 유해성, 위험성

③ 구성 성분의 명칭 및 함유량

④ 응급조치 요령

⑤ 폭발 · 화재 시 대처 방법

⑥ 누출 사고 시 대처 방법

⑦ 취급 및 저장 방법

⑧ 노출 방지 및 개인보호구

⑨ 물리 · 화학적 특성

⑩ 안정성 및 반응성

⑪ 독성에 관한 정보

⑫ 환경에 미치는 영향

⑬ 폐기 시 주의사항

⑭ 운송에 필요한 정보

⑮ 법적 규제 현황

⑯ 그 밖의 참고사항

(5) GHS−MSDS 경고표시 그림문자

폭발성	인화성	급성독성	호흡기 과민성	수생환경 유해성
• 자기반응성 • 유기과산화물	• 물반응성 • 자기반응성 • 자연발화성 • 자기발열성 • 유기과산화물		• 발암성 • 생식세포 변이원성 • 생식독성 • 특정표적 장기독성	
산화성	고압가스	금속부식성	경 고	
		• 피부부식성 • 심한눈손상성	• 피부과민성 • 오존층유해성	

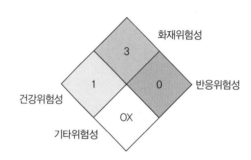

등 급	건강위험성(청색)	화재위험성(인화점) (적색)	반응위험성(황색)
0	유해하지 않음	잘 타지 않음	안정함
1	약간 유해함	93.3℃ 이상	열에 불안정함
2	유해함	37.8~93.3℃	화학물질과 격렬히 반응함
3	매우 유해함	22.8~37.8℃	충격이나 열에 폭발 가능함
4	치명적임	22.8℃ 이하	폭발 가능함

2 **화학물질의 분류**

(1) 화학물질의 종류

폭발성 물질	가열, 마찰, 충격, 접촉 등으로 인해 산소나 산화제의 공급이 없이 폭발하는 물질이다.
인화성 물질	인화점이 65℃ 이하로 쉽게 연소하는 물질이다.
발화성 물질	대기 중에서 물질 스스로 발화하거나 물과 접촉 시 발화하여 가연성 가스를 발생하는 물질이다.
산화성 물질	다른 물질을 산화시키는 성질이 있는 물질이다.
가연성 물질	산소와 혼합되어 밀폐된 공간에서 일정 농도 범위에 있을 때 폭발을 일으키는 물질이다.
부식성 물질	금속이나 플라스틱을 쉽게 부식시키고, 인체에 접촉 시 화상을 입히는 물질이다.

(2) 위험물의 분류

① 제1류 위험물(산화성 고체)

㉠ 충격, 마찰 또는 열에 의해 쉽게 분해되므로 이때 많은 산소를 방출함으로써 가연물질의 연소를 도와 주고 폭발을 일으킬 수 있는 물질이다.

㉡ 예 아염소산염류, 과염소산염류, 무기과산화물류, 브롬산염류, 질산염류, 요오드산염류, 과망간산염 류, 중크롬산염류 등

② 제2류 위험물(가연성 고체)

㉠ 낮은 온도에서 착화하기 쉬운 가연성 고체물질로 연소속도가 매우 빠르며 연소 시 유독성 가스를 발 생하는 물질이다.

㉡ 예 황화린, 적린, 유황, 철분, 마그네슘, 금속분, 인화성 고체 등

③ 제3류 위험물(자연발화성 물질 및 금수성 물질)

㉠ 수분과의 반응 시 발열 또는 가연성 가스(H_2)를 발생시키며 발화하는 물질이다.

㉡ 예 칼륨, 나트륨, 알킬알루미늄 및 알킬리튬, 황린, 알칼리금속류(칼륨 및 나트륨 제외) 및 알칼리토 금속류, 유기금속화합물류(알킬알루미늄 및 알킬리튬 제외), 금속수소 화합물류, 금속인화합물류, 칼 슘 또는 알루미늄의 탄화물류

④ 제4류 위험물(인화성 액체)

㉠ 가연성 액체로 인화하기 쉽고 증기는 공기보다 무거우나 액체는 물보다 가벼운 물질이다.

㉡ 인화점에 따라 특수인화물과 제1~4석유류로 구분한다.

㉢ 예 특수인화물류(디에틸에테르, 이황화탄소), 제1석유류(아세톤, 가솔린, 벤젠), 제2석유류(등유, 경 유), 제3석유류(중유, 크레오소트유), 제4석유류(윤활유, 방청유), 동식물류(건성유, 반건성유, 불건 성유) 등

⑤ 제5류 위험물(자기반응성 물질)

　　㉠ 자체 내에 함유하고 있는 산소에 의해 연소가 이루어지며, 장기간 저장하면 자연 발화의 위험이 있는 물질이다.

　　㉡ 연소 속도가 매우 빠르고, 충격 등에 폭발하는 유기질화물로 되어 있다.

　　㉢ 예 유기과산화물류, 니트로화합물류, 아조화합물류, 디아조화합물류, 히드라진 및 유도체류 등

⑥ 제6류 위험물(산화성 액체)

　　㉠ 물보다 비중이 크고, 수용성으로 물과 반응 시 발열하며 반응한다.

　　㉡ 특히 산소 함유량이 많아 가연물의 연소를 도와주며 유독성, 부식성이 강한 물질

　　㉢ 예 과염소산, 과산화수소, 질산, 할로겐화합물 등

3 화학물질의 보관

(1) 화학물질의 취급기준

산화성 액체, 산화성 고체	분해가 촉진될 우려가 있는 물질에 접촉, 가열, 마찰 및 충격을 가하지 않는다.
인화성 액체	화기나 그 밖에 점화원이 될 우려가 있는 물질에 접근, 주입, 가열 및 증발시키지 않는다.
금수성 물질, 인화성 고체	화기에 접근시키거나 발화를 촉진하는 물질 또는 물에 접촉, 가열, 마찰 및 충격을 가하지 않는다.
폭발성 물질, 유기과산화물	화기나 그 밖에 점화원이 될 우려가 있는 물질에 접근, 가열, 마찰 및 충격을 가하지 않는다.

(2) 화학물질의 보관

① 보관환경

　　㉠ 휘발성 액체는 직사광선, 열, 점화원 등을 피한다.

　　㉡ 환기가 잘되고 직사광선을 피할 수 있는 곳에 보관한다.

　　㉢ 보관장소는 열과 빛을 동시에 차단할 수 있어야 하며, 보관온도는 15℃ 이하가 적절하다.

　　㉣ 적당한 기간에 사용할 수 있도록 필요한 양만큼 저장한다(하루 사용분만 연구실 내로 반입보관).

　　㉤ 보관된 화학물질은 1년 단위로 물품 조사를 실시한다.

　　㉥ 정기적인 유지 관리를 실시하여 너무 오래되거나 사용하지 않는 화학물질은 폐기 처리한다.

　　㉦ 모터나 스위치 부분이 시약 증기와 접촉하지 않도록 외부에 설치하고, 폭발 위험성이 있는 물질은 방폭형 전기설비를 설치한다.

② 보관위치

　　㉠ 밟거나 걸려 넘어질 수 있으므로 바닥에 보관하지 않는다.

　　㉡ 선반 보관 시 추락방지 가드가 필요하다.

　　㉢ 유리로 된 용기는 파손을 대비하여 낮은 곳에 보관한다.

　　㉣ 용량이 큰 화학물질은 취급 시 파손 및 누출에 대비하여 낮은 곳에 보관한다.

ⓜ 화학물질의 성질에 따라 분리하고, 전용 캐비닛이나 방화구획된 별도의 구역에 저장한다.

ⓗ 가급적이면 위쪽이나 눈높이 위에 화학물질을 보관하지 않는다. 특히 부식성·인화성 약품은 가능한 한 눈높이 아래에 보관한다.

ⓢ 가연성이 있는 화학물질은 내화성능이 있는 내화 캐비닛에 보관한다.

ⓞ 독성이 있는 화학물질은 잠금장치가 되어 있는 안전 캐비닛에 보관한다.

③ 안전수칙

ⓐ 보관하는 화학물질의 특성에 따라 누출을 검출할 수 있는 누출경보기를 설치한다.

ⓑ 화재에 대비하여 소화기를 반드시 배치하고 가스누출경보기는 주기적으로 점검한다.

ⓒ 인체에 화학물질이 직접 접촉될 경우를 대비하여 비상샤워장치와 세안장치를 설치한다.

ⓓ 비상샤워장치와 세안장치는 주기적으로 점검하여 작동 여부를 확인한다.

ⓔ 비상장치의 위치는 알기 쉽게 도식화하여 연구실종사자가 모두 볼 수 있는 곳에 표시한다.

ⓕ 산성 및 알칼리 물질을 취급하는 연구실의 경우, 누출에 대비하여 중화제 및 제거물질 등을 구비한다.

ⓖ 화학물질은 제조사에서 공급된 적절한 용기에 보관하여 사용한다.

ⓞ 불가피하게 덜어 쓰거나, 따로 보관하게 될 경우 화학물질의 정보가 기입된 라벨을 반드시 부착한다.

ⓩ 화학물질의 정보가 부착된 라벨은 손상되면 안 되며 읽기 쉬워야 한다.

④ 가연성 액체

ⓐ 건조하고 환기가 잘 되는 장소에서 전용 캐비닛에 보관한다.

ⓑ 화재나 폭발을 일으키는 증기를 형성하는 발화원과 격리한다.

ⓒ 화재나 폭발의 위험성이 존재하므로 소량 보관 및 사용한다.

ⓓ 폭발방지장치, 소방설비 등을 구비한다.

ⓔ 유기용매 등 가연성이 강한 물질은 방폭기능이 구비된 냉장고에 보관한다.

⑤ 과산화물

ⓐ 2개의 산소원자를 가지는 화합물은 산화력이 매우 커서 유기용제와 섞일 경우 대폭발이 일어날 수 있다.

ⓑ 산화제, 환원제, 열, 마찰, 충격, 빛 등에 매우 민감하다.

ⓒ 화학물질을 너무 오래 방치하는 경우 자연적으로 과산화물이 되기도 한다.

ⓓ 금속 보관용기에 보관하는 것을 원칙으로 한다.

ⓔ 환기가 잘 되고 직사광선을 피할 수 있는 곳에 보관한다.

⑥ 부식성 물질

ⓐ 금속을 부식시키는 물질로서, 부식성 산류와 부식성 염기류가 있다.

ⓑ 종류 : 강산, 강염기, 탈수제, 산화제로 구분된다.

ⓒ 다량의 물에 희석하는 방식을 사용한다.

ⓓ 금속, 가연성 물질, 산화성 물질과는 따로 보관한다.

ⓔ 농도가 20% 이상인 염산·황산·질산, 40% 이상인 수산화나트륨·수산화칼륨, 60% 이상인 인산·아세트산·불산 등이 있다.

⑦ 산화제

　　㉠ 약간의 에너지에도 격렬하게 분해ㆍ연소하는 물질이다.

　　㉡ 리튬, 나트륨, 칼륨 등과 같은 알칼리 금속은 물과 격렬하게 반응한다.

　　㉢ 반응속도가 빠를 경우 심한 열과 함께 수소가 발생하고 폭발을 초래한다.

　　㉣ 충분한 냉각 시스템을 갖춘 장소에서 사용 및 보관한다.

　　㉤ 가연성 액체, 유기물, 탈수제, 환원제와는 따로 보관한다.

　　㉥ 분류를 달리하는 위험물의 혼재금지 기준

구 분	산화성 고체	가연성 고체	자연발화 및 금수성 물질	인화성 액체	자기반응성 물질	산화성 액체
산화성 고체		×	×	×	×	○
가연성 고체	×		×	○	○	×
자연발화 및 금수성 물질	×	×		○	×	×
인화성 액체	×	○	○		○	×
자기반응성 물질	×	○	×	○		×
산화성 액체	○	×	×	×	×	

※ ○ : 혼재할 수 있음, × : 혼재할 수 없음
※ 이 표는 지정수량의 1/10 이하의 위험물에 대하여는 적용하지 아니함

CHAPTER 02 가스

1 가스의 종류

(1) 상태별 분류

압축가스	• 임계온도가 상온보다 낮아 액화하기 어려움 • 상온에서 기체상태로 압축되어 있는 가스(산소, 수소, 메탄 등)
액화가스	• 임계온도가 상온보다 높아 쉽게 액화됨 • 프로판, 부탄, 암모니아 등
용해가스	• 압축 또는 액화시키면 스스로 분해되어 폭발하는 가스 • 가스를 녹이는 용매를 충진시킨 다공성 물질에 보관(아세틸렌 등)

(2) 연소성에 따른 분류

가연성	• 산소와 급격한 산화반응으로 폭발을 일으키는 가스 • 연소하한 10% 이하, 상한과 하한의 차가 20% 이상인 가스
조연성	• 가연성 가스의 연소를 돕는 가스(산소, 염소)
불연성	• 스스로 연소하지도 않고, 다른 물질을 연소시키지도 않는 가스(질소, 아르곤, 헬륨 등)

(3) 독성에 따른 분류

독 성	• 공기 중에 일정량 이상 존재하는 경우 인체에 유해한 독성을 가진 가스로, 허용농도가 5,000ppm 이하인 가스(염소, 암모니아, 산화에틸렌 등) • 200ppm 이하인 가스는 맹독성 가스로 분류
비독성	• 공기 중에 어떠한 농도 이상으로 존재해도 유해하지 않은 가스(산소, 질소, 수소)

(4) 질식가스

산소를 치환하여 질식 위험이 높은 가스(염소, 이산화탄소, 질소)

(5) 기 타

① 부식성 가스 : 물질을 부식시키는 가스(아황산가스, 염소, 암모니아, 황화수소)

② 자기발화성 가스 : 공기 중에 누출되었을 때 점화원 없이 스스로 연소하는 가스(실란, 디보레인 등)

2 고압가스

(1) 고압가스의 종류

압축가스	• 상용온도에서 압력이 1MPa 이상 • 35℃에서 압력이 1Mpa 이상
액화가스	• 상용온도에서 압력이 0.2MPa 이상 • 0.2MPa이 되는 경우의 온도가 35℃ 이상
용해가스	• 15℃에서 압력이 0Pa을 초과하는 아세틸렌가스 • 35℃에서 압력이 0Pa을 초과하는 액화시안화수소, 액화브롬화메탄, 액화산화에틸렌

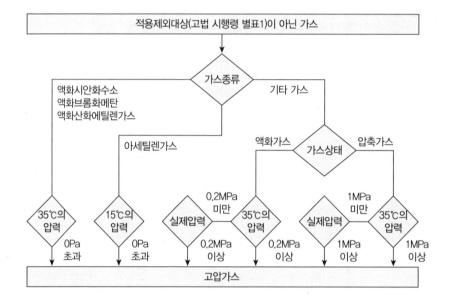

(2) 특정 고압가스의 사용 신고

① 사용 신고대상

    ㉠ 액화가스 : 저장능력 500kg 이상

    ㉡ 압축가스 : 저장능력 50㎥ 이상

    ㉢ 배관으로 공급받는 경우(천연가스 제외)

    ㉣ 자동차 연료용으로 특정고압가스를 사용하는 경우

    ㉤ 압축모노실란, 압축디보레인, 액화알진, 포스핀, 셀렌화수소, 게르만, 디실란, 오불화비소, 오불화인, 삼불화인, 삼불화질소, 삼불화붕소, 사불화유황, 사불화규소, 액화염소 또는 액화암모니아를 사용하려는 자

② 사용 신고절차

> 사용신고 → 가스사용시설 시공 → 완성검사 → 완성검사필증 교부 → 가스사용 개시 → 정기검사 실시

3 가스의 폭발

(1) 폭발범위

폭발범위(폭발한계)	• 가스와 공기의 혼합기체가 폭발을 일으킬 수 있는 혼합비율
폭발하한 (UEL ; Upper Explosive Limit)	• 혼합기체가 폭발하는 데 필요한 공기의 최소 농도
폭발상한 (LEL ; Lower Explosive Limit)	• 혼합기체가 폭발하는 데 필요한 공기의 최대 농도
위험도	• 폭발하한과 폭발상한의 차이가 클수록 위험 • $H = \dfrac{U-L}{L}$ H : 위험도, U : 폭발상한계, L : 폭발하한계
혼합가스의 폭발범위	• 르샤틀리에(Le Chatelier) 공식을 이용하여 폭발하한계를 계산 • $\dfrac{100}{L} = \dfrac{V_1}{L_1} + \dfrac{V_2}{L_2} + \dfrac{V_3}{L_3} + \cdots$ – V_1, V_2, V_3 : 혼합가스의 각 성분의 부피 – L_1, L_2, L_3 : 혼합가스 각 성분의 연소 하한계 • $\dfrac{100}{U} = \dfrac{V_1}{U_1} + \dfrac{V_2}{U_2} + \dfrac{V_3}{U_3} + \cdots$ – V_1, V_2, V_3 : 혼합가스의 각 성분의 부피 – U_1, U_2, U_3 : 혼합가스 각 성분의 연소 상한계

가스누출에 따른 전체환기 필요환기량 계산식	• 희석 $Q = \dfrac{24.1 \times S \times G \times K \times 10^6}{M \times TLV}$
	
	• 화재 · 폭발 방지 $Q = \dfrac{24.1 \times S \times G \times Sf \times 100}{M \times LEL \times B}$
	
	– Q : 필요환기량(m^3/h)
	– S : 유해물질의 비중
	– G : 유해물질의 시간당 사용량(L/h)
	– K : 안전계수(혼합계수)로,
	  $K=1$: 작업장 내 공기혼합이 원활한 경우
	  $K=2$: 작업장 내 공기혼합이 보통인 경우
	  $K=3$: 작업장 내 공기혼합이 불완전인 경우
	– M : 유해물질의 분자량(g)
	– TLV : 유해물질의 노출기준(ppm)
	– LEL : 폭발하한치(%)
	– B : 온도에 따른 상수(121℃ 이하 : 1, 121℃ 초과 : 0.7)
	– Sf : 안전계수(연속공정 : 4, 회분식 공정 : 10~12)

> 예 폭발하한이 2.5%인 아세틸렌과 폭발하한이 5%인 메탄올 용적비 4:1로 혼합 시의 폭발하한계는?
>
> $$\frac{100}{L} = \frac{100 \times 0.8}{2.5\%} + \frac{100 \times 0.2}{5\%}$$
>
> L = 2.78%

(2) 폭발범위에 영향을 주는 인자

산 소	• 폭발하한에는 영향이 없으나, 폭발상한계를 크게 증가시켜 폭발범위가 넓어짐 • 수소의 폭발범위는 공기 중에서는 4~74.2%이지만, 산소 중에서는 4~94%로 증가
불활성 가스 (Inert Gas)	• 질소와 이산화탄소 등과 같은 불황가스를 첨가하여 폭발하한계는 약간 높아지고 상한계는 크게 낮아져 전체적으로 폭발범위가 좁아짐 • 가솔린의 공기 중 폭발범위는 1.4~7.6%이지만, 질소 40%를 첨가하면 1.5~3%로 좁아짐
압 력	• 압력이 높아지면 폭발하한계는 거의 영향을 받지 않지만 상한계는 현격하게 증가
온 도	• 온도가 높아지면 폭발하한계는 감소하고 상한계는 증가하여 양방향으로 넓어짐

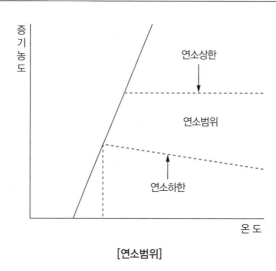

[연소범위]

4 가스의 안전관리

(1) 가스사고예방

① 예방조치

㉠ 가연성 가스용기는 통풍이 잘 되는 옥외장소에 설치한다.

㉡ 가연성 가스 검지기와 가스용기 고정장치를 설치한다.

㉢ 가스누출검사, 배관부식점검을 실시한다.

㉣ 독성 가스용기는 옥외저장소 또는 실린더캐비닛 내에 설치한다.

㉤ 독성 가스 특성을 고려한 호흡용 보호구를 비치하고 사용을 관리한다.

② 설비기준

㉠ 저장탱크 또는 배관에 부식방지조치를 할 것

㉡ 가스누출경보기, 긴급가스차단장치를 설치할 것

㉢ 가연성 가스를 취급하는 전기설비는 방폭형으로 설치할 것

㉣ 가연성 가스를 취급하는 설비에는 정전기제거조치를 실시할 것

ⓜ 최고허용사용압력을 초과하는 경우 압력배출장치를 설치할 것

ⓗ 가연성 가스를 취급하는 실내에는 누출가스가 체류하지 않도록 환기구를 설치할 것

③ 캐비닛 설치기준

    ㉠ 실린더캐비닛 내의 공기를 항상 옥외로 배출할 것

    ㉡ 실린더캐비닛에 사용한 재료는 불연성으로 할 것

    ㉢ 고압가스가 통하는 부분은 상용압력의 1.5배 이상의 압력을 견딜 것

    ㉣ 실린더캐비닛은 내부를 볼 수 있는 창을 부착할 것

    ㉤ 압력계, 유량계, 가스켓, 패킹 등은 가스의 물성에 견딜 것

    ㉥ 배관 접속부 및 기기류는 용이하게 점검할 수 있는 구조일 것

    ㉦ 용기와 배관에는 캐비닛의 외부에서 조작이 가능한 긴급차단장치를 설치할 것

    ㉧ 제어장치는 정전 시에도 비상전력을 유지할 것

    ㉨ 용기의 전도 등에 따른 충격 및 밸브의 손상방지조치를 할 것

    ㉩ 배관에는 가스의 종류 및 유체의 흐름 방향을 표시할 것

    ㉪ 실린더캐비닛 내의 밸브에는 개폐방향 및 개폐상태를 표시할 것

    ㉫ 실린더캐비닛에서 발생하는 정전기제거조치를 할 것

④ 가스용기 보관

    ㉠ 실병과 공병을 구별하여 보관한다.

    ㉡ 용기는 반드시 밸브 목에 캡을 씌워 보관한다.

    ㉢ 고압용기는 고정장치로 벽이나 기둥에 단단히 고정시킨다.

    ㉣ 고압용기는 반드시 40℃ 이하에서 보관하고, 환기가 잘되는 곳에서 사용한다.

    ㉤ 가연성 가스와 조연성 가스를 같은 캐비닛에 보관하는 것을 금지한다.

    ㉥ 가스용기는 약간의 압력이 남아 있어 공기가 들어가지 않도록 교체한다.

    ㉦ 인화성이 있는 고압가스는 역화방지장치(Flashback Arrestor)를 설치한다.

⑤ 압력조절기(Pressure Regulator)

    ㉠ 정확한 양의 가스를 이송하는 매우 중요한 장비이다.

    ㉡ 가연성 가스와 일반가스 용기의 나사선은 반대 방향으로 만들어져 있다.

    ㉢ 압력조절기의 압력계가 가스용기의 압력을 나타낼 때까지 가스용기의 밸브를 서서히 오픈한다.

(2) 고압가스 용기의 색상

(3) 불연성 가스의 안전관리

불연성 가스의 종류	• 산업용 가스 : 질소, 헬륨, 아르곤 등 • 특수가스 : 크세논, 크립톤, 육불화황 등
불연성 가스의 특징	• 유해성은 낮지만 위험성은 높음 • 무색, 무취, 비자극성 • 실내 누출 시 적절한 환기 및 산소 농도 감시 요망 • 산소 결핍에 의한 치명적인 결과 초래 가능 • 용기 전도에 의한 밸브 파손 시 위험 상황을 초래하기 때문에 사용 중에는 전도방지 조치를 하고, 미사용 시에는 밸브캡을 설치

(4) 산소농도에 따른 신체 증상

① 4% : 40초 이내 의식불명 및 사망 유발

② 6% : 순간실신, 호흡정지, 경련 5분 이내 사망

③ 8% : 실신, 8분 이내 사망

④ 10% : 안면창백, 의식불명, 기도폐쇄

⑤ 12% : 어지러움증, 구토, 근력 저하, 제중지지불능, 추락

⑥ 16% : 호흡증가, 맥박증가, 두통, 메스꺼움

⑦ 18% : 안전한계

⑧ 19.5% : 최소작업가능 수치(미국 OSHA기준)

(5) 가스 실린더 고정

전도방지	• 고압가스 용기는 체인이나 브라켓 등을 이용하여 실린더의 전도를 방지할 수 있는 조치 마련 • 전도방지 조치는 실린더 바닥으로부터 1/3, 2/3 지점 2개소에 설치
안전거리	• 조연성 가스와 가연성 가스는 5m 거리를 둘 것 • 화기를 취급하는 장소 사이에 8m 안전거리 확보

화학폐기물

1 폐기물 저장시설

저장시설	• 실험실과는 별도로 외부에 설치한다. • 최소 3개월 이상의 폐기물을 보관할 수 있는 곳이어야 한다. • 재활용이 가능한 폐기물과 지정폐기물 등 종류별로 별도로 보관한다. • 습기, 빗물 등으로 인한 냄새발생이나 부폐방지를 위해 외부와의 환기 및 통풍이 잘 되는 곳이 적당하다 (온도 10~20℃, 습도 45% 이상). • 가연성 폐기물은 화재가 발생하지 않도록 구분한다.
폐수저장시설	• 폐수의 저장시설은 일일 발생량 기준으로 최소한 6개월 이상 저장할 수 있는 여유공간을 설치한다. • 지하나 혐오감을 주지 않는 공간에 설치한다. • 방수처리가 완벽한 재질로 폐수가 외부로 유출되지 않도록 한다. • 폐액(산, 알카리)에 따라 저장시설을 별도로 분리·보관한다. • 악취와 냄새가 외부로 유출되지 않도록 가능한 재질로 설비한다. • 유기성 오니(유기성 물질이 40% 이상) : 보관이 시작된 날부터 45일 초과금지

2 화학폐기물

(1) 화학폐기물의 개요

① 화학폐기물의 특징

㉠ 화학실험 후 발생한 화학물로 더 이상 연구 및 실험 활동에 필요하지 않은 화학물질을 말한다.

㉡ 화학물질이 가지고 있던 인화성, 부식성, 독성 등의 특성을 유지하거나 합성 등으로 새로운 화학물질이 생성되어 유해성·위험성이 실험 전보다 더 커질 수 있어 위험하다.

㉢ 그 성질 및 상태에 따라서 분리 및 수집하고, 불가피하게 혼합될 경우에는 혼합되어도 위험하지 않은지 확인한다.

㉣ 화학물질을 보관하던 용기나 화학물질이 묻어 있는 장갑, 기자재뿐만 아니라 실험기자재를 닦은 세척수도 모두 화학폐기물로 처리해야 한다.

② 화학폐기물 처리절차

㉠ 배출자 : 발생 → 수집 → 보관 → 배출

㉡ 운반자 : 배출 인계 → 분류포장 → 운반 → 인계

㉢ 처리자 : 인계 반입 → 보관 → 처리

③ 폐기물관리의 기본원칙

ㄱ 가스발생 시 반응이 완료된 후 폐기한다.

ㄴ 물질의 성질 및 상태별로 분리하여 폐기한다.

ㄷ 반응이 완결되어 안정화되어 있는 상태에서 폐기한다.

ㄹ 화학반응이 일어날 것으로 예상되는 물질의 혼합을 금지한다.

ㅁ 처리 폐기물에 대한 사전 유해성·위험성을 평가하고 숙지한다.

ㅂ 수집용기에 적합한 폐기물 스티커를 부착하고 기록을 유지한다.

ㅅ 장기간 보관을 금지하고, 뚜껑을 밀폐하는 등 누출 방지를 위한 장치를 설치한다.

ㅇ 개인보호구와 비상샤워기, 세안기, 소화기 등 응급안전장치를 설치한다.

④ 폐기물의 보관표지

ㄱ 수집 때부터 폐기물 스티커를 부착한다.

ㄴ 종류에 따라서 색상으로 구분할 수 있도록 폐기물 스티커를 제작한다.

⑤ 폐기물 정보 작성 시 기재사항

ㄱ 최초 수집된 날짜

ㄴ 수집자 정보(수집자 이름, 연구실, 전화번호 등)

ㄷ 폐기물 정보(용량)

ㄹ 상태(pH 기록)

ㅁ 혼합물질(화학물질명, 농도)

ㅂ 유기용매(화학물질명)

ㅅ 잠재적인 위험도(폭발성, 독성, 기타 위험)

ㅇ 폐기물 저장소 이동 날짜

⑥ 보관용기

ㄱ 유리용기 사용금지 : 불산, 나트륨 수산화물, 강한 알카리성 용액

ㄴ 금속용기 사용금지 : 부식성 물질

ㄷ 폐액용기의 뚜껑 : 스크류 타입이어야 함

ㄹ 폐액수거용기의 경우 20ℓ 초과금지

ㅁ 수집용기의 70% 정도만 채움(최대 80%까지 차면 연구실 외부로 즉시 반출)

(2) 화학폐기물의 처리

폐 유	• 액 체 – 기름과 물을 분리, 분리된 기름성분은 소각, 분리된 물성분은 수질오염방지시설에서 처리 – 증발·농축방법으로 처리한 후 그 잔재물은 소각 또는 안정화처분 – 응집·침전방법으로 처리한 후 그 잔재물은 소각 – 분리·증류·추출·여과·열분해의 방법으로 정제처분 – 소각하거나 안정화처분 • 고 체 – 고체상태의 것은 소각 또는 안정화처분(타르·피치류 제외) – 타르·피치류는 소각하거나 관리형 매립시설에 매립

폐유기용제	• 기름과 물 분리방법으로 사전처분 • 소 각 • 증발 · 농축의 방법으로 처분 후 잔재물은 소각 • 분리 · 증류 · 추출 · 여과의 방법으로 정제 후 소각 • 중화 · 산화 · 환원 · 중합 · 축합의 반응을 이용하여 처분 후 소각 • 응집 · 침전 · 여과 · 탈수의 방법으로 처분한 후 소각

할로겐족
유기용제
	• 액 체
	  – 고온 소각
	  – 증발 · 농축방법으로 처분 후 고온 소각
	  – 분리 · 증류 · 추출 · 여과의 방법으로 정제 후 고온 소각
	  – 중화 · 산화 · 환원 · 중합 · 축합의 반응을 이용하여 처분 후 고온 소각
	  – 응집 · 침전 · 여과 · 방법으로 처분 후 고온 소각
	• 고체 : 고온 소각

부식성 물질	• 부식성 폐기물의 종류 : 폐산(pH 2 이하), 폐알카리(pH 12.5 이상)
	• 폐산과 폐알카리 폐기물은 섞이지 않도록 분리보관
	• 폐산과 폐알칼리 폐기물은 가능하면 pH 7에 근접시켜 중화
	• 액 체
	  – 중화 · 산화 · 환원의 반응 후 응집 · 침전 · 여과 · 탈수의 방법으로 처분
	  – 증발 · 농축의 방법으로 처분
	  – 분리 · 증류 · 추출 · 여과의 방법으로 정체처분
	• 고 체
	  – 수산화칼륨 및 수산화나트륨은 액체와 같은 방법으로 처분
	  – 매립 시 중화 등의 방법으로 중간처분 후 매립
	• 폐산, 폐알칼리, 폐유, 폐유기용제 등 다른 폐기물이 혼합된 액체물질은 중화처분 및 소각 후 매립
	• 할로겐족 폐유기용제 등 고온소각대장 폐기물이 혼합되어 있는 경우에는 고온 소각하도록 함

발화성 물질	• 불과 작용해서 발열 반응을 일으키거나 가연성 가스를 발생시켜 연소 또는 폭발하는 물질(철분, 금속분, 마그네슘, 알카리금속 등을 포함) • 반드시 완전히 반응시키거나 산화시켜 고형물질로 폐기하거나 용액으로 만들어 폐기처리

유해물질함유
폐기물
	• 분진 : 고온용융 처분하거나 고형화처분
	• 소각제
	  – 지정 폐기물 매립을 할 수 있는 관리형 매립시설에 매립 안정화처분
	  – 시멘트/합성고분자 화합물을 이용하여 고형화처분
	• 폐촉매
	  – 안정화처분
	  – 시멘트 · 합성고분자화합물을 이용한 고형화처분
	  – 지정폐기물을 매립할 수 있는 관리형 매립시설에 매립
	  – 가연성 물질을 포함한 폐촉매는 소각할 수 있고, 할로겐족에 해당하는 물질을 포함한 폐촉매를 소각하는 경우에는 고온 소각해야 함
	• 폐흡착제 및 폐흡수제
	  – 고온 소각 처분대상물질을 흡수하거나 흡착한 것 중 가연성은 고온 소각하여야 하고, 불연성은 지정폐기물을 매립할 수 있는 관리형 매립시설에 매립
	  – 일반 소각 처분대상물질을 흡수하거나 흡착한 것 중 가연성은 일반 소각하여야 하며, 불연성은 지정폐기물을 매립할 수 있는 관리형 매립시설에 매립
	  – 안정화처분
	  – 시멘트 · 합성고분자화합물을 이용하여 고형화처분, 혹은 이와 비슷한 방법으로 고형화처분
	  – 광물유 · 동물유 또는 식물유가 포함된 것은 포함된 기름을 추출하는 등의 방법으로 재활용

산화성 물질	• 분해를 촉진시킬 수 있는 연소성 물질과 철저히 분리 처리 • 환기가 양호하고 서늘한 장소에서 처리 • 과염소산은 황산이나 유기화합물들과 혼합 시 폭발이 일어날 수 있으므로 주의
폭발성 물질	• 산소나 산화제의 공급 없이 가열, 마찰, 충격 시 폭발 가능 • 염소산 칼륨 : 갑작스런 충격이나 고온 가열 시 폭발 위험이 있음 • 질산은, 암모니아수 : 두 물질이 섞인 화학폐기물을 방치할 경우, 폭발성이 있는 물질을 생성 • 과산화수소 : 금속 산화물, 탄소 가루 등이 혼합되면 폭발 가능성 있음 • 질산과 유기물, 황산과 과망간산칼륨 혼합 시 폭발의 위험이 있음
독성 물질	• 노출에 대한 감지, 경보장치를 마련 • 냉각, 분리, 흡수, 소각 등의 처리 공정으로 처리
과산화물 생성물질	• 충격, 강한 빛, 열 등에 노출 시 폭발가능 • 폭발성 화합물이므로 취급 · 저장 · 폐기 처리에는 각별한 주의가 필요 • 낮은 온도나 실온에서도 산소와 반응하거나 과산화합물을 형성할 수 있으므로 개봉 후 물질에 따라 3개월 또는 6개월 내 폐기 처리하는 것이 안전
수은	• 독성이 강한 액체금속 • 노출 시 일회용 스포이드를 이용하여 플라스틱 용기에 수집 • 수집한 수은에 황 또는 아연을 뿌려 안정화시킨 후 폐기 처리 • 수은온도계를 처리할 때에는 온도계 케이스에 담아 배출하고, 안전팀에 연락
방사선 폐기물	• 고체 방사선 폐기물 : 플라스틱 봉지에 넣고 테이프로 봉한 후 방사선물질 폐기전용의 고안된 금속제 용기에 넣어 처리 • 액체 방사선 폐기물 : 수용성과 유기성으로 분리하며, 고체의 경우와 마찬가지로 액체 방사선 폐기물을 위해 고안된 용기를 이용해야 함 • 폐기물이 나온 시험번호, 방사성 동위원소, 폐기물이 물리적 형태 등으로 표시된 방사선의 양들을 기록 및 유지

CHAPTER

04

화학물질누출 및 폭발방지

1 화학물질의 누출특성

독성 물질	• 항상 후드 내에서만 사용 • 부산물로 인한 독성 물질 발생 방지 • 피부, 호흡, 소화 등을 통해 체내에 흡수되기 때문에 사용량에 주의 • 대표물질 : 암모니아, 염소, 불소, 염산, 황산, 이산화항 등
산과 염기	• 약품이 넘어져서 발생할 수 있는 화상, 해로운 증기의 흡입 위험 • 강산이 급격히 희석되면서 생겨나는 열에 의한 화재, 폭발 위험 • 강산과 강염기는 공기 중 수분과 반응하여 치명적 증기를 생성하므로 사용하지 않을 때는 뚜껑으로 밀봉 • 산이나 염기가 눈이나 피부에 접촉 시 최소 15분 정도 물로 세정 • 불화수소 : 독성이 매우 강하며 화상과 같은 즉각적인 증상이 없이 피부에 흡수되므로 취급에 주의 • 과염소산 : 강산으로 유기화물, 무기화물 모두와 폭발성 물질을 생성하므로 가열, 화기와 접촉·충격·마찰에 주의
유기용제	• 유해한 증기를 가지고 있고 쉽게 인체에 침투 가능 • 휘발성이 매우 크고, 가연성 • 아세톤 : 독성과 가연성 모두 존재, 적절한 환기시설에서 보호장갑, 보안경 등 보호구를 착용, 가연성 액체 저장실에 저장 • 메탄올 : 현기증, 신경조직 악화의 원인, 환기시설 작동시킨 상태로 후드에서 사용하고 네오프렌 장갑을 착용 • 벤젠 : 발암물질, 적은 양을 오랜 기간에 걸쳐 흡입할 때 만성 중독이 일어날 수 있음. 피부를 통해 침투, 증기는 가연성 • 에테르 : 고열, 충격, 마찰에도 공기 중 산소와 결합하여 불안전한 과산화물을 형성하여 매우 격렬하게 폭발, 완전히 공기를 차단하여 황갈색 유리병에 저장, 암실이나 금속용기에 보관
산화제	• 강산화제는 매우 적은 양으로도 심한 폭발을 일으킬 수 있으므로 방호복, 안면보호대 같은 보호구를 착용 • 많은 양의 산화제 사용 시 폭발방지용 방벽 등이 포함된 특별계획을 수립

2 가스사고 방지대책

(1) 가스누출 방지

취급 시 주의사항	• 모든 고압가스를 취급할 때는 취급물질에 적합한 개인보호구 착용 • 액체가스를 취급하는 경우에는 반드시 안면보호구나 고글을 상시 착용 • 손은 깨끗하고 건조된 단열 가죽장갑이나 초저온용 단열장갑 착용 • 안전화 등 비침투성 신발을 착화하고, 슬리퍼 등의 신발종류는 금지 • 가연성 가스를 취급하는 경우에는 방염가운 착용
가스누출 여부 점검	• 가스사용 전 반드시 가스의 누출 여부를 비눗방울이나 휴대용 가스누출경보장치를 이용하여 점검 실시 • 산소사용 시 석유류, 유지류 등에 의한 사고를 방지하기 위하여 밸브, 레귤레이터 등 가스설비를 깨끗이 닦아 사용
가스밸브	• 밸브에는 개폐 방향을 명시 • 밸브 등이 설치된 배관에는 가스명, 흐름 방향, 사용압력 표시 • 안전밸브, 자동차단밸브, 제어용 공기밸브에 개폐상태표지 부착, 잠금장치 봉인, 조작금지 표지 등을 설치 • 가스밸브는 반드시 직접 손으로 조작해야 함
압력조정기	• 가스압력에 맞는 압력조정기 사용 • 압력조정기 설치 전에 충전구의 먼지 또는 이물질 확인 • 압력조정기 입구 쪽에 스트레이너 또는 필터 설치 • 독성 가스인 경우 압력조정기의 몸체 및 다이어프램의 재질이 부식이 없는 적합한 재질인지 확인
가스누출 경보장치	• 6개월에 1회 이상 전문 검사기관에 위탁하여 검교정 실시 • 경보농도는 가연성 가스 폭발하한계의 1/4 이하, 독성 가스는 TLV-TWA 기준농도 이하로 할 것 • 가연성 가스의 가스누출감지경보장치는 방폭성능을 갖출 것 • 수신회로가 작동상태에 있는 것을 쉽게 식별할 수 있어야 함 • 경보는 램프의 점등 또는 점멸과 동시에 경보를 울리는 것이어야 함 • 사람이 상주하는 장소에 가스누출감지경보기를 설치 · 운영 • 공기보다 무거운 가스 : 바닥면에서 30cm 이내 설치 • 공기보다 가벼운 가스 : 천장면에서 30cm 이내 설치 • 설치개수 : 누출 가스가 체류하기 쉬운 장소에 이들 설비군의 둘레 10m마다 1개 이상의 비율로 계산한 개수로 설치 • 수소가스감지기를 연구실 내부에 설치하는 경우, 가스누출 발생 가능 부분 수직 상부에 설치 • 수소화염, 산소-아세틸렌, LPG 사용시설에는 역화방지장치 설치

(2) 가스누출 특성

가스상의 누출	• 가스의 누출특성은 물질의 온도와 압력에 따라 달라짐 • 가스의 누출로 인화성증기나 가스운을 만들 수 있음 • 누출원에서 가스제트나 가스기둥(Plume)을 만듦 • 가스운의 이동에 영향을 미치는 3요소 : 가스의 상대밀도, 난류혼합도, 공기 이동
액화가스	• 프로판, 부탄 등 압력을 가해 액화된 가스 • 누출점에서의 빠른 증발은 냉각현상을 일으켜 수증기의 응축 및 결빙현상 발생
냉동가스	• 수소나 메탄 등의 초저온가스(Permanent Gas) • 냉각된 가스에서의 작은 누설은 주위로부터 열을 흡수함으로써 풀을 형성하지 않고 신속하게 증발 • 초저온 인화성 가스가 있는 곳은 위험장소로 구분 • 초저온가스의 임계온도 : -50℃ 이하

에어로졸	• 공기 중에 부유 상태인 작은 방울로 구성 • 가압된 액체의 증발, 열역학적 조건하의 증기 또는 가스로부터 형성 • 인화성 액체의 에어로졸은 주위 환경으로부터 열을 흡수하여 증발

(3) 가스누출 시 조치요령

가연성 가스	• 가연성 가스 누출경보장치 설치 • 누출된 가스의 종류와 가스농도를 확인 • 누출된 가스의 중간밸브 및 가스 용기의 메인밸브 잠금 • 수신부의 알람이 1차 알람인 경우, 창문과 출입문 열고 환기 • 수신부의 알람이 2차 알람인 경우, 즉시 연구실 동료들과 함께 모두 건물 밖 집결지로 대피 • 소방서, 가스안전공사 등 안전관리 주관부서로 신고
독성 가스	• 독성 가스 누출경보장치 설치 • 누출된 가스의 종류와 가스농도 확인 • 즉시 건물 밖 집결지로 대피 • 소방서, 가스안전공사 등 안전관리 주관부서로 신고 • 독성 가스를 흡입 시 신선한 공기가 있는 곳으로 이동하고 전문의의 도움을 받음

3 화학물질누출사고 방지대책

(1) 화학사고의 특성

① 화학설비 결함

  ㉠ 플랜지, 개스킷 패킹류의 재질 또는 체결 불량

  ㉡ 배관 체결부의 볼트 이완, 강도저하

② 화학물질 취급자 부주의

  ㉠ 밸브 개폐 오조작

  ㉡ 화학물질 투입량 과다 등 오류

  ㉢ 과반응, 과충진에 의한 압력 상승

③ 기타 운송 및 운반 중 사고 : 전도, 낙하, 충격

(2) 화학사고 시 대응방법

① 사고상황 전파

  ㉠ 주변 연구원 및 연구실책임자와 안전관리 담당부서(또는 119)

  ㉡ 발생위치, 화학물질 종류 및 양, 부상자 유·무 등 전파

② 현장 파악, 출입통제 및 자료확보

  ㉠ 사고내용 및 피해상황 등 현장파악

  ㉡ 대피안내 및 사고구역 출입통제

  ㉢ 사고조사를 위한 현장보존, 사진 등 관련자료 확보

(3) 화학물질의 화재 및 폭발

① 폭발의 성립조건

  ㉠ 혼합가스, 증기 및 분진이 폭발범위에 있을 때

  ㉡ 혼합된 물질의 일부에 최소점화에너지가 존재할 때

② 폭발방지

  ㉠ 혼합가스, 증기 및 분진이 폭발범위 내로 축적되지 않도록 환기

  ㉡ 공기 또는 산소의 혼입 차단(불활성 가스 봉입 등)

  ㉢ 용접 또는 용단 작업의 불꽃, 기계 및 전기적인 점화원 제거

③ 화재·폭발의 발생 메카니즘

  ㉠ 혼합가스에 점화원과 접촉 시 화재·폭발

  ㉡ 산소의 제어는 어려우므로 가연물과 점화원 관리가 중요

(4) 화재·폭발 관리대책

가연물 관리	• 가연물의 제거(희석·퍼지·차단)
	• 가스·분진 누출 여부 측정
	   – 가연성 가스, 분진 잔류 여부 확인
	   – 화기작업 전 테스트 홀을 통한 가스감지
	   – 환기 실시(비중, 누출원 등 고려)
	• 내용물 제거 시 안전대책
	   – 가연성 가스·분진제거 후 불활성 가스로 치환
	   – 잔존물 이송 시 철재호스 사용 및 접지

점화원 관리	• 화기취급 금지 • 화기작업허가 철저 • 방폭형 전기설비 설치, 스파크방지형 공구사용

4 방폭설비

(1) 폭발성가스위험장소

0종 장소 (NFPA497 Division 1)	• 지속 위험지역 • 폭발성 가스·증기가 폭발 가능한 농도로 계속해서 존재하는 지역
1종 장소 (NFPA497 Division 1)	• 간헐 위험지역 • 상용 상태에서 위험분위기가 존재할 가능성이 있는 장소
2종 장소 (NFPA497 Division 2)	• 이상상태 위험지역 • 이상상태에서 위험분위기가 단시간 동안 존재할 수 있는 장소

(2) 분진위험장소

20종 장소	공기 중에서 가연성 분진운의 형태가 연속적 장기간 또는 단기간 자주 폭발성 분위기가 존재하는 장소
21종 장소	공기 중에서 가연성 분진의 형태가 정상작동 중에 빈번하게 폭발성 분위기를 형성할 수 있는 장소
22종 장소	공기 중에서 가연성 분진의 형태가 정상작동 중에 폭발성 분위기를 거의 발생하지 않고, 만약 발생한다 하더라도 단기간만 지속될 수 있는 장소

(3) 방폭구조의 종류

내압방폭구조(d)	용기 내부에서 폭발 시, 그 압력을 견디는 구조
압력방폭구조(p)	연료를 제어하는 구조로 가연성 가스가 용기 내부로 침입하지 못하도록 한 구조
유입방폭구조(o)	점화원을 제어하는 구조로, 스파크가 발생할 수 있는 부분을 산소가 차단된 오일에 넣어 만든 구조
안전증방폭구조(e)	정상적인 상태에서는 열, 아크, 불꽃이 발생하지 않도록 안전도를 증가시킨 구조
본질안전방폭구조(ia, ib)	점화원을 제어하는 구조로, 발화를 일으키는 에너지를 최소화한 구조
충전방폭구조(q)	점화원을 제어하는 구조로, 스파크가 발생할 수 있는 부분을 모래와 같은 미세한 석영가루 등의 충진물로 채운 구조
비점화방폭구조(n)	정상작동 시 점화원이 발생하지 않는 구조
몰드방폭구조(m)	점화원을 제어하는 구조로, 스파크가 발생할 수 있는 부분을 컴파운드로 둘러쌓아 폭발성 가스와 차단하는 구조
특수방폭구조(s)	상기 8가지 구조 이외의 방폭구조

(4) 방폭설비의 온도등급

① 방폭형 전기설비의 최고표면온도

② 방폭을 위해 최소점화에너지 이하로 유지

③ 온도등급은 T1~T6가 있으며, T6가 가장 고가(高價)

온도등급	최고표면온도(℃)
T1	450
T2	300
T3	200
T4	135
T5	100
T6	85

5 화학사고의 단계별 대응절차

(1) 초기대응

① 화학물질 접촉 시 즉시 세정

② 부상자 응급조치 후 병원후송

③ 전기차단, 설비 원료공급차단

④ 인화성 가스 누출 시 환기조치

⑤ 사고확대 방지를 위하여 가스누출지점 이전 밸브 차단

⑥ 누출 화학물질과 급격히 반응하는 화학물질 격리 조치

⑦ 독성 가스 누출 시 대피후 출입문을 닫아 피해 확산 방지

⑧ 흡착포, 흡착제, 흡착펜스, 중화제 등을 사용하여 피해 확대 방지

(2) 사고처리

① 초기대응이 미흡한 경우 전문처리반 사고처리

② 누출 화학물질에 대한 MSDS 및 대응 장비 확보

③ 가스누출, 화재 시 대응 이전 가스농도측정 등 시행

④ 연구책임자, 안전담당부서와 협력하여 적절한 사고 진압

⑤ 119 신고 및 현장 진입로 확보, 중대사고 상황 지휘계통 유관기관에 통보

(3) 사고 후 조치

① 부상자 가족에게 사고 전달 및 대응

② 사고복구 방안 논의 및 이행

③ 사고원인 정밀조사 및 재발방지 대책 수립

④ 사고현장 안전점검 실시 및 이상 유 · 무 확인

⑤ 전기 및 설비시설 재가동

⑥ 보험사에 피해비용 보험 청구

CHAPTER 05 화학설비의 설치·운영·관리

1 실험실의 설계

공간구분	• 사무공간과 실험실을 구분하여 화재나 폭발에 의한 영향을 최소화
조 명	• 최소 300lux 이상, 정밀실험 시 600lux 이상 유지
출입문 및 통로	• 출입문의 폭은 90cm 이상으로 할 것 • 출입문은 특별한 경우가 아니면 바닥 문턱이 돌출되지 않도록 할 것 • 출입문의 개폐방향은 신속한 대피를 위해 대피방향으로 열리는 구조일 것 • 양방향 대피가 가능하도록 2개 이상의 출입문을 갖출 것 • 출입문은 자동으로 닫히는 구조, 개폐 시 최소의 힘으로 입출입이 가능 • 출입문 주변에는 원활한 출입을 위해 물건이나 장비를 설치하지 않을 것
벽과 바닥	• 사용하는 화학물질에 부식되지 않는 재질로 보수 및 청소가 용이할 것 • 화학물질이 쏟아졌을 때 침투하지 못하는 구조로 시공할 것 • 바닥은 평탄하며 미끄러지지 않는 구조일 것 • 바닥면은 실험실 특성에 맞는 내화학성 제품으로 마감할 것 • 실험실 바닥하중은 100~125psi 이상일 것
안전정보	• 실내 : 실험실안전수칙, 물질안전보건자료(MSDS), 안전보건표지 등 게시 · 비치 • 복도 : 일정 간격으로 안전대피도, 안전게시판을 게시 · 비치 • 건물 출입구 : 실험실의 주요 위험정보(화학물질, 가스 등), 소방시설현황(소화설비, 경보설비), 안전용품 현황 등의 기본안전정보를 제공할 수 있는 안전게시판을 비치

2 실험설비

(1) 흄후드(Fume Hoods)

① 종 류

    ㉠ 흄후드 : 사람의 호흡기로 들어가기 전 오염원에서 밖으로 빼주는 역할을 하는 장비

    ㉡ 암후드 : 공조 덕트에 연결되어 연결부를 기준으로 일정한 반경 내에 움직일 수 있는 배기 장비

② 설치구조

    ㉠ 유해물질이 발생하는 실험실마다 설치

    ㉡ 유해인자의 발산원을 제어할 수 있는 구조로 설치

    ㉢ 후드 형식은 포위식, 부스식

③ 풍속 : 부스를 개방한 상태로 개구면에서 0.4m/s(포위식 포위형) 이상의 풍속

④ 덕 트

　　㉠ 불연성 재질

　　㉡ 건물 외부 또는 환기구까지 분리하여 설치

　　㉢ 덕트 유입속도는 물질의 퇴적을 최소화하기 충분한 속도

⑤ 위 치

　　㉠ 가능한 벽 쪽으로 설치

　　㉡ 출입구 인근에 설치금지

　　㉢ 문이나 창가, 복도 쪽 설치금지

　　㉣ 개구부로부터 최소 1.5m 이상 이격

　　㉤ 공기의 이동량이 많은 지역과는 3m 이상 이격

⑥ 평균 면속도

　　㉠ 가스 상태의 경우 최소 0.4m/s 이상

　　㉡ 입자 상태의 경우 0.7m/s 이상

⑦ 점 검

　　㉠ 매년 1회 이상 자체검사 실시

　　㉡ 분기별 제어풍속을 확인

(2) 실험대

표 면	• 내화학성 • 염산, 질산, 황산 등의 강산에 강한 저항성 • 작업표면은 화학물질 등에 대해 불침투성 • 화학물질 누출 시 체류 • 체류능력(Retention Capacity)은 최소 5 ℓ /m^2 이상
화학물질	• 바닥으로부터 높이 1.5m 이상의 실험대 선반에는 화학물질 보관금지
재 질	• 합판은 부적절 • 전기설비, 배관작업 등을 위한 홀(Hole)이 존재 • 실링(Sealing)처리
간 격	• 실험대와 실험대의 간격은 최소 1.5m 이상 유지

(3) 시약보관시설

① 설치조건

　　㉠ 공간 : 해당기관의 분석량 또는 시료의 수 등에 있어 실험에 지장이 없도록 시약여유분을 확보할 수
　　　　있는 최소한의 공간

　　㉡ 조명 : 시약의 기재사항을 확인할 수 있도록 150lux 이상

　　㉢ 통 풍

　　　　• 환기는 외부공기와 원활하게 접촉할 수 있도록 설치

　　　　• 환기속도는 최소한 0.3~0.4m/s 이상

② 주의사항

    ㉠ 약품배치 : 시약은 종류별 · 성상별로 구분하여 배치하고, 눈에 잘 띄게 비치

    ㉡ 냉동보관 : 냉동상태로 보관이 필요한 분석기기용 시약 등을 위한 상온, 냉장, 냉동 등의 설비

    ㉢ 보관조건

        • 독성 물질, 방사선물질, 감염성 물질 등 시약의 보관조건별로 별도의 공간에 보관

        • 반드시 안전장치를 설치하고, 물질기록 관리대장을 비치

    ㉣ 지정수량 : 지정수량 이상의 위험물을 보관할 경우 허가를 받은 위험물저장소에 저장

    ㉤ 별도보관 : 무기물, 유기물, 유기용매, 부식성 시약 등은 실험실의 안전과 오염을 방지하기 위해 별도의 용기에 보관

    ㉥ 분석용 시약

        • 종류 및 성상별로 구분하여 밀폐형 시약장에 보관

        • 유독성, 인화성, 폭발성을 가진 위험물 시약의 경우 경고표지 등을 명확히 표시하여 별도의 밀폐형 시약장에 보관

    ㉦ 시약의 개봉

        • 시약을 최초 개봉하는 경우 변질 여부 등을 쉽게 파악할 수 있도록 최초 개봉일자를 기재하여 관리

        • 매월 개봉하지 않은 시약에 대한 재고현황을 파악하여 연구책임자에게 보고

(4) 시약장(캐비넷)

① 이격거리

    ㉠ 출입문과 캐비닛과의 이격거리는 최소 3m

    ㉡ 점화원이 될 수 있는 요소와의 이격거리는 최소 3m

    ㉢ 화학물질 저장 캐비닛 간의 이격거리는 최소 0.25m

② 용량

    ㉠ 실험실 내 38 ℓ (10gal) 이상의 화학물질을 저장하거나 사용 및 취급할 경우, 그 양에 따라 1개 이상의 캐비닛을 설치

    ㉡ 화학물질 저장 전용 캐비닛의 전체 용량은 250 ℓ 를 초과하지 않도록 관리

    ㉢ 실험실 내 인화성 · 가연성 액체의 양은 227 ℓ (60gal)를 초과하지 않도록 관리

    ㉣ 화학물질을 소분 · 분취하는 개별 용기의 크기는 25 ℓ (액체용), 25kg(고체용)을 초과하지 않도록 관리

③ 유지관리

    ㉠ 화학약품은 물성이나 특성별로 저장

    ㉡ 액상물질은 항상 고상물질의 아래쪽에 보관

    ㉢ 서로 반응하는 약품을 함께 두지 않음

    ㉣ 유해물질은 물성이나 특성별로 저장하여야 하며 알파벳순이나 가나다순 등 이름 분류로 저장하지 않음

    ㉤ 캐비닛 통풍구의 뚜껑은 캐비닛이 통풍시스템에 부착되기 전에는 제거하지 않음

    ㉥ 인화성 액체를 저장하는 캐비닛은 문에 경고표지를 부착하고, 문은 자동잠금장치를 설치

    ㉦ 하나의 실험실에 3개 이상의 인화성 액체 저장 캐비닛 비치금지

④ 캐비닛의 형식

    ㉠ 가연성 물질용 캐비닛은 가연성 물질 및 인화성 액체 저장용으로 사용

    ㉡ 산과 부식성 물질용 캐비닛은 내부식성 재질을 사용

    ㉢ 대용량의 가연성 · 부식성 액체를 저장하는 캐비닛은 실험실 밖에 설치

(5) 개별저장용기

용기크기	• 20 ℓ 이하로 제한
용기재질	• 유해물질을 저장하는 용기를 선택할 때에는 약품과 반응하지 않는지 확인
보관환경	• 용기를 밀폐시킬 수 있는 뚜껑, 배출구 덮개를 가지고 있어야 함 • 용기 내부압력이 상승되지 않도록 서늘한 장소에 보관
유리용기	• 폭발위험을 최소화할 수 있도록 배기구 뚜껑이 부착된 것으로 할 것

(6) 실험실용 냉장고

혼용금지	• 일반냉장고를 가연성 물질과 같은 위험물질보관용으로 사용하지 않을 것
전용용품	• 실험실 용도의 냉장고는 유해물질의 저장이 가능한 것을 사용
보관기간	• 위험물질의 보관기간은 가능한 한 짧게 할 것
유지관리	• 냉장고에 저장하는 유해물질 표지부착 • 방사능물질을 저장하는 경우 표지부착 • 냉장고 내부에 보관되는 용기는 완전히 밀폐되거나 뚜껑이 덮여 있어야 하며 물질표지를 부착 • 뚜껑이 알루미늄 호일, 코르크 마개, 유리 마개로 제작된 용기는 저장금지 • 냉장고는 물이 떨어지는 것을 방지할 수 있도록 서리가 끼지 않는 것을 사용

(7) 싱크대

재 질	• 실험실에는 손을 씻을 수 있는 싱크대가 반드시 있어야 하며, 가구 세척 등의 사용이 편리해야 하고, 부식 되지 않는 재질이어야 함
바닥 배수 시스템	• 실험실에 물이 고이지 않도록 배수관로를 확보하여 미끄러짐을 방지 • 배관시설이 되어 있지 않으면 별도로 전용용기에 보관한 후 즉시 처리할 수 있도록 분리하여 처리시설로 이송
실험실 폐액 처리시설	• 폐액 저장시설과 별도로 배관을 연결하여 실험실 내에 폐액이 있지 않도록 관리 • 배관 연결 시 산 · 알칼리 등은 가능한 한 분리하여 배관을 연결
후드설치	• 악취 등 냄새 유발 물질을 세척하는 싱크대에는 일반적인 후드를 설치하여 실험실이 오염되지 않도록 함
오수 배관	• 건물 내 오폐수 배관이나 저장탱크와 연결되어야 함

3 가스설비

(1) 가스용기 보관기준

구조	• 용기 보관실은 타 구역과 방화구획을 하고 불연성 재료 및 녹이 슬지 않는 재질로 시공 • 가연성 가스, 조연성 가스, 독성 가스의 용기 보관소는 각각 구분하여 설치 • 용기 보관실은 가스가 누출 시 가스의 옥외 배출이 가능하도록 통풍구 설치 • 통풍구는 바닥면적의 3% 이상이어야 하며, 2방향 이상이어야 함
독성 가스	• 독성 가스 용기 보관실 내부는 음압을 유지 • 외부에서 확인 가능한 미차압력계를 설치 • 독성 가스가 누출 시 흡입장치와 연동하여 누출된 가스가 중화제독장치로 이송될 수 있도록 함
가스누출경보기	• 용기 보관실에는 저장하는 가스 종류에 따라 가스누출경보장치를 설치하되, 가연성 가스 취급장소에는 방폭성능을 갖추어야 함

(2) 가스저장시설

① 설치조건

㉠ 위 치

- 가능한 한 실험실 외부공간에 배치
- 가스 저장실의 지붕과 벽은 불연재료를 사용
- 외부의 열을 차단할 수 있는 지하공간이나 음지 쪽에 설치
- 최소 면적은 분석용 가스저장분의 1.5배 이상
- 가스별로 배관을 별도로 설비하고 가능한 한 이음매 없이 설치

㉡ 환기시설

- 적절한 습도를 유지하기 위해 상대습도 65% 이상 유지
- 가능한 한 자연배기방식으로 하는 것이 바람직
- 환기구를 설치를 할 경우에는 지붕 위 또는 지상 2m 이상의 높이에 회전식 벤틸레이터(Ventilator)나 루프팬(Roof Fan) 방식으로 설치

㉢ 조 명

- 내부조명은 독립적으로 개폐할 수 있을 것
- 가스라인을 쉽게 구별할 수 있도록 조도는 최소 150lux 이상
- 조명은 방폭 등으로 설치하고, 점멸스위치는 출입구 바깥부분에 설치

㉣ 채광 : 불연재료로 하고 연소의 우려가 없는 장소에 채광면적을 최소화

㉤ 가스공급배관

- 가스누출을 방지하기 위해 각 배관별로 압력게이지와 스톱 밸브 등을 설치
- 가스누출로 인한 사고를 예방하기 위해 누출경보장치를 설치
- 가스설비 및 배관의 재료는 고압가스의 특성에 적합한 기계적 · 화학적 · 물리적 성질로 선택

② 안전조치

　　㉠ 가스저장시설의 안전표시와 각 가스라인을 표기하고 구분

　　㉡ 가스 저장시설의 출입문에 위험표지 등 경고문 부착

　　㉢ 가스용기에 유출입 상황을 반드시 기재하고 잠금장치를 설치

　　㉣ 저장용기가 넘어지는 것을 방지하기 위해 전도방지장치를 설치

(3) 가스용기의 보관

저장능력	• 고압가스 보관양이 일정 저장능력을 초과하는 경우에는 저장설비의 기준을 갖춘 별도의 저장공간에 보관
가스구분	• 가연성 가스, 독성 가스는 각각 구분 • 한국가스안전공사에서 인증한 고압가스용 실린더 캐비닛에 보관 • 누출사고 발생 시 이를 신속히 감지하여 효과적으로 대응할 수 있도록 조치
용기위치	• 건물 내 출입구의 1m 이내에는 가스 실린더 보관금지 • 독성 가스 실린더는 다른 종류의 가스 실린더와 최소 3m 이격 • 지연성 또는 조연성 가스와 가연성 기체는 약 6m 거리를 두거나 높이 약 1.5m의 불연성 · 내화성 격벽을 설치 • 가연성 기체는 가연물과 적어도 약 6m의 거리를 두어 보관
전도방지	• 전도방지를 위해 가스실린더 보관대는 체인이나 금속 스트랩(Strap) 등을 이용, 스트랩은 불연성 재질을 사용 • 전도, 방지조치는 최소 1개소에 설치하여 실린더가 넘어지지 않도록 고정 • 스트랩 및 체인 1개당 조치할 수 있는 가스 실린더의 수는 최대 3개
보관장소	• 건물 내 가스 실린더를 보관할 경우, 보관장소는 직사광선을 피하고 통풍이 원활하여야 하며, 가스 특성에 맞는 적절한 온도를 유지
보관방법	• 가연성 가스, 독성 가스 및 산소의 용기는 각각 구분하여 용기보관 장소에 보관 • 용기보관 장소는 주위 2m 이내에 화기 또는 인화성 및 발화성 물질을 두지 않아야 함 • 가스설비 또는 저장설비는 그 외면으로부터 화기를 취급하는 장소까지 2m(가연성 가스 또는 산소의 가스설비 또는 저장설비는 8m 이상) 거리유지

(4) 가스누출경보기

① 설치 장소

　　㉠ 시설물 내외에 설치되어 있는 가연성 및 독성물질 취급설비

　　㉡ 압축기, 밸브반응기, 배관연결부위 등 가스누출 우려가 되는 화학설비 및 부속설비

　　㉢ 가열로 등 발화원이 있는 제조 설비 주위의 가스가 체류하기 쉬운 장소

　　㉣ 기타 특별히 가스가 체류하기 쉬운 장소

② 설치 위치

　　㉠ 가스누출경보기는 가능한 한 가스의 누출부위 가까이 설치, 다만 직접적인 가스누출이 예상되지 않는 경우는 주변에서 누출된 가스가 체류하기 쉬운 곳에 설치

　　㉡ 가스누출경보기는 연구활동종사자가 상주하는 곳에 설치

③ 성 능

㉠ 가스누출경보기는 가연성 가스의 폭발하한계 1/4이하에서 경보를 울려야 함

㉡ 담배연기 등에 의한 오경보 금지

㉢ 독성 가스 누출감지 경보기 : 세척유 가스, 등유의 증발가스, 배기가스 및 탄화수소계가스, 기타가스에 경보가 울리지 않아야 함

㉣ 가스감지에서 경보발신까지 걸리는 시간은 30초 이내

㉤ 암모니아와 일산화탄소 또는 이와 유사한 가스 등을 감지하는 가스누출경보기는 1분 이내

㉥ 지시계의 눈금범위 : 가연성 가스는 0 ~ 폭발하한값, 독성 가스는 0 ~ 허용농도의 3배

㉦ 암모니아를 실내에서 사용하는 경우에는 150ppm 이내이어야 함

㉧ 경보를 발령한 경우에는 가스농도가 변화하여도 경보가 계속 울려야 함

㉨ 누출 또는 대책을 조치한 후에 경보 정지

㉩ 누출경보기는 충분한 강도의 구조를 지니고, 취급 및 정비가 쉬워야 함

㉪ 접촉하는 부분은 내식석의 재료 사용

㉫ 그 외의 부분은 도장이나 도금처리가 양호한 재료 사용

㉬ 가스누출경보기는 항상 작동상태이어야 하며 정기적인 점검과 보수를 통하여 정밀도를 유지

④ 역화방지장치 : 수소화염, 산소아세틸렌, 액화석유가스(LPG) 사용 시 설치

(5) 가스안전설비

실린더 전용 캐비닛	• 내부의 누출된 가스를 제독할 수 있어야 함 • 내부압력은 외부압력보다 항상 낮게 유지 • 배관에는 외부에서 조작이 가능한 긴급차단장치를 설치 • 가연성 가스 용기 취급 시 정전기제거조치 • 배관성능 : 사용압력의 1.1배 이상을 견디어야 함 • 표시 : 제조자의 명칭, 가스명, 제조번호, 제조연월, 최고 사용압력 등
중화제독장치 (Gas Scrubber)	• 독성 가스를 중화제독 처리하여 허용농도(TWA) 이하로 대기 방출 • 독성 가스를 사용하는 실험장비 및 가스 캐비닛과 가깝게 설치 • 중화제독방법 : 산화, 환원, 중화, 가수분해, 흡수, 흡착, 연소, 플라즈마, 촉매 • 독성 가스 종류에 따라 적합한 흡수, 중화제 1가지 이상 보유
가스누출 경보장치	• 연구실 안에 설치되는 경우 : 설비군의 둘레 10m마다 1개 이상 설치 • 연구실 밖에 설치되는 경우 : 설비군의 둘레 20m마다 1개 이상 설치 • 감지대상가스가 공기보다 무거운 경우 : 바닥에서 30cm 이내 설치 • 감지대상가스가 공기보다 가벼운 경우 : 천장에서 30cm 이내 설치 • 진동이나 충격이 있는 장소, 온도 및 습도가 높은 장소는 피함 • 출입구 부근 등 외부 기류가 통하는 장소는 피함 • 충분한 강도가 있어야 함 • 가연성 가스의 경우 방폭 성능이 있어야 함 • 가연성 가스는 폭발하한계 1/4 이하에서 경보를 울려야 함 • 독성 가스 감지기는 TLV-TWA 기준 농도 이하에서 경보를 울려야 함

자동차단밸브	• 가연성 가스를 사용하는 실험실 또는 저장소 • 독성 가스를 사용하는 실험실 또는 저장소 • 가스용기의 메인 밸브를 잠그는 방식 • 가스의 1차 압력조정기 후단의 배관을 차단하는 방식 • 사용하는 가스의 양, 설비의 특성을 고려하여 설치 • 가스검지부로부터 신호를 받아 즉시 차단하는 기능
과압안전장치	• 고압가스설비 중 압력이 최고허용농도 또는 설계압력을 초과할 우려가 있는 장소 • 가스설비 내 고압가스의 압력 및 온도에 견딜 수 있어야 함 • 가스설비 내 고압가스에 내식성이 있어야 함 • 고압가스 설비 내의 압력이 상용압력을 초과하는 경우 즉시 상용압력 이하로 되돌릴 수 있어야 함 • 과압안전장치를 통해 분출된 가스는 밴트라인으로 연결하여 옥외 또는 적절한 처리장치로 이송하여야 함

PART 03 기출예상문제

정답 및 해설 p.343

※ 홀수번호 (단답형) 문제, 짝수번호 (서술형) 문제로 진행됩니다.

01 사람이나 환경에 유해한 영향을 미치는 성질을 뜻하는 용어를 쓰시오.

02 유해성과 위해성의 관계에 대해 기술하시오.

03 다음 빈칸을 채우시오.

[ ]	• 유해성이 있는 화학물질
[ ]	• 위해성이 있다고 우려되는 화학물질
[ ]	• 특정 용도로 사용되는 경우 위해성이 크다고 인정되는 화학물질
[ ]	• 위해성이 크다고 인정되는 화학물질
[ ]	• 급성독성 · 폭발성 등이 강하여 화학사고의 발생 가능성이 높은 화학물질 • 화학사고가 발생한 경우에 그 피해 규모가 클 것으로 우려되는 화학물질

04 액비중과 가스비중을 설명하시오.

05 MSDS에 기재하는 16가지 정보이다. 다음 빈칸을 채우시오.

① 화학 제품과 회사에 관한 정보	② 유해성, 위험성
③ 구성 성분의 명칭 및 함유량	④ [ ]
⑤ 폭발 · 화재 시 대처 방법	⑥ 누출 사고 시 대처 방법
⑦ 취급 및 저장 방법	⑧ 노출 방지 및 개인보호구
⑨ [ ]	⑩ 안정성 및 반응성
⑪ 독성에 관한 정보	⑫ 환경에 미치는 영향
⑬ [ ]	⑭ 운송에 필요한 정보
⑮ 법적 규제 현황	⑯ 그 밖의 참고 사항

06 MDDS상의 그림문자에 대한 설명이다. 빈칸을 채우시오.

• GHS−MSDS 경고표시 그림문자

[ ]	[ ]	[ ]	[ ]	[ ]
• 자기반응성 • 유기과산화물	• 물반응성 • 자기반응성 • 자연발화성 • 자기발열성 • 유기과산화물		• 발암성 • 생식세포 변이원성 • 생식독성 • 특정표적 장기독성	

[ ]	[ ]	[ ]	[ ]	
		• 피부부식성 • 심한눈손상성	• 피부과민성 • 오존층유해성	

07 인화성 물질이란 인화점이 [   ] 이하로, 쉽게 연소하는 물질을 말한다.

08 제3류 위험물의 특성과 종류를 기술하시오.

09 다음 빈칸을 채우시오.

[ ]	• 자체 내에 함유하고 있는 산소에 의해 연소가 이루어지며 장기간 저장하면 자연 발화의 위험이 있는 물질로, 연소속도가 매우 빠르고, 충격 등에 폭발하는 유기질화물로 되어 있음 • 유기과산화물류, 니트로화합물류, 아조화합물류, 디아조화합물류, 히드라진 및 유도체류
[ ]	• 물보다 비중이 크며 수용성으로 물과 반응 시 발열하며 반응 • 특히 산소 함유량이 많아 가연물의 연소를 도와주며 유독성, 부식성이 강한 물질 • 과염소산, 과산화수소, 질산, 할로겐화합물

10 화학물질의 보관환경에 대해 기술하시오.

11 보관된 화학물질은 [   ]년 단위로 물품 조사를 실시해야 한다.

12 과산화물의 특성과 보관방법에 대해 기술하시오.

13 부식성 물질의 종류로는 농도가 [   ]% 이상인 염산 · 황산 · 질산, [   ]% 이상인 인산 · 아세트산 · 불산, [   ]% 이상인 수산화나트륨 · 수산화칼륨 등이 있다.

14 산화제의 특징과 보관방법에 대해 기술하시오.

15 가스의 종류 중 상태에 따른 분류방법에는 [   ]가스, [   ]가스, [   ]가스 등이 있다.

16 독성 가스의 정의와 허용농도에 대해 기술하시오.

17 고압가스의 종류 중 압축가스는 상용온도에서 압력이 [   ]MPa 이상, [   ]℃에서 압력이 1Mpa 이상인 가스를 말한다.

18 고압가스 중 용해가스를 설명하시오.

19 특정고압가스의 사용신고 대상은 액화가스로 저장능력 [   ]kg 이상, 압축가스로 저장능력 [   ]㎥ 이상 인 가스를 말한다.

20 특정고압가스의 사용신고절차를 기술하시오.

21 가스의 폭발범위에서 혼합기체가 폭발하는 데 필요한 공기의 최소 농도를 [   ](이)라 하고, 혼합기체가 폭발하는 데 필요한 공기의 최대 농도를 [   ](이)라 한다.

22 폭발하한이 3%인 아세틸렌과 폭발하한이 6%인 메탄올의 용적비가 4:1인 혼합가스가 있다. 폭발하한계는 얼마인지 쓰시오. 단, 르샤틀리에 공식을 적용하여 계산하시오.

23 폭발범위에 영향을 주는 인자로는 산소, [   ], 압력, [   ] 등이 있다.

24 가스사고 방지를 위한 설비기준에 대해 기술하시오.

25 가스설비의 사고예방을 위한 장치 중 가스의 정확한 양을 이송하는 데에 중요한 설비는 무엇인지 쓰시오.

26 산소, 수소, 아세틸렌, 이산화탄소, 암모니아, 염소, LPG 고압가스 용기의 색상을 기술하시오.

27 무색, 무취의 비자극성 가스로 유해성은 낮지만, 위험성이 높은 가스로 아르곤이 대표적인 가스는 무엇인지 쓰시오.

28 산소농도에 따른 신체의 증상에 대해 기술하시오.

29 가스실린더는 폭발사고에 대비하여 조연성 · 가연성 가스와는 [　　]m, 화기를 취급하는 장소와는 [　　]m 의 안전거리를 확보해야 한다.

30 폐기물의 저장시설의 기준에 대해 기술하시오.

31 폐수처리장에서 유기성 오니의 보관기간은 보관이 시작된 날로부터 [　　]일을 초과하지 않아야 한다.

32 폐기물관리의 기본원칙에 대해 기술하시오.

33 폐기물 정보 작성 시 기재사항으로는 최초 수집된 날짜, 수집자 정보, 폐기물 용량, [   ], 혼합물질, 유기용매, 잠재적인 위험도, 폐기물 저장소 이동 날짜 등이 있다.

34 화학폐기물 보관용기가 갖추어야 할 요건에 대해 기술하시오.

35 화학폐기물의 처리방법 중 폐유의 처리방법으로 타르 · 피치류는 [   ]하거나, 관리형 매립시설에 매립하는 방법이 있다.

36 화학폐기물에 있어서 부식성 물질의 종류에 대해 pH농도를 기준으로 기술하시오.

37 폐산과 폐알칼리 폐기물은 가능하면 pH [   ]에 근접하도록 중화시켜 처리해야 한다.

38 발화성 물질의 특성과 종류를 기술하시오.

39 유해물질함유폐기물 처리방법 중 [   ]은(는) 고온용융 처분하거나 고형화처분해야 한다.

40 유해물질함유폐기물 처리방법 중 폐흡착제 및 폐흡수제 처리방법에 대해 기술하시오.

41 폭발의 위험성이 있으므로 환기가 양호하고 서늘한 장소에서 분해를 촉진시킬 수 있는 연소성 물질과 철저히 분리하여 처리해야 하는 물질은 [   ] 물질로 대표적인 물질로는 과염소산이 있다.

42 화학폐기물의 처리방법 중 방사선폐기물의 처리방법에 대해 기술하시오.

43 독성이 강한 액체금속으로 노출 시 일회용 스포이드를 이용하여 플라스틱 용기에 수집하고, 수집한 수은에 황 또는 아연을 뿌려 안정화시킨 후 폐기 처리해야 하는 물질은 무엇인지 쓰시오.

44 과산화물 생성물질의 특성과 보관방법에 대해 기술하시오.

45 피부, 호흡, 소화 등을 통해 체내에 흡수되기 때문에 소량의 양을 정하여 사용하여야 하며, 화학물질의 누출 방지를 위해 항상 후드 내에서만 사용해야 하는 물질은 무엇인지 쓰시오.

46 유기용제 중 에테르의 보관방법에 대해 기술하시오.

47 액체가스를 취급하는 경우에는 반드시 [   ](이)나 [   ]을(를) 상시 착용해야 한다.

48 가스사고 방지를 위해 가스밸브의 설치 및 조작방법에 대해 기술하시오.

49 가스운의 이동에 영향을 미치는 3요소는 가스의 [   ], 난류혼합도, [   ]이다.

50 폭발성가스위험장소에 대한 설명이다. 다음 빈칸을 채우시오.

0종 장소 (NFPA497 Division 1)	• [ ] • [ ]
1종 장소 (NFPA497 Division 1)	• [ ] • [ ]
2종 장소 (NFPA497 Division 2)	• [ ] • [ ]

51 분진위험장소 중 공기 중에서 가연성 분진의 형태가 정상작동 중에 빈번하게 폭발성 분위기를 형성할 수 있는 장소는 [   ]종 장소이다.

52 방폭구조에 대한 설명이다. 다음 빈칸을 채우시오.

내압방폭구조(d)	[ ]
압력방폭구조(p)	[ ]
유입방폭구조(o)	[ ]
안전증방폭구조(e)	[ ]
본질안전방폭구조(ia, ib)	[ ]
충전방폭구조(q)	[ ]
비점화방폭구조(n)	[ ]
몰드방폭구조(m)	[ ]
특수방폭구조(s)	[ ]

53 방폭설비의 온도등급은 방폭을 위해 최소점화에너지 이하로 유지하기 위한 방폭형 전기설비의 최고표면온도 기준으로 온도등급은 [   ]이(가) 있으며, [   ]이(가) 가장 비싸다.

54 실험실의 설계 시 벽과 바닥에 대한 설계기준에 대해 기술하시오.

55 사람의 호흡기로 들어가기 전 오염원에서 밖으로 빼주는 역할을 하는 장비를 [   ](이)라 한다.

56 가스안전설비에 있어서 가스누출경보기의 설치조건에 대해 기술하시오.

PART 04
연구실 기계·물리 안전관리

CHAPTER 01 기계 안전관리 일반

1 기계사고

(1) 기계사고 발생 시 조치순서

① 기계정지 : 사고가 발생한 기계 기구, 설비 등의 운전을 중지시킨다.

② 사고자 구조 : 사고자를 구출한다.

③ 사고자 응급처치 : 사고자에 대하여 응급처치(지혈, 인공호흡 등)를 하고 즉시 병원으로 이송한다.

④ 관계자 통보 : 기타 관계자에게 연락 후 보고한다.

⑤ 2차 재해방지 : 폭발이나 화재의 경우에는 소화 활동을 개시함과 동시에 2차 재해의 확산 방지에 노력하고, 현장에서 다른 연구활동종사자를 대피시킨다.

⑥ 현장보존 : 사고원인 조사에 대비하여 현장을 보존하고, 다른 연구활동종사자를 진정시킨다.

(2) 기계의 위험요인

원동기	• 에너지원을 기계를 움직이는 힘으로 바꾸어주는 장치 • 터빈, 증기기관, 외연기관, 내연기관 등이 있음
동력전달장치	• 원동기로부터 동력을 전달하는 부분 • 스위치 · 클러치(Clutch) 및 벨트이동장치 등 동력차단장치를 설치
작업점	• 공작물 가공을 위해 공구가 회전운동이나 왕복운동을 함으로써 이루어지는 지점 • 각종 위험점을 만들어내는 큰 힘을 가지고 있음
부속장치	• 기계를 지지하거나 원동기, 동력장치, 동력전달장치 등의 가동을 도와주는 기타 장치

(3) 기계의 사고체인 5요소

① 함정(Trap) : 기계요소의 운동에 의해서 트랩점이 발생하지 않는가?

② 충격(Impact) : 운동하는 어떤 기계요소들과 사람이 부딪혀 그 요소의 운동에너지에 의해 사고가 일어날 가능성이 없는가?

③ 접촉(Contact) : 날카로운 물체, 연마체, 고온 물체, 또는 흐르는 전류에 사람이 접촉함으로써 상해를 입을 수 있는 부분이 없는가?

④ 말림, 얽힘(Entanglement) : 작업자의 신체 일부가 기계설비에 말려들어 갈 위험이 없는가?

⑤ 튀어나옴(Ejection) : 기계요소와 피가공재가 튀어나올 위험이 있는가?

(4) 기계의 위험점

회전말림점 (Trapping Point)	• 드릴, 회전축 등과 같이 회전하는 부위로 인해 발생하는 위험점 • 회전하는 물체의 튀어나온 부위에는 장갑, 작업복, 머리카락 등이 말려 들어갈 위험이 존재
접선물림점 (Tangential Nip Point)	• 회전하는 풀리와 벨트 사이에서 접선으로 물려 들어가는 위험점 • 체인과 스프로킷 사이 피니언과 랙에서도 생김
절단점 (Cutting Point)	• 회전하는 운동부분 자체, 운동하는 기계부분의 돌출부에 존재하는 위험점 • 밀링커터, 띠톱이나 둥근톱 톱날, 벨트의 이음새에 생김
물림점 (Nip Point)	• 서로 맞대어 회전하는 회전체에 의해서 만들어지는 위험점 • 2개의 회전체가 서로 반대방향으로 맞물려 회전하는 롤러기가 이에 해당함
협착점 (Squeeze Point)	• 왕복운동하는 동작부분과 고정부분 사이에 형성되는 위험점 • 단조해머, 프레스 등에서 발생함
끼임점 (Shear Point)	• 회전하는 동작부분과 고정부분 사이에 형성되는 위험점 • 교반기 날개와 용기 몸체사이, 반복작동하는 링크기구 등에서 생김

회전 말림 위치	나사 회전부	드 릴
접선 물림 위치	벨트와 풀리	체인과 체인기어
절단 위치	목공용 띠톱부분	밀링 커터부분

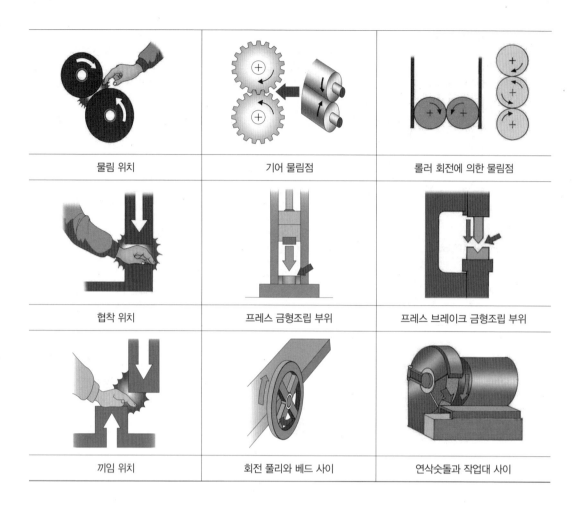

물림 위치	기어 물림점	롤러 회전에 의한 물림점
협착 위치	프레스 금형조립 부위	프레스 브레이크 금형조립 부위
끼임 위치	회전 풀리와 베드 사이	연삭숫돌과 작업대 사이

(5) 기계설비의 안전조건

외형의 안전화	• 재해예방을 위한 기본적인 안전조건을 말한다. • 외관에 위험부위 즉, 돌출부나 예리한 부위가 없어야 한다. • 동력전달부는 방호되어야 한다. • 비산하는 철분 등은 덮개로 방호되어야 한다. • 기계 내외의 운동부위에 대해 안전공간이 마련되어야 한다.
기능의 안전화	• 기계설비의 오동작, 고장 등 이상 발생 시 안전화가 확보되어야 한다. • Fail Safe 기능, Fool Proof 기능이 있어야 한다.
구조의 안전화	• 재질결함, 설계결함, 가공결함에 유의해야 한다. • 설계 시에는 응력설정을 정확히 하고 안전률을 고려해야 한다. • 재료의 불균일에 대한 신뢰성을 확보해야 한다. • 사용환경을 고려해야 한다.
작업의 안전화	• 인간의 생리적 · 심리적 특성을 고려한다. • 인간공학적 작업환경을 조성한다. • 안전작업설계를 한다.
작업점의 안전화	• 작업점에 방호장치를 설치한다. • 위험점에는 자동제어, 원격장치를 설치한다.
보전의 안전화	• 기계제작 시 보전을 전제로 설계한다. • 방호장치 해체 시 위험성이 증가되지 않도록 한다. • 보수용 통로와 작업공간을 확보한다. • 고장발견 및 점검이 용이하게 한다. • 부품의 교환 및 점검이 용이하게 한다. • 주유방법을 용이하게 한다. • 내마모성, 내온도성 등 작업환경에 적응성이 있어야 한다.

(6) 방호장치의 분류

① 위험장소

격리형	위험점에 작업자가 접근하여 일어날 수 있는 재해를 방지하기 위해 차단벽이나 망을 설치한다(방책).
위치제한형	위험점에 접근하지 못하도록 안전거리를 확보하여 작업자를 보호한다.
접근거부형	위험점에 접근하면 위험부위로부터 강제로 밀어낸다.
접근반응형	위험점에 접근했을 때 센서가 작동하여 기계를 정지시킨다.

② 위험원

감지형	이상온도, 이상압력, 과부하 등 기계설비의 부하가 한계치를 초과하는 경우 이를 감지하여 설비 작동을 중지시킨다.
포집형	위험장소의 방호가 아니라 위험원에 대한 방호를 말한다.

(7) Fool Proof, Fail Safe, Temper Proof

Fool Proof	• 인간이 실수를 범하여도 안전장치가 설치되어 있어 사고나 재해로 연결되지 않게 하는 기능으로, 다음과 같은 사례가 있다. – 세탁기의 뚜껑을 열면 운전 정지 – 프레스의 경우 손이 금형 사이로 들어가면 자동적으로 정지
Fail Safe	• 기계나 그 부품에 고장이나 기능불량이 생겨도 항상 안전하게 작동하는 기능으로, 다음과 같은 사례가 있다. – 증기보일러의 안전변을 복수로 설치 – 석유난로가 일정 각도 이상으로 기울어지면 자동적으로 불이 꺼지도록 소화기능이 내장 • Fail Safe의 기능면 3단계 – Fail Passive : 부품이 고장 나면 통상 기계는 정지하는 방향으로 이동 – Fail Active : 부품이 고장 나면 기계는 경보를 울리는 가운데 짧은 시간 동안 운전 가능 – Fail Operational : 부품의 고장이 있어도 기계는 추후 보수가 될 때까지 안전한 기능 유지, 병렬계통 또는 대기여분계통으로 해결
구조적 Fail Safe	• 다경로 하중구조 : 하중을 받아주는 부재가 여러 개 있어 일부 파괴되어도 나머지 부재가 지탱한다. • 분할구조 : 하나의 큰 부재가 통상 점유하는 장소를 두 가지 이상의 부재를 조합시켜 하중을 분산 전달하는 구조를 말한다. • 교대구조 : 어떤 부재가 파괴되면 그 부재가 받던 하중을 다른 부재가 떠받는 구조를 말한다. • 하중경감구조 : 구조물이 일부가 파손되면 파손부의 하중이 다른 부분으로 옮겨가게 되어 하중이 경감되므로 파괴되지 않는 구조를 말한다.
Temper Proof	• 고의로 안전장치를 제거하는 데에 대비한 예방설계방법으로, 위험설비의 안전장치를 제거하는 경우 제품이 작동하지 않게 하는 기능을 말한다. • 장치작동의 간섭(Temper)하는 것을 방지(Proof), 부당하게 변경하는 것을 방지, 임의로 변경하는 것을 금지하는 기능이 있다.

(8) 비파괴검사

① 방사선 투과검사(Radiographic Test) : 방사선을 시험체에 투과시켜 필름에 상을 형성함으로써 시험체 내부의 결함을 검출하는 검사를 말한다.

② 염색침투 탐상검사(Penetrant Test) : 모세관의 원리를 이용하여 표면에 있는 미세균열을 검출하는 검사를 말한다.

③ 초음파탐상검사 : 시험체 내부에 초음파를 쏘면 결함이 있는 부위에서 초음파가 반사되어 돌아오는 원리를 이용한 검사를 말한다.

④ 자분탐상검사 : 강자성체를 자화했을 때 결함이 있으면 자속선에 누설자속이 나타나는 원리를 이용한 검사를 말한다.

⑤ 와류탐상검사 : 금속시험체에 교류코일을 접근시키면 결함이 있는 부위에서 유기되는 전압이나 전류가 변하는 현상을 이용한 검사를 말한다.

⑥ 음향탐상검사 : 재료 변형 시에 외부응력이나 내부의 변형과정에서 방출되는 낮은 응력파를 감지하여 공학적으로 이용하는 검사를 말한다.

2 응력과 변형율

(1) 응력(Stress)과 변형

하 중	외부에서 가해지는 힘
응 력	하중에 대해 내부에서 견디는 힘 응력(σ) = p/A = kg/cm^2
변 형	철이 탄성한계를 넘는 외력을 받아 모양이 변형되는 현상
탄성한계	탄성제거 시 변형이 제거되고 원상복원되는 구간
비례한계	응력과 변형율이 비례하는 구간, 후크의 법칙이 성립
상항복점	하중의 증가 없이도 재료의 신장이 발생하는 응력이 최대인 점의 항복점
하항복점	상항복점보다 낮은 응력으로도 변형이 진행되는 점
인장강도(극한강도)	재료가 파단전 발생하는 가장 높은 응력, 네킹이 발생하는 지점
파괴점	재료가 파단되기까지의 응력

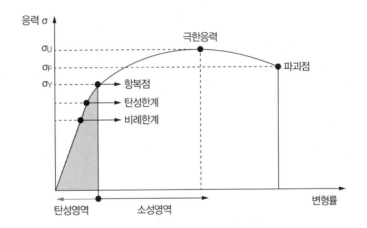

(2) 사용응력과 허용응력

① 사용응력 : 기계나 구조물에 운전 시 작용하는 응력

② 허용응력 : 기계나 구조물이 허용할 수 있는 최대응력

(3) 안전율과 기준강도

① 안전율 : 파손 없이 사용할 수 있는 기준강도와 허용응력의 비율

② 기준강도

　㉠ 손상을 준다고 인정되는 응력

　㉡ 강도적으로 안전하기 위해서 허용응력은 기준강도보다 작아야 함

　㉢ 기준강도 > 허용응력 > 사용응력

　㉣ 안전율 = 기준강도/허용응력

　㉤ 기준강도는 재료마다 모두 다르고, 사용환경에 따라 다름

(4) 기준강도의 조건

① 연강 : 연강과 같은 연성재료는 항복점을 기준강도로 한다.

② 주철 : 주철과 같은 취성재료는 극한강도를 기준강도로 한다.

③ 반복하중 : 반복하중이 존재하는 경우 피로강도를 기준강도로 한다.

④ 고온상태 : 고온에서 정하중이 존재하는 경우 Creep한도를 기준강도로 한다.

⑤ 좌굴상태 : 좌굴이 발생하는 장주에서는 좌굴응력을 기준강도로 한다.

(5) 안전율의 선정조건

하중견적의 정확도	관성력, 잔류응력이 존재하는 경우 그 부정확을 보완하기 위해 안전율을 크게 잡는다.
응력계산의 정확도	정확한 응력계산이 어려운 형상이 복잡한 것, 응력의 작용상태가 복잡한 것은 안전율을 크게 잡는다.
재료 및 균질성에 대한 신뢰도	연성재료는 내부결함에 대한 영향이 취성재료에 비해 작고 탄성파손 개시 후에도 곧 파괴가 수반되지 않으므로 신뢰도가 높아 취성재료에 비해 연성재료는 안전율을 작게 잡는다.
불연속부분	단 달린 축과 같이 불연속부분이 있으면 그 부분에 응력집중이 생기므로 안전율을 크게 잡는다.
예측할 수 없는 변화	사용수명 중에는 특정부분의 마모, 온도변화의 가능성이 생길 수 있어 안전율을 고려해서 설계해야 한다.
공작의 정도	공작의 정도, 다듬질면, 조립의 양부 등도 기계수명을 좌우하는 인자가 되므로 설계 시 공작의 정도에 대한 안전율을 고려해야 한다.
응력의 종류 및 성질	응력의 종류 및 성질에 따라 안전율을 다르게 적용한다.

3 소음과 진동

(1) 소음 관리

인간의 가청주파수	• 20~20,000Hz
인간의 가청음압 범위	• 0.00002~20N/m^2(0~120dB) • 음압이 20N/m^2 이상이 되면 귀에 통증
음압수준	• 어떤 음의 음압과 기준 음압(20μPa)의 비율을 상용로그의 20배로 나타낸 단위(dB)로 SPL(Sound Pressure Level)로 표현 • SPL(dB) = 10log10(P/P0)2, P는 측정하고자 하는 음압이고, P0는 기준음압(20μN/m^2)

(2) 소음 대책

① 소음원 대책

ⓗ 음향적 설계로 저소음 기계로 교체

ⓛ 작업방법의 변경, 흡음재로 소음원 밀폐

ⓒ 소음 발생원의 유속저감, 마찰력감소, 충돌방지, 공명방지

ⓔ 급 · 배기구에 팽창형 소음기 설치

ⓜ 방진재를 통한 진동감소

ⓑ 밸런싱을 통해 구동부품의 불균형에 의한 소음 감소

② 전파경로의 대책

ⓐ 근로자와 소음원과의 거리이격

ⓑ 천정, 벽, 바닥이 소음을 흡수하고 반향을 줄임

ⓒ 전파경로상에 흡음장치, 차음장치를 설치, 전파경로 절연

ⓓ 소음원을 밀폐, 차음벽 설치

ⓔ 차음상자로 소음원을 격리

ⓕ 고소음장비에 소음기 설치

ⓖ 공조덕트에 흡 · 차음제를 부착한 소음기 부착

ⓗ 소음장비의 탄성지지로 구조물에 전달되는 에너지양 감소

③ 수음측의 대책

ⓐ 건물과 그 안의 각실의 차음성능을 높임

ⓑ 작업자측 밀폐

ⓒ 작업시간을 변경

ⓓ 교대근무를 통해 소음노출시간을 줄임

ⓔ 개인보호구를 착용

④ 소음관리 대책 적용순서

소음원의 제거 → 소음의 차단 → 소음수준의 저감 → 개인보호구 착용

(3) 진 동

전신진동	• 진동수 5Hz 이하 : 운동성능이 가장 저하됨 • 진동수 5~10Hz : 흉부와 복부의 고통 • 진동수 1~25Hz : 시성능이 가장 저하됨 • 진동수 20~30Hz : 두개골이 공명하기 시작하여 시력 및 청력장애를 초래 • 진동수 60~90Hz : 안구가 공명유발 • 전신진동은 진폭에 비례하여 추적작업에 대한 효율을 떨어뜨림 • 전신진동은 차량, 선박, 항공기 등에서 발생하며 어깨 뭉침, 요통, 관절통증을 유발

국소진동	• 레이노 현상(Raynaud's Phenomenon)
	  – 압축공기를 이용한 진동공구를 사용하는 근로자의 손가락에서 흔히 발생
	  – 손가락에 있는 말초혈관 운동의 장애로 인하여 혈액순환 저해
	  – 손가락이 창백해지고 동통을 느끼게 됨
	  – 한랭한 환경에서 더욱 악화되며 이를 Dead Finger, White Finger라고도 부름
	  – 발생원인으로 공구의 사용법, 진동수, 진폭, 노출시간, 개인의 감수성 등이 관계함
	• 뼈 및 관절의 장애
	  – 심한 진동을 받으면 뼈, 관절 및 신경, 근육, 건인대, 혈관 등 연부조직에 병변이 나타남
	  – 심한 경우 관절연골의 괴저, 천공 등 기형성 관절염, 이단성 골연골염, 가성관절염과 점액낭염, 건초염,
	    건의 비후, 근위축 등이 생김

(4) 진동 노출

① 진동 단기노출 : 호흡량 상승, 심박수 증가, 근장력 증가, 스트레스 유발

② 진동 장기노출

    ㉠ 전신진동, 안정감 저하, 활동의 방해, 건강의 약화, 과민반응, 멀미, 순환계, 수면장애

    ㉡ 순환계, 자율신경계, 내분비계 등의 생리적 문제 유발, 심리적 문제 유발

(5) 진동 대책

① 공학적 대책

    ㉠ 진동댐핑 : 탄성을 가진 진동흡수재(고무)를 부착하여 진동을 최소화

    ㉡ 진동격리 : 진동발생원과 직업자 사이의 진동 경로를 차단

② 조직적 대책

    ㉠ 전동 수공구는 적절하게 유지보수하고, 진동이 많이 발생되는 기구는 교체

    ㉡ 작업시간은 매 1시간 연속 진동노출에 대하여 10분 휴식

    ㉢ 지지대를 설치하는 등의 방법으로 작업자가 작업공구를 가능한 적게 접촉

    ㉣ 작업자가 적정한 체온을 유지할 수 있게 관리

    ㉤ 손은 따뜻하고 건조한 상태를 유지

    ㉥ 가능한 한 공구는 낮은 속력에서 작동될 수 있는 것을 선택

    ㉦ 방진장갑 등 진동보호구를 착용하여 작업

    ㉧ 니코틴은 혈관을 수축시키기 때문에 진동공구를 조작하는 동안 금연

    ㉨ 관리자와 작업자는 국소진동에 대하여 건강상 위험성을 숙지

    ㉩ 손가락의 진통, 무감각, 창백화 현상이 발생되면 즉각 전문의료인에게 상담

③ 진동의 유해성 주지

    ㉠ 진동이 인체에 미치는 영향과 증상

    ㉡ 보호구의 선정과 착용방법

    ㉢ 진동 기계, 기구 관리방법

    ㉣ 진동장해 예방방법 등

④ 진동 기계, 기구의 관리

    ㉠ 해당 진동 기계, 기구의 사용설명서 등을 작업장 내에 비치

    ㉡ 진동 기계, 기구가 정상적으로 유지될 수 있도록 상시 점검 및 보수

4 연구실 기계안전수칙

(1) 기계안전수칙

① 기본수칙

ㄱ 혼자 실험하지 않는다.

ㄴ 기계를 작동시킨 채 자리를 비우지 않는다.

ㄷ 안전한 사용법 및 안전관리 매뉴얼을 숙지한 후 사용해야 한다.

ㄹ 보호구를 올바로 착용한다.

ㅁ 기계에 적합한 방호장치가 설치되어 있고 작동이 유효한지 확인한다.

ㅂ 기계에 이상이 없는지 수시로 확인한다.

ㅅ 기계, 공구 등을 제조 당시의 목적 외의 용도로 사용해서는 안된다.

ㅇ 피곤할 때는 휴식을 취하며, 바른 작업자세로 주기적인 스트레칭을 실시한다.

ㅈ 실험 전 안전점검, 실험 후 정리정돈을 실시한다.

ㅊ 안전 통로를 확보한다.

② 정리정돈

ㄱ 3정 : 정품, 정량, 정위치

- 정품 : 정해진 제품을 정하고, 보관하는 방법을 결정하여 물건의 품명을 표시하는 것
- 정량 : 보관 품목의 사용상태를 파악하여 정해진 최대 · 최소양을 표시하는 것
- 정위치 : 보관 위치를 결정하여 품목을 정해진 장소에 명확히 하는 것

ㄴ 5S : 정리, 정돈, 청소, 청결, 습관화

- 정리 : 필요한 것과 불필요한 것을 구분하여 불필요한 것을 버리는 것
- 정돈 : 필요한 것을 누구라도 항상 꺼낼 수 있도록 하는 것
- 청소 : 눈으로 보거나 만져 보아도 깨끗하도록 하는 것
- 청결 : 정리, 정돈, 청소, 상태를 계속 유지 또는 개선하는 것
- 습관화 : 정해진 규정, 규칙을 지속적으로 실시하는 것

(2) 보호구 착용

보호구	• 사고를 예방하며 사고 발생 시 피해를 최소화한다. • 방호에 적합한 제품을 선택하여 바르게 사용한다.
보호구의 구비조건	• 착용이 간편해야 한다. • 작업에 방해가 되지 않아야 한다. • 재료의 품질이 양호해야 한다. • 구조와 끝마무리가 양호해야 한다. • 외양과 외관이 양호해야 한다. • 유해 · 위험요소에 대한 방호성능이 충분해야 한다. • 보호구를 착용하고 벗을 때 수월해야 하고, 착용했을 때 구속감이 적고 고통이 없어야 한다. • 예측할 수 있는 유해위험요소로부터 충분히 보호될 수 있는 성능을 갖추어야 한다. • 충분한 강도와 내구성이 있어야 한다. • 표면 등의 끝마무리가 잘 되어서 이로 인한 상처 등을 유발하지 않아야 한다.
안전인증대상 보호구(12종)	• 안전모(추락 및 감전 위험방지용) • 안전화 • 안전장갑 • 방진마스크 • 방독마스크 • 송기마스크 • 전동식 호흡보호구 • 보호복 • 안전대 • 보안경(차광 및 비산물 위험방지용) • 보안면(용접용) • 방음용 귀마개 또는 귀덮개
방진마스크의 구비조건	• 안면에 밀착하는 부분은 피부에 장해를 주지 않아야 한다. • 여과재는 여과성능이 우수하고 인체에 장해를 주지 않아야 한다. • 방진마스크에 사용하는 금속부품은 내식성이 있어야 한다. • 충격 시 마찰스파크가 발생되어 가연성 혼합물을 점화시킬 수 있는 알루미늄, 마그네슘, 티타늄 또는 이의 합금을 사용하지 않는다.

(3) 안전인증 및 자율안전확인대상 기계기구

안전인증대상 기계기구	• 프레스 • 크레인 • 압력용기 • 사출성형기 • 곤돌라	• 전단기, 절곡기 • 리프트 • 롤러기 • 고소 작업대
자율안전확인대상 기계기구	• 연삭기 • 혼합기 • 컨베이어 • 자동차정비용 리프트 • 고정형목재가공기계	• 산업용 로봇 • 파쇄기, 분쇄기 • 식품가공용기계(파쇄, 절단, 혼합, 제면) • 공작기계(선반, 드릴, 평삭, 형삭, 밀링) • 인쇄기

CHAPTER 02 연구실 내 위험기계·기구

1 주요기계

(1) 공기압축기

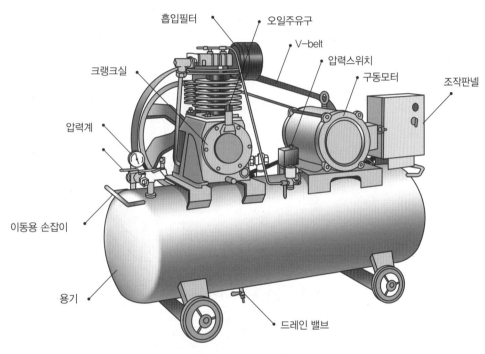

흡입필터
오일주유구
V-belt
크랭크실
압력스위치
구동모터
조작판넬
압력계
이동용 손잡이
용기
드레인 밸브

[공기압축기 구조]

개 요	• 공기를 압축하는 기계로 왕복동식(피스톤식) 압축기, 스크류식 압축기, 베인식 압축기 등이 있다. • 공기를 압축 생산하여 높은 압력으로 저장하였다가 이것을 필요에 따라서 공급해 주는 기계이다. • 현장에서 사용되고 있는 공기압축기는 압축기 본체와 압축 공기를 저장해 두는 탱크로 구성된다. • 공기압축기의 사양은 분당 공기 토출량과 탱크 용량으로 표시된다. • 공기를 압축할 때 공기 중의 수분이 응축되어 압축 공기 중에 물이 고이는 경우도 있다. • 정기적으로 수분을 제거하거나, 공기건조기(Air Dryer)를 설치하기도 한다.
주요 위험요소	• 브이벨트나 풀리 등의 회전부의 노출로 작업자 접근 시 말림위험 • 벨트의 장력이 느슨한 상태로 작동 중 벨트 이탈위험 • 공기저장탱크 내부의 압력상승에 의한 파열위험 • 전기배선 및 전원부의 충전부 노출, 미접지로 인한 감전위험

주요 구조부	동력전달부	• 회전부와 축이음부의 안전덮개 설치 • 회전방향표지판 부착 • 벨트의 이탈, 소손 및 벨트장력 등의 상태확인
	압력계	• 내부 압력상승에 의한 폭발위험에 대비한 압력점검 • 압력계 외관의 손상유무 확인 • 압력계의 정상 작동상태 확인
	안전밸브	• 안전인증제품 사용 • 성능검정품 사용 • 안전밸브의 작동상태 확인 • 안전밸브의 압력은 최대사용압력의 110% 이하로 설정
	드레인밸브	• 드레인밸브 손잡이 등의 이탈 및 누유 유무 확인 • 자동 드레인 장치를 부착하거나, 1일 1회 이상 드레인 실시

(2) 밀링머신

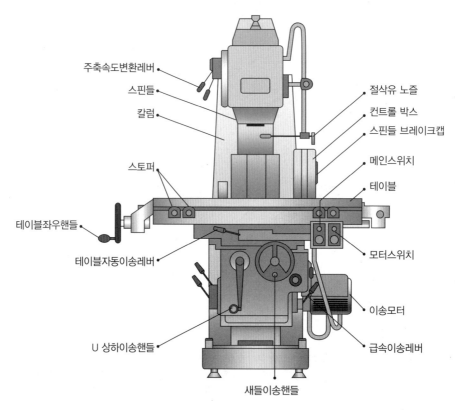

※ 출처 : 안전보건공단

[밀링머신 구조]

개 요	• 다수의 절삭날을 가진 공구를 사용하여 평면, 곡면 등을 절삭하는 기계를 말한다. • 종류에 따라 니(Knee)형 밀링머신, 베드(Bed)형 밀링머신, 컴퓨터로 제어하는 CNC밀링머신이 있다. • 주축의 방향에 따라 수직형과 수평형 밀링머신이 있다.
주요 구조부	• 모터, 커터날(엔드밀), 테이블
주요 위험요소	• 말림 : 밀링커터 등 회전부에 말림위험 • 파편 : 절삭칩의 비산, 파편의 접촉에 의한 상해위험 • 분진, 흄 : 분진과 오일미스트, 흄 등에 의한 호흡기 손상위험 • 중량물 : 중량물의 취급, 재료의 낙하 등으로 인한 근골격계질환 및 상해위험 • 감전 : 고전압의 사용에 따른 감전위험 • 상해를 방지하기 위한 방호장치의 설치, 보호구의 착용 등이 필요

(3) 연삭기

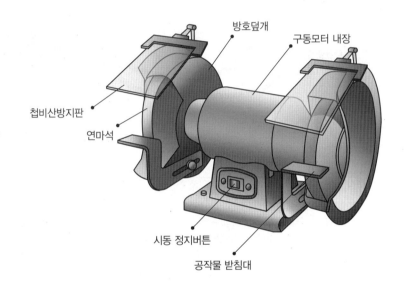

방호덮개
구동모터 내장
첩비산방지판
연마석
시동 정지버튼
공작물 받침대

※ 출처 : 안전보건공단

[탁상용 연삭기 구조]

개 요	• 연삭숫돌을 고속으로 회전시켜 가공물의 원통면이나 평면을 극히 소량씩 가공하는 장비를 말한다. • 종류로는 원통형, 내면형, 평면형, 센터리스형 등이 있다.
주요 구조부	• 구동모터, 연마석
주요 위험요소	• 말림 : 연마석 회전부에 말림위험 • 파편 : 절삭칩의 비산, 파편의 접촉에 의한 상해위험 • 분진 : 분진에 의한 호흡기 손상위험 • 감전 : 고전압의 사용에 따른 감전위험

(4) 용접기

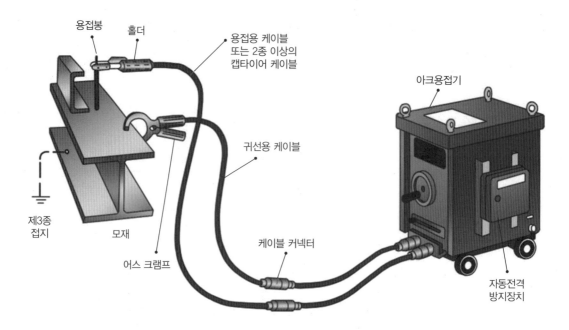

용접봉 홀더 용접용 케이블
또는 2종 이상의
캡타이어 케이블

아크용접기

귀선용 케이블

케이블 커넥터

제3종
접지

모재

어스 크램프

자동전격
방지장치

※ 출처 : 안전보건공단

[아크용접기 구조]

개 요	• 금속재료를 열로 접합하는 기구를 말한다. • 종류로는 가스용접기, 아크용접기 등이 있다. • 가스용접기 : 산소-아세틸렌용접, 공기-아세틸렌용접, 산소-수소용접 등이 있다. • 아크용접기 : SMAW(피복아크용접), MIG(가스금속아크용접), TIG(텅스텐가스용접) 등이 있다.
주요 구조부	• 아크발생기, 용접홀더, 용접케이블, 용접봉
주요 위험요소	• 고온, 고열 : 화상, 고열에 의한 열사병 • 화재 : 용접불티에 의한 화재 • 금속흄 : 금속흄에 의한 호흡기 손상 • 광선 : 강한 광선에 의한 눈과 피부손상 • 소음 : 소음에 의한 난청 • 감전 : 가장 치명적이고 빈번하게 발생하는 위험

(5) 전동드릴

개 요	• 전기모터를 이용하여 드릴을 회전시켜 가공물에 구멍을 뚫는 기구를 말한다. • 종류로는 유무선핸드드릴, 탁상용드릴 등이 있다.
주요 구조부	• 구동모터, 드릴
주요 위험요소	• 말림 : 드릴척 회전부에 말림위험 • 파편 : 절삭칩의 비산, 파편의 접촉에 의한 상해위험 • 분진 : 분진에 의한 호흡기 손상위험 • 감전 : 고전압 사용에 따른 감전위험

(6) 절단기

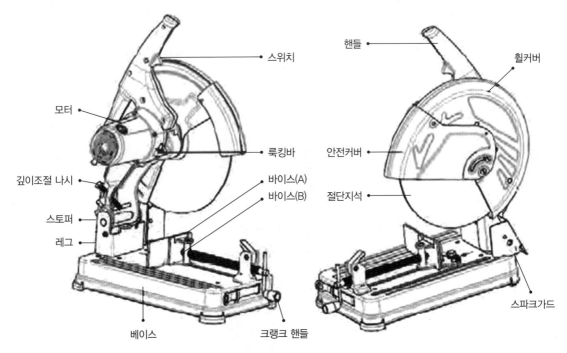

스위치
모터
룩킹바
깊이조절 나사
바이스(A)
바이스(B)
스토퍼
레그
베이스
크랭크 핸들
핸들
휠커버
안전커버
절단지석
스파크가드

※ 출처 : 계양전기주식회사

[절단기 구조]

개 요	• 지름 30~40cm 정도의 절단지석(톱)에 전동기를 연결하여 고속으로 회전시켜 재료를 절단하는 장비를 말한다.
주요 구조부	• 구동모터, 절단지석(톱)
주요 위험요소	• 파편 : 절삭칩의 비산, 파편의 접촉에 의한 상해위험 • 분진 : 분진에 의한 호흡기 손상위험 • 절단 : 손가락 등이 톱날에 의한 절단위험 • 감전 : 누전, 단락에 의한 감전위험

(7) 펌프

※ 출처 : EMS Tech

[진공펌프]   [튜브연동펌프]

(8) 프레스

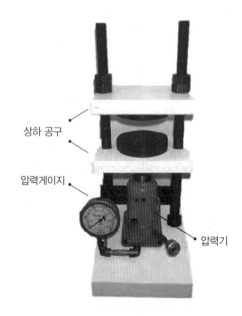

상하 공구

압력게이지

압력기

※ 출처 : 한성기계제작소

[소형 프레스머신 구조]

개 요	• 금형을 장착하고 가공재를 놓아 강한 힘으로 압축시키는 장비를 말한다.
주요 구조부	• 압력기, 금형, 조작장치
주요 위험요소	• 끼임 : 프레스의 금형 사이에 신체 끼임위험 • 파편 : 금형이나 재료의 파손에 의한 파편 비산위험 • 감전 : 누전, 단락에 의한 감전위험

(9) 혼합기(Mixer)

제어판넬

다이얼노브

임펠러

※ 출처 : 제이오텍

[탁상용 교반기 구조]

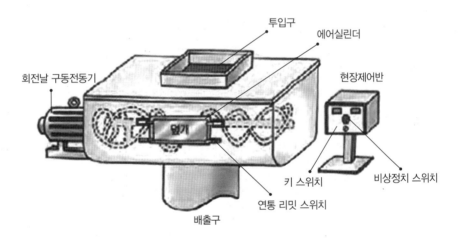

투입구

에어실린더

회전날 구동전동기

현장제어반

날개

키 스위치

비상정치 스위치

연통 리밋 스위치

배출구

※ 출처 : 안전보건공단

[대형 혼합기 구조]

개 요	• 회전축에 날개를 고정하여 내용물을 젓거나 섞는 장비를 말한다.
주요 구조부	• 제어판, 다이얼노브, 임펠러
주요 위험요소	• 끼임 : 운전 또는 유지보수 중 끼임위험 • 쏟아짐 : 재료가 튀거나 쏟아짐으로 인한 화상위험 • 감전 : 누전, 단락에 의한 감전위험

2 주요 실험기계

(1) 가스크로마토그래피(GC ; Gas Chromatography)

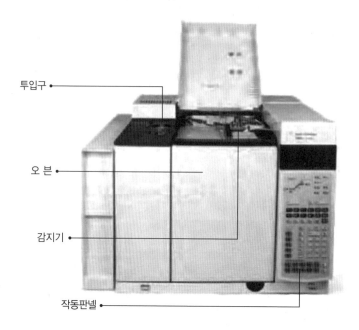

투입구

오 븐

감지기

작동판넬

※ 출처 : Agilent

[가스크로마토그래피 구조]

개 요	• 화학물질을 분석할 때 사용하는 가장 보편적인 실험 기기로 대부분의 실험실에서 보유하고 있다. • 시료 내에 포함되어 있는 물질을 개별적으로 분리하거나 성분 분석에 사용된다. • 기체크로마토그래피(GC), 액체크로마토그래피(LC), GC에 질량분석기를 부착한 GC/MS가 있다.
주요 구조부	• 오븐, 검출기, 시료주입부, 자료기록장치, 캐리어가스 도입부
주의사항	• 가스공급 등 기기 사용 준비 시에는 가스에 의한 폭발 위험에 대비해 가스 연결라인, 밸브 등 누출 여부를 확인한 후 기기를 작동한다. • 표준품 또는 시료 주입 시 시료의 누출위험에 대비해 주입 전까지 시료를 밀봉한다. • 전원차단 시에는 고온에 의한 화상위험에 대비해 장갑 등 개인보호구를 착용한다. • 장비 미사용 시에는 가스를 차단한다.

(2) 고압멸균기(Autoclave)

제어판
핸 들
도어덮개
기록기
압력계
수동증기밸브
배기시스템
배출밸브

※ 출처 : 제이오텍

[고압증기멸균기 구조]

개 요	• 고온 · 고압으로 살균하는 기구를 말한다. • 멸균온도, 시간 및 배기판이 자동으로 조절된다. • 배지, 초자기구, 실험폐기물을 단시간 내에 멸균처리 시 사용한다. • 형태에 따라 수직형, 수평형이 있다. • 대용량인 경우 양문형으로 제작된 고압증기멸균기가 있다.
주요 구조부	• 온도조절부, 고온고압을 견디는 멸균용기
주요 위험요소	• 감전 : 고전압을 사용하며 물과 같은 액체로 인한 단락 및 감전위험 • 고온 : 기계 상부접촉, 덮개 개폐 시 화상위험 • 화재 · 폭발 : 부적절한 재료나 방법에 의한 화재나 폭발

(3) 레이저(Laser)

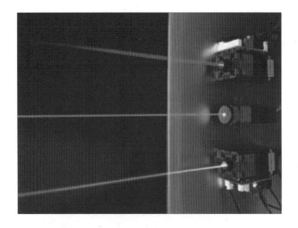

※ 출처 : Wikipedia

[레이저]

개 요	• 전자기파의 유도방출 현상을 이용한 빛의 증폭기구를 말한다. • 단색광이며 매질에 따라 아르곤은 푸른색, 루비는 붉은색 등이 방출된다. • 위험도에 따라 1~4등급으로 분류한다. • 출력이 높을수록 위험도가 증가하여 반드시 보호구를 착용해야 한다.
주요 위험요소	• 실명위험 : 레이저가 눈에 조사될 경우 발생 • 화상 : 레이저가 피부에 조사될 경우 발생 • 화재 : 레이저 가공 중 불꽃에 의해 발생 • 감전 : 누전, 쇼트 등으로 인해 발생

(4) 오븐(Oven)

개 요	• 시료의 열변성 실험, 열경화 실험, 초자기구의 건조, 시료의 수분제거 등에 사용한다. • 진공오븐의 경우 용매의 끓는 점을 낮추어 저온에서도 쉽게 용매의 증발을 유도하는 용도로 사용한다. • 열순환 방식에 따라 자연순환, 강제순환 방식이 있다. • 사용목적에 따라 진공오븐, 드라이오븐 등이 있다.
주요 구조부	• 온도조절기, 내부열순환팬, 가열공간이 챔버(Chamber)
주요 위험요소	• 고온 : 오븐 내부의 고온에 의한 화상위험 • 폭발 : 부적절한 재료나 방법에 의한 폭발 · 발화위험 • 감전 : 물과 같은 액체로 인한 단락 및 감전위험

(5) 실험용 가열판(Laboratory Heating Plate)

개 요	• 판 위에 재료 등을 올려놓고 가열하는 장비를 말한다. • 물질을 용해시키거나 가열하여 시료의 건조, 일정온도 유지에 사용한다. • 단순가열판, 자석교반기(Magnetic Stirrer)가열판 등이 있다.
주요 구조부	• 온도조절기, 가열판
주요 위험요소	• 고온 : 가열판의 고열에 의한 화상, 화재위험 • 폭발 : 부적절한 재료나 방법에 의한 폭발·발화위험 • 감전 : 물과 같은 액체로 인한 단락 및 감전위험

(6) 흄후드(Fume Hood)

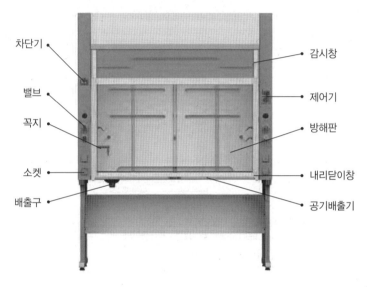

차단기
밸브
꼭지
소켓
배출구
감시창
제어기
방해판
내리닫이창
공기배출기

※ 출처 : ㈜씨애치씨랩

[흄후드 구조]

개 요	• 실험 시 발생하는 유해물질로부터 연구자를 보호하는 설비로 유해가스와 증기를 포집한다.
주요 구조부	• 작업공간, 배기구, 내리닫이창(Sash)
주요 위험요소	• 흄 : 후드의 배기기능 이상 시 호흡기 질환 • 화재, 폭발 : 부적절한 재료나 방법에 의한 폭발·발화위험 • 감전 : 물과 같은 액체로 인한 단락 및 감전위험

PART 04

(7) 무균실험대(Clean Bench)

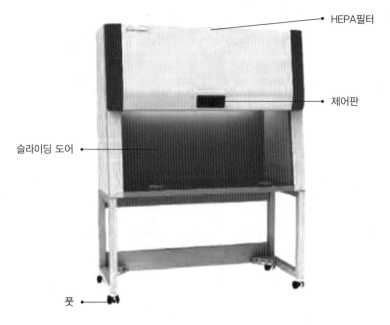

HEPA필터

제어판

슬라이딩 도어

풋

※ 출처 : 제이오텍

[무균실험대 구조]

개 요	• 무균작업대로 HEPA필터, ULPA필터 등을 통해 깨끗한 공기를 공급한다. • 작업공간의 청정도 유지, 시료오염 방지를 목적으로 한다. • 내부에는 멸균을 위해 UV램프를 설치하여 사용한다. • 종류로는 수평층류형, 수직층류형이 있다.
주요 구조부	• 작업대, 유리창(SASH), HEPA필터
주요 위험요소	• UV : 내부 살균용 자외선에 의한 눈과 피부의 화상위험 • 화재 : 살균을 위한 알콜램프 등 화기에 의한 화재위험 • 감전 : 누전 및 단락으로 인한 감전위험

(8) 원심분리기(Centrifuge)

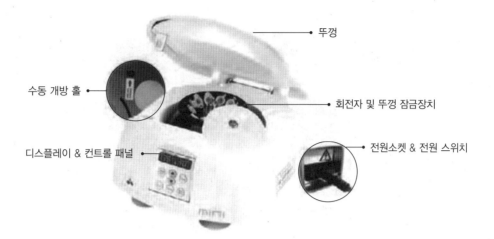

수동 개방 홀

디스플레이 & 컨트롤 패널

뚜껑

회전자 및 뚜껑 잠금장치

전원소켓 & 전원 스위치

※ 출처 : LABOGENE

[원심분리기 구조]

개 요	• 축을 중심으로 물질을 회전시켜 원심력을 가하는 장치를 말한다. • 혼합물을 밀도에 따라 분리하는 데 이용한다. • 실험대 위에서 간단하게 사용하는 테이블 원심기인 Spin-down을 비롯하여 원심력의 속도에 따라 저속 원심분리기, 고속원심분리기, 초고속원심분리기 등으로 구분한다.
주요 구조부	• 속도조절기, 구동모터, 로터
주요 위험요소	• 끼임 : 덮개 또는 잠금장치 사이에 손가락 등 끼임위험 • 충돌 : 로터 등 회전체 충돌 · 접촉에 의한 신체 상해위험 • 감전 : 제품에 물 등 액체로 인한 쇼트 감전 상해위험, 젖은 손으로 작동 시 감전위험

PART 04

(9) 인두기(Soldering Iron)

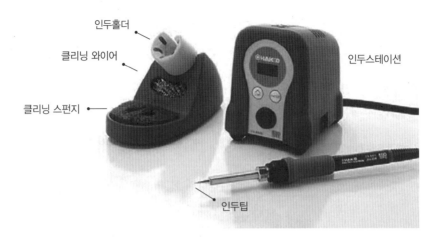

※ 출처 : Hakko

[인두기 구조]

개 요	• 가열된 인두로 금속(납)을 용해시켜 접합부에 특정 물질을 접착시키는 장비를 말한다. • 주로 전자 · 전기 분야의 연구실에서 회로 기판 제작 등에 사용된다.
주요 구조부	• 인두홀더, 클리닝 와이어, 클리닝 스펀지, 인두스테이션, 인두팁
주요 위험요소	• 고온 : 인두 부위의 고온에 의한 화재나 화상의 위험 • 금속증기(흄) : 가열에 의한 기체화된 금속(납) 증기(흄) 흡입위험 • 감전 : 누전과 단락으로 인한 감전위험 • 고온에 의한 화상사고가 가장 많이 발생 • 유연납 사용으로 인해 흄 흡입 가능성이 매우 높음 • 국소배기장치 설치, 마스크 등 보호장비를 반드시 착용

(10) 전기로(Electric Furnace)

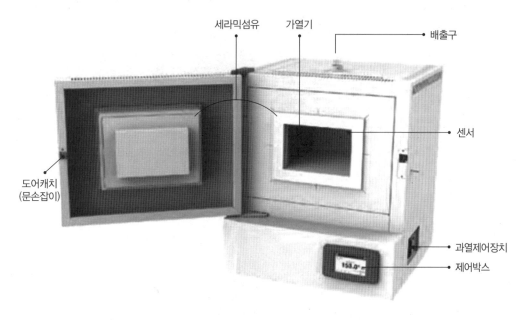

세라믹섬유　가열기　배출구
도어캐치
(문손잡이)
센서
과열제어장치
제어박스

※ 출처 : 제이오텍

[전기로 구조]

주요 위험요소	내 용
고 온	• 전기로 내부 고온에 의한 화재나 화상의 위험
폭 발	• 스파크 또는 부적절한 재료 사용 등으로 폭발 및 발화의 위험
감 전	• 고전압을 사용하는 기기로 감전위험 • 누전 등으로 인한 감전위험 • 전기 쇼트로 인한 감전위험 • 전기로에서 재료를 빼는 과정 중에 고온에 의한 화상 또는 화재사고가 발생 • 전기로 사용 시 내열장갑 등 보호구를 착용 • 전기로 주변에는 인화성 물질 제거

(11) 조직절편기(Microtome)

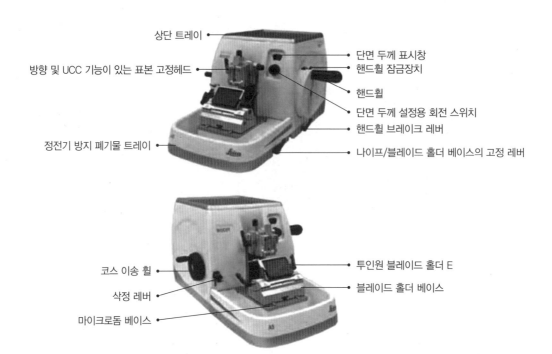

상단 트레이

방향 및 UCC 기능이 있는 표본 고정헤드

정전기 방지 폐기물 트레이

단면 두께 표시창
핸드휠 잠금장치
핸드휠
단면 두께 설정용 회전 스위치
핸드휠 브레이크 레버
나이프/블레이드 홀더 베이스의 고정 레버

코스 이송 휠
삭정 레버
마이크로돔 베이스

투인원 블레이드 홀더 E
블레이드 홀더 베이스

※ 출처 : Leica

[조직절편기 구조]

개 요	• 생물체의 조직, 기관 등을 수 μm에서 수십 μm 두께의 박편으로 자르는 장비를 말한다. • 현미경으로 관찰하거나 다양한 분석 등을 통하여 노직병리 검사 등에 주로 사용한다. • 종류로는 회전형 조직절편기(Rotary Microtome), 동결조직절편기(Cryostat Microtome), 초미세절편기(Ultra Microtome) 등이 있다.
주요 구조부	• 시료 고정헤드, 블레이드 베이스, 핸드 휠
주요 위험요소	• 베임 : 블레이드 설치 · 해제 중 또는 절편 제작 과정 중에 블레이드에 의한 손가락 베임, 나이프/블레이드 설치 또는 조작 중 손가락 베임, 오일에 의한 미끄러짐으로 인한 나이프/블레이드에 신체가 닿는 등 베임 위험. 조직절편기 사용 시 보호장갑 착용하고, 블레이드의 날카로운 면에 접촉하지 않도록 주의. 미사용 시 블레이드 커버를 씌우거나 블레이드 전용용기에 보관하여 위험요소를 제거 • 파편 : 부서지기 쉬운 시료의 파편에 의한 눈 등에 상해위험 • 미끄러짐 : 파라핀 잔해물로 인한 미끄러져 넘어짐 등의 신체 상해위험 • 저온(동결조직절편기) : 동결 시료를 다루는 중 저온에 의한 동상위험

(12) 초저온용기(LGC ; Liquid Gas Container)

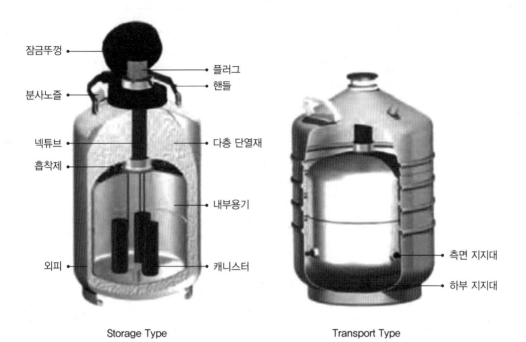

잠금뚜껑
플러그
핸들
분사노즐
넥튜브
다층 단열재
흡착제
내부용기
외피
캐니스터
측면 지지대
하부 지지대

Storage Type

Transport Type

※ 출처 : Pan Chao Instruments

[초저온용기 구조]

개 요	• 임계온도가 −50℃ 이하인 산소, 아르곤, 탄산, 아산화질소 및 천연가스 등을 액체 상태로 운반 · 저장하는 장비를 말한다. • 연구실에서는 주로 액체질소용 초저온용기를 사용한다. • 종류로는 샘플을 보관하는 초저온용기, 액체질소 등 초저온액화가스를 보관하는 초저온용기 또는 소량보관용 초저온용기 등이 있다.
주요 구조부	• 주입구, 보온용기
주요 위험요소	• 화상 : 액체질소 등 액화가스에 의한 피부 등 저온 화상위험 • 중량물 : 초저온용기 이동 중 또는 전도에 의한 신체 상해위험 • 산소결핍 : 질소 등 누출에 의한 산소결핍 위험 • 초저온 액화가스의 위험에 따라 안전관리 · 취급 요령을 숙지 • 액화가스로 인한 저온 화상사고를 방지하기 위해 보호장갑, 앞치마, 보안경 등 개인보호구를 반드시 착용

PART 04

(13) 반응성 이온식각 장비(RIE ; Reactive Ion Etching)

개요	• 반도체 제조 공정에서 사용하는 장비로, 웨이퍼에 식각(Etching)하는 장비이다. • 식각장비는 크게 건식과 습식이 있다. • 건식은 고비용 등의 단점이 있으나, 현재 수율을 높이기 위해 건식이 확대되고 있다. • 건식은 플라즈마에칭(Plasma Etching), 스퍼터에칭, 반응이온에칭 등이 있다. • 이 외에 DRIE(Deep Reactive Ion Etching) 등 새로운 식각방식에 대한 연구개발이 진행 중이다.
원리	• 가스를 플라즈마 상태로 만들고 상·하부 전극을 이용해 플라즈마 상태의 가스를 기판에 충돌시키는 원리를 말한다. • 화학적 반응과 물리적 충격을 동시에 주어 기판의 물질을 제거한다.
주요 위험요소	• 가스 : 염소, 삼염화붕소, 염화수소 등 독성 가스 사용으로 인한 흡입위험 • 라디오파 : 지속적인 라디오파 노출에 의한 두통 등 신체 이상 유발 위험 • 감전 : 고전압을 사용과 전기적 단락에 따른 감전위험 • 식각(Etching) : 염소(Cl_2), 삼염화붕소(BCl_2), 염화수소(HCl) 등 독성 가스가 사용되며, 가스를 플라즈마로 유도하기 위해 라디오파가 이용되므로 독성 가스와 라디오파가 유출되지 않도록 주의가 필요함

레이저, 방사선 등 물리적 위험요인

1 레이저 등급별 위험도

등급	내용	출력(mW)
1	인체에 레이저 빔을 조사해도 위험하지 않음	
1M	광학기기(망원경, 확대경 등)로 레이저 빔을 보면 손상가능성이 존재함	–
1C	인체나, 피부조직의 치료나 진단목적으로 사용	
2	눈에 레이저 빔이 조사될 때 눈깜박임(0.25초)으로 보호가능	최대 1(0.25초
2M	광학기기로 레이저 빔을 조사 시 위험	이상 노출 시)
3R	눈에 레이저 빔이 조사되면 위험	1~5
3B	인체에 레이저 빔이 조사되면 위험	5~500
4	눈에 레이저 빔이 반사되어 조사되어도 위험	500 이상

2 방사선

방사선피폭	• 외부피폭 : 신체의 외부로부터 기인하는 피폭 • 내부피폭 : 호흡기, 소화기관, 피부 등을 통해 발생하는 피폭
외부피폭 3원칙	• 시간, 거리, 차폐
내부피폭 3원칙	• 격납(격리), 희석, 경로차단
방사선관리구역	• 외부의 방사선량율, 공기 중의 방사성물질의 농도 또는 방사성물질에 따라 오염된 물질의 표면의 오염도가 원자력안전위원회규칙으로 정하는 값을 초과할 우려가 있는 곳 • 방사선의 안전관리를 위하여 사람의 출입을 관리하고 출입자에 대하여 방사선의 장해를 방지하기 위한 조치가 필요한 구역
방사선관리구역 출입자 교육	• 방사선작업종사자 : 최초 해당업무에 종사하기 전 신규교육(기본교육 8시간 + 직장교육 4시간), 매년 정기교육(기본교육 3시간 + 직장교육 3시간) • 수시출입자 : 최초 해당업무에 종사하기 전 기본교육 또는 직장교육 3시간, 매년 기본교육 또는 직장교육 3시간 • 그 외 출입자 : 출입하는 때마다 방사선장해방지 등에 대한 안전교육 이수

개인선량계의 착용	• 왼쪽 가슴에 착용, 작업의 성격에 따라 허리에 착용 가능 • 사용자의 이름이나 선량계의 창이 있는 앞면이 전방을 향하도록 함 • 임산부의 경우 하복부 근처에 착용 • 납치마를 착용할 경우에는 납치마 아래, 하복부 전면에 착용 • 손의 선량을 별도로 측정할 필요가 있는 작업자는 반지형 손 선량계를 착용
응급조치의 원칙	• 안전유지의 원칙 : 인명 및 신체의 안전을 최선으로 하고, 물질의 손상에 대한 배려를 차선으로 함 • 통보의 원칙 : 인근에 있는 사람, 사고현장책임자(시설관리자) 및 방사선장해방지에 종사하는 관계자(방사선관리담당자, 방사선안전관리자)에게 신속히 알림 • 확대방지의 원칙 : 응급조치를 한 자가 과도한 방사선피폭이나 방사선물질의 흡입을 초래하지 않는 범위 내에서 오염의 확산을 최소한으로 저지하고, 화재발생 시 초기 소화와 확대방지에 노력 • 과대평가의 원칙 : 사고의 위험성은 과대평가하는 것은 있어도 과소평가하는 일은 없도록 함

3 전자기장

(1) 전자기파

전자파	주파수 크기에 따라 장파, 중파, 단파, 초단파, 적외선, 가시광선, 자외선, X선, 감마선 등으로 구분
비전리전자파	에너지가 약해 원자를 전리화 시킬 수 없는 전자파
전리전자파	에너지가 강해 전자를 떼어내어 원자를 전리시킬 수 있는 전자파(엑스선, 감마선)

(2) 전자기파의 유해성

전자기파의 작용	• 열작용, 비열작용, 자극작용 등이 있음
열작용	• 세기가 강하고, 주파수가 높을 경우 체온상승, 세포나 조직의 기능에 영향을 끼침 • 높은 수준의 고주파 및 마이크로파에 노출될 경우 눈 자극과 백내장 발생
비열작용	• 열외적인 작용으로 미약한 전자파에 장기간 노출되었을 때 발생
자극작용	• 주파수가 낮고 강한 전자파에 노출 시 인체에 유도된 전류가 신경이나 근육을 자극 • 60Hz 자기장 노출 시 심박수, 심박변이도, 피부전기활동에서 유의한 차이를 보일 수 있음
기타작용	• 극저주파 자기장에 장기간 노출 시 인체 내 유도전류가 생성되어 세포막 내외에 존재하는 Na^+, K^+, Cl^- 등 각종 이온의 불균형을 초래, 호르몬분비 및 면역세포에 영향을 끼침 • 기지국(무선주파수 대역) 근처에 거주하는 주민들이 식욕감퇴, 오심, 불안증, 우울증상, 두통, 수면장애 초래

(3) 유해광선

① 감마선 : 돌연변이를 일으키기도 하고, 암을 발생시킬 수도 있는 위험한 전자기파

② 자외선 : 적은 양은 오히려 건강에 이롭지만, 많은 양은 피부암 발생의 원인

③ 가시광선 : 강한 가시광선은 눈에 악영향을 끼치기 때문에 선글라스가 필요함

④ 전자파 : 아주 강한 전류가 흐르는 주변은 아주 강한 전자기파가 생기므로, 고압선이 지나는 송전탑 주변은 위험

(4) 전자파의 발암성

구 분		사람에 대한 발암성	물리, 화학 인자(Agent)
1등급		사람에게 발암성이 있는 그룹	(118종) 석면, 담배, 벤젠, 콜타르 등
2등급	A	암 유발 후보 그룹	(79종) 자외선, 디젤엔진매연, 무기 납 화합물, 미용사 및 이발사 직업 등
	B	암 유발 가능 그룹	(291종) 젓갈, 절인채소, 가솔린엔진가스, 납, 극저주파 자기장, RF 등
3등급		발암물질로 분류 곤란한 그룹 (Not Classifiable)	(507종) 카페인, 콜레스테롤, 석탄재, 잉크, 극저주파 전기장, 커피 등
4등급		사람에 대한 발암성이 없는 것으로 추정되는 그룹	(1종류) 카프로락탐(나일론 원료)

※ WHO IARC암 발생등급분류

04 기출예상문제

정답 및 해설 **p.359**

※ 홀수번호 (단답형) 문제, 짝수번호 (서술형) 문제로 진행됩니다.

01 기계사고 발생 시 조치순서 중 폭발이나 화재의 경우에 소화 활동을 개시하면서 2차 재해의 확산 방지에 노력하고 현장에서 다른 연구활동종사자를 대피시키는 단계를 쓰시오.

02 기계사고 발생 시 조치순서를 쓰시오.

03 기계의 위험요인 중 공작물 가공을 위해 공구가 회전운동이나 왕복운동을 함으로써 만들어지는 위험점을 뜻하는 용어를 쓰시오.

04 기계의 위험요인을 기계의 구성품을 기준으로 쓰시오.

05 기계의 사고체인의 5요소 중 작업자의 신체 일부가 기계설비에 말려들어 갈 위험은 무엇인지 쓰시오.

06 기계의 사고체인의 5요소를 쓰시오.

07 기계의 위험점 중에서 서로 맞대어 회전하는 회전체에 의해서 만들어지는 위험점은 무엇인지 쓰시오.

08 기계의 위험점 중 끼임점에 대해 기술하시오.

09 기계의 위험점 중 밀링커터, 띠톱이나 둥근톱 톱날, 벨트의 이음새에 생기는 위험점은 무엇인지 쓰시오.

10 기계의 위험점 중 접선물림점에 대해 기술하시오.

11 기계설비의 안전조건 중 기계설비의 오동작, 고장 등의 이상발생 시 안전이 확보되어야 하는 안전조건을 뜻하는 용어를 쓰시오.

12 기계설비의 안전조건 6가지를 쓰시오.

13 방호장치의 분류 중 위험장소를 방호하는 것으로 위험점에 작업자가 접근하여 일어날 수 있는 재해를 방지하기 위해 차단벽이나 망을 설치하는 방호장치는 무엇인지 쓰시오.

14 방호장치의 분류 중 위험원을 방호하는 방호장치 2가지를 쓰시오.

15 인간이 실수를 범하여도 안전장치가 설치되어 있어 사고나 재해로 연결되지 않게 하는 안전원리를 무엇이라 하는지 쓰시오.

16 구조적 Fail Safe의 종류를 쓰시오.

17 비파괴검사 중 방사선을 시험체에 투과시켜 필름에 상을 형성함으로써 시험체 내부의 결함을 검출하는 검사방법은 무엇인지 쓰시오.

18 비파기 검사방법 중 와류탐상검사에 대해 기술하시오.

19 응력과 변형률 선도에서 하중에 대해 내부에서 견디는 힘을 무엇이라 하는지 쓰시오.

20 응력과 변형률 선도의 상항복점에 대해 기술하시오.

21 기계나 구조물이 허용할 수 있는 최대응력을 뜻하는 용어를 쓰시오.

22 허용응력과 사용응력의 차이점에 대해 기술하시오.

23 파손 없이 사용할 수 있는 기준강도와 허용응력의 비율을 뜻하는 용어를 쓰시오.

24 기준강도에 대해 기술하시오.

25 '기준강도/허용응력'이 무엇에 대한 계산법인지 쓰시오.

26 안전율의 선정조건 7가지를 기술하시오.

27 좌굴이 발생하는 장주에서는 기준강도로 삼아야 하는 것이 무엇인지 쓰시오.

28 기준강도의 조건을 연강, 주철, 반복하중, 고온상태, 좌굴상태를 기준으로 기술하시오.

연 강	[ ]
주 철	[ ]
반복하중	[ ]
고온상태	[ ]
좌굴상태	[ ]

29 인간의 가청주파수 대역을 쓰시오.

30 소음의 대책 중 전파경로의 대책에 대해 기술하시오.

31 국소진동으로 인해 발생하는 것으로 압축공기를 이용한 진동공구를 사용하는 근로자의 손가락에서 흔히 발생하며, 손가락에 있는 말초혈관 운동의 장애로 인하여 혈액순환이 저해되는 현상을 뜻하는 용어를 쓰시오.

32 진동에 장기노출 시 발생하는 증상에 대해 기술하시오.

33 진동의 대책 중 가장 먼저 고려해야 하는 대책이 무엇인지 쓰시오.

34 진동의 공학적 대책 중 진동댐핑과 진동격리를 설명하시오.

35 정리정돈의 3정과 5S을 설명하시오.

36 보호구의 구비조건에 대해 기술하시오.

37 방진마스크는 안면에 밀착하는 부분이 피부에 장해를 주지 않아야 하고, [   ]은(는) 여과성능이 우수하며 인체에 장해를 주지 않아야 한다.

38 공기압축기의 주요 구조부를 쓰시오.

39 공작기계 중 다수의 절삭날을 가진 공구를 사용하여 평면, 곡면 등을 절삭하는 기계의 명칭을 쓰시오.

40 연삭기의 주요 위험요인에 대해 기술하시오.

41 교류아크용접기에서 가장 빈번하게 발생하는 재해는 무엇인지 쓰시오.

42 가스크로마토그래피(Gas Chromatography)에 대해 기술하시오.

43 고온·고압으로 살균하는 기구로 멸균온도, 시간 및 배기판이 자동으로 조절되며, 배지, 초자기구, 실험폐기물을 단시간 내에 멸균처리할 때 사용되는 장비의 명칭을 쓰시오.

44 레이저의 주요위험에 대해 기술하시오.

45 열순환방식에 따라서는 자연순환, 강제순환방식이 있으며, 온도조절기, 내부열순환팬, 가열공간이 챔버(Chamber)가 주요구조부로 구성되는 실험기계의 명칭을 쓰시오.

46 안전인증대상기계기구의 종류 9가지를 쓰시오.

47 HEPA필터, ULPA필터 등을 통해 깨끗한 공기를 공급하는 장비로 작업공간의 청정도유지, 시료오염방지를 목적으로 사용되고, 작업대, 유리창(SASH), HEPA필터로 구성되는 실험용 장비의 명칭을 쓰시오.

48 원심분리기(Centrifuge)에서 발생가능한 위험요인을 기술하시오.

49 레이저 등급별 위험도에서 4등급의 레이저는 출력이 얼마 이상인지 쓰시오.

50 방사선 사고에 대한 응급조치 4원칙을 기술하시오.

51 방사선의 외부피폭에 대한 3원칙을 쓰시오.

52 에너지가 강해 전자를 떼어내어 원자를 전리시킬 수 있는 엑스선, 감마선 등과 같은 전자파를 뜻하는 용어를 쓰시오.

53 전자기파의 유해성에 대한 3가지 작용을 쓰시오.

54 유해광선 중 감마선의 유해성에 대해 기술하시오.

55 국제보건기구(WHO) IARC암 발생등급분류 중 사람에게 발암성이 있는 석면, 담배 등에 해당하는 등급을 쓰시오.

56 국제보건기구(WHO) IARC암 발생등급분류 중 2등급 A형에 대한 물리화학인자를 기술하시오.

PART 05
연구실 생물 안전관리

CHAPTER 01 생물 안전관리 일반

1 생물체

(1) 생물체의 종류

생물체는 유전물질을 전달하거나 복제할 수 있는 모든 생물로 생식능력이 없는 유기체, 바이러스 및 바이로이드(Viroid)를 포함한다.

LMO (Living Modified Organism)	• 생물의 유전자 중 유용한 유전자만을 취하여 이종(異種) 생물체의 유전자와 결합시킨 유전자변형 생물체 • 자체적으로 생식과 번식이 가능함
GMO (Genetically Modified Organism)	• 생물의 유전자 중 유용한 유전자만을 취하여 이종(異種) 생물체의 유전자와 결합시킨 유전자변형 생물체 • 자체적으로 생식과 번식이 불가능함

(2) 생물안전

① 생물안전 관련 개념

생물보안	• 신종코로나(COVID-19), 메르스(MERS), 사스(SARS), 에볼라, 지카바이러스 등으로 인한 전세계적 감염질환 유행 및 생물테러 등의 발생으로 중요성이 대두되었다.
생물안전관리	• 연구실에서 병원성 미생물, 감염성 물질 등 생물체 취급으로 인해 발생할 수 있는 위험으로부터 사람과 환경을 보호하는 일련의 활동을 말한다. • 생물안전에 대한 지식과 기술 등의 제반 규정 및 지침 등 제도를 마련한다. • 안전장비·시설 등의 물리적 장치 등을 갖추는 포괄적 행위를 말한다.
생물재해	• 병원체로 인하여 발생할 수 있는 사고 및 피해로 실험실 감염과 확산 등이 포함된다.

② 생물안전의 목표 : 생물재해를 방지함으로써 연구활동종사자의 건강한 삶을 보장하고 안전한 환경을 유지하기 위함이다.

③ 생물안전의 3가지 구성요소

㉠ 위해성평가능력 확보 : 위해도에 따라 4가지 위험군으로 분류한다.

제1위험군	질병을 일으키지 않는 생물체
제2위험군	증세가 경미하고 예방 및 치료가 용이한 질병을 일으키는 생물체
제3위험군	증세가 심각하거나 치명적일 수 있으나, 예방 및 치료가 가능한 질병을 일으키는 생물체
제4위험군	치명적인 질병 또는 예방 및 치료가 어려운 질병을 일으키는 생물체

ⓛ 물리적 밀폐 확보 : 밀폐에 따라 2가지로 분류한다.

1차적 밀폐	• 연구활동종사자와 연구실 내부 환경이 감염성 병원체 등에 노출되는 것을 방지한다. • 1차적 밀폐에는 정확한 미생물학적 기술의 확립과 적절한 안전장비를 사용하는 것이 중요하다.
2차적 밀폐	• 실험 외부 환경이 감염성 병원체 등에 오염되는 것을 방지한다. • 연구시설의 올바른 설계 및 설치, 시설 관리·운영하기 위한 수칙 등을 마련하고 준수하는 활동을 말한다.

ⓒ 안전관리의 운영 : 생물안전관리를 위한 운영방안, 체계수립, 이행 등을 통해 안전한 환경을 확보하는 것이다.

조직과 인력	• 생물안전관리책임자를 임명 • 생물안전위원회 설치·운영
병원체 등록 및 기록물 관리	• 주요실험, 사용미생물, 병원체를 규정에 맞게 등록 • 보관 위치 등에 대한 기록과 관련자료들의 목록관리
생물안전교육 프로그램 실시	• 연구책임자 및 생물안전관리자는 시험·연구종사자들로 하여금 취급하는 미생물 등의 감염 시 증세와 병원성에 대해 충분히 숙지 • 무균 조작 기술, 소독 및 멸균법, 적합한 개인보호구의 선택과 사용법 등 기본적인 생물안전 준수사항을 교육 • 생물안전 3등급 이상의 특수연구시설 출입자에 대해 별도의 생물안전 3등급 시설 운영규정 및 근무 시 필요한 준수사항을 추가적으로 교육
응급조치 확보	• 감염 및 유출 등에 대비하여 기관 내 의료관리자 임명, 응급조치요령 마련
생물재해에 대한 위해성 평가능력 확보	• 연구실책임자 및 생물안전관리자는 수행실험에 대한 위해성 평가 능력을 확보 • 취급 병원체 및 미생물의 위험군을 바탕으로 전파방식, 에어로졸 발생을 억제하는 방법, 생물안전연구시설, 안전장비 등에 대한 적절한 지식과 이해가 필요

(3) 연구실 주요 위해요소

① 생물학적 위해요소

② 화학적 위해요소

③ 기계적 위해요소

④ 전기적 위해요소

⑤ 열역학적 위해요소

⑥ 방사능적 위해요소

PART 05

2 생물보안

(1) 생물보안의 개념

① 감염병의 전파, 격리가 필요한 유해 동물, 외래종이나 유전자변형생물체의 유입 등에 의한 위해를 최소화하기 위한 일련의 선제적 조치 및 대책을 말한다.

② 생물학적 물질의 도난이나 의도적인 유출을 막고, 잠재적 위험성이 있는 생물체의 잘못된 사용을 방지한다.

③ **생물보안의 7요소** : 물리적 보안, 기계적 보안, 인적 보안, 정보 보안, 물질통제 보안, 이동 보안, 프로그램관리 보안

(2) 생물안전등급(BSL ; Biological Safety Level)

① 연구활동종사자에 대한 위해 정도와 수행하는 실험내용, 생물체의 위험정도에 따라서 1~4등급으로 구분한다.

② 1·2 등급은 관계행정기관에 신고를 해야 하고, 3·4 등급은 질병관리본부장의 허가가 필요하다.

BSL-1	• 위험도가 낮고 사람과 동물에게 전파가능성이 없는 미생물만 취급
BSL-2	• 지역사회 위험도가 낮고, 치료제가 존재하는 바이러스를 취급 • 기관생물안전위원회 설치 · 운영 필수
BSL-3	• 개체위험도가 높고, 사람과 동물에게 중대한 질환을 일으키는 바이러스를 취급 • 기관생물안전위원회 설치 · 운영 필수 • 생물안전관리자 지정 필수 • 환경위해성 허가 필요
BSL-4	• 개체 간 전파가 매우 쉽고 치료제가 없는 바이러스를 취급 • 기관생물안전위원회 설치 · 운영 필수 • 생물안전관리자 지정 필수 • 인체위해성 허가 필요

3 생물안전관리

(1) 생물안전수칙

취급 시	• 생물안전등급에 따라 지정된 실험구역에서 실험을 수행 • 실험실 출입문은 닫힘 상태를 유지, 허가받지 않은 사람의 출입제한 • 병원성 미생물 및 감염성 물질을 취급 시 생물안전작업대 내에서 수행 • 가능한 에어로졸 발생을 최대한 줄일 수 있는 방법으로 실험실시 • 실험종료 시 실험대 및 생물안전작업대를 정리 · 소독 • 병원성 미생물 및 감염성 물질을 취급하는 실험종사자는 정상혈청/추가혈청을 채취 · 보관
운송 시	• 병원성 미생물 및 감염성 물질을 담고 있는 용기가 쉽게 파손되지 않고 밀폐가 가능한 용기를 사용, 사고에 대비하여 내용물이 외부로 유출되지 않도록 3중 포장 • 병원성 미생물 및 감염성 물질의 특성이 보존될 수 있도록 적절한 온도를 유지할 수 있는 조건으로 수송 또는 운반

보존관리	• 바이알, 튜브, 앰플 등 병원체 보존 단위용기에 해당 병원체명과 제조일 관련 정보를 표기하거나 표기된 라벨을 부착 • 병원체의 특성 및 성상을 유지할 수 있는 방법으로 보존
표지부착	• 병원성 미생물 및 감염성 물질을 취급하거나 보관하는 실험실에는 취급 병원체명, 생물안전등급, 안전관리담당자, 실험실책임자의 정보를 알 수 있도록 생물안전표지판을 부착 • 생물안전작업대, 배양기, 보관용 냉장고, 냉동고 등 병원성 미생물 및 감염성 물질을 취급하거나 보관하는 장소에는 생물재해 표시 부착
폐기처리	• 병원체 특성 및 보존형태를 고려하여 고압증기멸균과 같은 적합한 방법으로 불활성화시킨 후 처리
실험실안전관리 담당자	• 실험실에서 취급하거나 보관하는 병원성 미생물 및 감염성 물질의 보관위치 등에 대한 기록과 관련 자료들의 목록을 마련하여 관리
실험실책임자	• 고위험병원체 관리대장 작성 · 보관(5년간 보관) • 고위험병원체 사용내역대장 작성 · 보관(5년간 보관) • 기록관리 사항을 잠금장치가 있는 서류함에 보관 및 보안 관리

(2) LMO연구실 안전관리

① 신고 · 허가 : LMO연구시설은 생물안전등급에 따라서 관계 중앙행정기관장에게 신고 또는 허가

② 설치 · 운영 : 인체 · 환경에 대한 위해 정도나 예방조치 및 치료 등에 따라서 안전관리 등급을 구분하여 설치 · 운영한다.

③ LMO 취급시설

  ㉠ 단순히 중합효소 연쇄반응으로 유전자를 확인하는 시설은 해당되지 않는다.

  ㉡ 유전자를 다른 생물체에 도입하는 것이면 모두 해당한다.

④ 표시부착

  ㉠ LMO 보관장소에 '생물위해' 표시 등을 부착한다.

  ㉡ 연구자는 연구시설 설치 · 운영 관련 기록 및 LMO 보관 대장, 실험 감염사고에 대한 기록을 작성하고 보관한다.

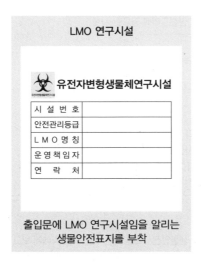

출입문에 LMO 연구시설임을 알리는
생물안전표지를 부착

생물안전표지를 부착하여 관계자들이
인식할 수 있도록 조치

(3) 기관생물안전위원회의 설치 · 운영

설치 · 운영대상	• BSL-1 등급 시설은 권장 • BSL-2 등급 이상 시설은 필수
구 성	• 위원장 1인, 생물안전관리책임자 1인, 외부위원 1인을 포함한 5인 이상의 내 · 외부위원으로 구성
역 할	• 유전자재조합실험 등이 수반되는 실험의 위해성 평가 심사 및 승인에 관한 사항 • 생물안전 교육 · 훈련 및 건강관리에 관한 사항 • 생물안전관리규정의 제 · 개정에 관한 사항 • 기타 기관 내 생물안전 확보에 관한 사항

(4) 생물안전관리인력의 역할

생물안전관리 책임자	• 생물안전위원회 운영 • 생물안전관리규정 제 · 개정 • 기관 내 생물안전 준수사항 이행 · 감독 • 기관 내 생물안전 교육 · 훈련 이행 • 연구실 생물안전 사고 조사 및 보고 • 생물안전에 관한 국내외 정보수집 및 제공 • 생물안전관리자 지정 • 그 밖에 기관 내 생물안전 확보
생물안전관리자	• 기관 또는 연구실 내 생물안전관리 실무 • 기관 또는 연구실 내 생물안전 준수사항 이행 · 감독 · 실무 • 기관 또는 연구실 내 생물안전 교육 · 훈련 · 이행 실무 • 기관 또는 연구실 내 연구실 생물안전 사고 조사 및 보고 실무 • 기관 또는 연구실 내 생물안전에 필요한 정보수집 및 제공 • 기타 기관 또는 연구실 내 생물안전 확보에 관한 사항
고위험병원체 전담관리자	• 법률에 의거한 고위험병원체 반입허가 및 인수, 분리, 이동, 보존현황 등 신고절차 이행 • 고위험병원체 취급 및 보존지역 지정, 지정구역 내 출입 허가 및 제한 조치 • 고위험병원체 취급 및 보존 장비의 보안관리 • 고위험병원체 관리대장 및 사용내역 대장 기록사항에 대한 확인 • 사고에 대한 응급조치 및 비상대처방안 마련 • 안전교육 및 안전점검 등 고위험병원체 안전관리에 필요한 사항
의료관리자 (MA ; Medical Advisor)	• 의료자문과 생물안전 사고에 대한 응급처치 및 자문을 하는 자
연구실책임자 (PI ; Principal Investigator)	• 유전자재조합실험의 위해성 평가 • 유전자재조합실험의 관리 및 감독 • 시험 · 연구종사자에 대한 생물안전 교육 및 훈련 • 유전자변형생물체의 취급관리에 관한 사항의 준수 • 생물안전사고 및 기타 중요사항 발생 시 기관생물안전관리책임자에게 보고 • 기타 해당 유전자재조합실험의 생물안전 확보에 관한 사항
연구활동종사자	• 생물안전 교육 · 훈련 이수 • 생물안전관리규정 준수 • 시험 · 연구종사자의 신체적 이상 증상, 생물안전사고를 시험 · 연구책임자에게 보고 • 기타 해당 유전자재조합실험의 위해성에 따른 생물안전 준수사항의 이행

(5) 생물안전교육

① 연구시설 사용자 : 연 2시간 이상

② 생물안전관리책임자, 생물안전관리자 : 연 4시간 이상

③ 허가시설(BSL-3, 4) : 안전관리전문기관에서 운영하는 교육을 이수

4 생물학적 위해성 평가(Biological Risk Assessment)

(1) 정 의

① 생물체로 야기될 수 있는 질병의 심각성과 발생 가능성을 평가하는 체계적인 과정을 말한다.

② 연구실책임자(PI)는 위해성 평가를 시기에 맞게 적절히 수행하게 하고, 안전위원회와 생물안전담당자 간에 긴밀히 협조하여 적합한 장비와 시설을 이용한 작업을 진행하도록 지원할 책임이 있다.

(2) 주요 위해요인(Hazard) 3가지

① 병원체 요소 : 생물체가 가지는 위험군 정보와 유전자 재조합에 의한 변이 특성, 항생제 내성, 역학적 유행주, 해외 유입성 등

② 연구활동종사자 요소 : 연구활동종사자의 면역 및 건강상태, 백신접종 여부, 기저질환 유무, 알러지, 바람직하지 못한 실험습관, 생물안전 교육이수 여부 등

③ 실험환경 요소 : 병원체의 농도 및 양, 노출빈도 및 기간, 물리적 밀폐 연구시설의 안전등급, 주사침 등 날카로운 실험기기, 안전장비 확보, 안전 및 응급조치 등

(3) 위해성(Risk)

위험요인(Hazard)에 노출되거나 위험요소로 인하여 손상(Harm)이나 건강의 악영향을 일으킬 수 있는 위험성으로, '위해성 = 유해성(Hazard) × 노출량(Exposure)'으로 평가한다.

① 유해성(Hazard) : 에어로졸 발생실험, 대량배양실험, 실험동물 감염실험, 실험실-획득 감염 병원체 이용, 미지의 유입병원체 취급, 새로운 실험방법 및 장비사용, 주사침 또는 칼 등 날카로운 도구 사용 등

② 노출량(Exposure) : 연구활동종사자가 이러한 유해성(Hazard)에 노출되어 있는 정도

(4) 평가의 4단계

① 유해성 확인 : 유해한 영향을 유발시키는지 물질을 확인한다.

② 노출평가 : 물질이 인체 내부로 들어오는 노출 수준을 추정한다.

③ 용량·반응 평가 : 특정 용량의 유해물질이 노출되었을 경우 유해한 영향을 발생시킬 확률을 확인한다.

④ 위해특성 : 위해 발생가능성과 심각성을 고려하여 위해성(Risk)을 추정한다.

⑤ 위해도 결정(판단) : 위해특성을 통해 파악된 위해성(Risk)을 우선적으로 개선할수 있도록 우선순위를 결정한다.

실험장비 설치 및 운영관리

1 생물안전작업대(BSC ; Biological Safety Cabinet)

(1) 생물안전작업대(BSC)

개 요	• 고위험 병원체 등 감염성 물질을 다룰 때 사람과 환경을 보호하기 위해 사용하는 기본적인 1차적 밀폐장치로 내부에 장착된 헤파필터를 통해 유입된 공기를 처리
종 류	• Class1~3의 종류가 있으며, Class2는 다시 A1, A2, B1, B2로 구분 • Class1 : 연구종사자 보호 • Class2 : 연구종사자 및 실험물질 보호 • Class3 : 최대안전 밀폐환경제공, 시험 · 연구종사자 · 실험물질 보호
설치 · 배치	• 화학적 흄후드 같은 다른 작업기구들이 위치한 반대편에 바로 위치금지 • 개방된 전면을 통해 생물안전작업대로 흐르는 기류의 속도는 약 0.45m/s를 유지 • 프리온을 취급하는 밀폐구역의 헤파필터는 Bag-in/Bag-out 능력이 있어야 함 • 하드덕트(Hard-duct)가 있는 BSC는 배관의 말단에 '배기' 송풍기를 가지고 있어야 함

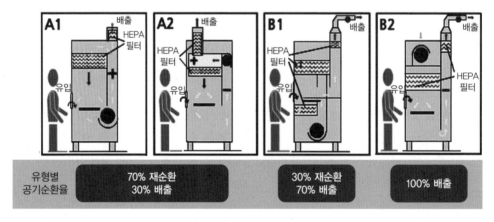

※ 출처 : 질병관리청

[생물작업대의 종류]

(2) 생물안전작업대와 다른 장치의 비교

생물안전작업대 (BSC)	• 외기(Class1) 또는 정화된 공기(Class2·3)가 작업대에 제공되고, 작업대의 공기는 정화되어 작업대 밖으로 배출되므로 환경 및 연구자를 보호할 수 있다.
무균작업대 (Clean Bench)	• 정화된 공기가 작업대에 제공되고, 작업대의 공기는 개구부를 통하여 작업대 밖으로 배출되므로 시료를 보호할 수는 있지만, 연구자를 보호할 수 없다.
흄후드 (Chemical Fume Hood)	• 주로 화학실험실에서 사용하며, 사용자가 위험한 화학물이나 유독가스, 연기를 마시지 않도록 보호한다.
아이솔레이터 (Isolator)	• 완전한 무균환경을 유지하는 방식으로 무균동물(Germfree Animal)과 노토바이오트(Gnotobiote, 무균동물에 특정 미생물을 정착시킨 동물) 동물을 사육할 때 사용한다. • 아이솔레이터의 실내 공기는 기기에 장착된 초고성능 필터에서 여과된 후 송풍된다. • 4등급 연구시설은 별도의 덕트에 의한 아이솔레이터를 설치해야 한다.

[생물안전작업대(BSC)] [무균작업대(Clean Bench)] [아이솔레이터(Isolator)]

※ 출처 : 씨애치씨랩

2 기타 주요시험장비

(1) 고압증기멸균기(Autoclave)

개 요	• 멸균법 중 습열멸균방법을 이용한 것으로 실험실 등에서 널리 사용되며, 일반적으로 121℃에서 15분간 처리하는 방식이다.
멸균 지표인자 (Indicator)	• 화학적 지표인자(Chemical Indicator) : 멸균 수행여부만 확인이 가능하며 실제 사멸되었는지 증명하지 못한다. 화학적 색깔변화 지표인자와 테이프 지표인자가 있다. • 생물학적 지표인자(Biological Indicator) : 미생물의 실제 살균여부를 확인할 수 있다.
주의사항	• 고온의 수증기를 이용하므로 멸균 실시 전, 내부의 물 상태를 항상 점검해야 한다. • 절대로 건조한 상태로 멸균기를 가동해서는 안된다. • 멸균기 내부에 대상물을 적절히 배치하여 한쪽으로 몰리거나 치우치지 않게 골고루 적재한다. • 멸균기 문의 잠금장치 등을 이용하여 완전히 닫고 가동시간, 온도, 압력 등을 확인하고 작동시킨다.
사용종료 시	• 내열성 장갑, 보안경, 고글 등의 필요한 개인보호구를 착용한다. • 멸균이 종료되면 문을 열기 전에 압력이 완전히 빠졌는지 확인한다. • 멸균기에서 물품을 꺼내기 전에 화상방지를 위해 10분 정도 냉각한다. • 혐기성균 배양액 등 멸균 시 악취가 발생할 수 있는 경우, 고압증기멸균기용 탈취제 등을 사용하여 냄새 등의 발생을 최소화한다.

(2) 원심분리기

개 요	• 고속회전을 통한 원심력으로 물질을 분리하는 장치이다. • 사용 시 안전컵·로터의 잘못된 이용 또는 튜브의 파손에 따른 감염성 에어로졸 및 에어로졸화 된 독소의 방출과 같은 위해성이 있다.
주의사항	• 원심분리관 및 용기는 견고하고 두꺼운 재질로 제조된 것을 사용한다. • 원심분리를 할 때는 항상 뚜껑을 단단히 잠가야 한다. • 컵·로터의 외부표면 오염을 제거하고 버켓 채로 균형을 맞추어 사용한다. • 로터에 직접 넣을 경우 제조사에서 제공하는 지침에 따라 그 양을 조절한다. • 가동 중 에어로졸의 방출을 막기 위해 밀봉된 원심분리기 컵·로터를 사용한다. • 정기적으로 컵·로터 밀봉의 무결성 검사를 실시한다. • 에어로졸 발생이 우려될 경우 생물안전작업대 안에서 실시한다. • 병원체 등 감염성 물질을 다룰 때 반드시 버켓에 뚜껑이 있는 장비를 사용한다. • 원심분리가 끝난 후에도 작업대를 최소 10분간 가동한다. • 버켓에 시료를 넣을 때와 꺼낼 때에는 반드시 생물안전작업대 안에서 수행한다.

(3) 기타장비(균질화기, 진탕기 및 초음파 파쇄기 등)

① 가동 시 용기 안에는 압력이 발생하며, 이에 따라 발생하는 내부의 에어로졸은 뚜껑과 용기 사이를 통해 외부로 누출될 수 있다.

② 파손 가능성, 감염성 물질의 노출 및 작업자의 부상 가능성이 있는 유리로 제조된 용기보다는 플라스틱, 테프론(PTEE ; Polytetrafluoroethylene)로 제작된 용기를 사용하는 것이 좋다.

③ 장비를 사용할 경우 투명한 플라스틱 상자에 넣어 사용하거나 생물안전작업대 안에서 사용하는 것이 보다 안전하다.

④ 사용이 끝난 후 용기는 반드시 생물안전작업대 안에서 개봉한다.

⑤ 초음파 파쇄기를 사용할 경우 귀마개를 착용한다.

⑥ 유리로 된 분쇄기(Grinder)는 종사자가 실험 중 사용하는 장갑과 잘 붙으므로, 플라스틱으로 된 분쇄기를 사용한다.

⑦ 조직분쇄기는 반드시 생물안전작업대에서 사용한다.

3 개인보호구(PPE ; Personal Protective Equipment)

개요	• 발생 가능한 위해로부터 연구자의 안전을 지켜주는 가장 기본적인 최소한의 장치 • 일반구역으로 실험 물질이 오염 또는 확산되는 것을 방지 • 모든 개인보호구는 연구 시작 전 착용하고 종료 시 탈의(착) • 탈의(착)한 개인보호구는 지정된 장소에 보관 혹은 폐기 • 지정된 실험구역 이외에서는 착용하지 않도록 함
보호복	• 물리적 · 화학적 · 생물학적 신체 및 피부를 보호하기 위해 착용 • 일상복 위에 착용, 여러 가지 유해인자로부터 실험자의 피부보호 • 실험 수행 시 항상 착용, 연구활동 용도에 맞는 보호복을 선택 • 계절에 상관없이 평상복을 모두 덮을 수 있는 긴 소매 착용 • 감염성 물질 등이 묻은 경우 적절한 살균이나 멸균법으로 불활성화시켜 폐기 • 세탁, 폐기 시 오염물질의 확산을 방지 • 일반 실험복은 보관 시 일상복과 구분 • 세탁 시 일반 세탁물과 함께 세탁하지 않음
장갑 (손보호구)	• 일회용 장갑은 절대로 재사용하지 말고 폐기 • 적당한 시기에 교체하여 사용 중 파손된 상태의 장갑 사용을 미연에 방지 • 안전확보가 필요할 경우 동일 혹은 다른 종류의 장갑을 이중으로 착용 • 작업 종료 후 장갑을 벗을 때 오염된 부분을 건드리지 않는 것이 중요
호흡보호구	• 에어로졸의 흡입 가능성이 있거나 잠재적으로 오염된 공기에 노출될 수 있는 연구를 수행할 경우 착용 • 취급병원체, 연구방법 등에 따라 적절한 호흡보호구를 선택
신발류	• 연구실에서는 기본적으로 앞이 막히고 발등이 덮이면서 구멍이 없는 신발을 착용 • 구멍이 뚫린 신발, 슬리퍼, 샌들, 천으로 된 신발 등은 유해물질이나 날카로운 물체에 노출될 가능성이 많으므로 금지 • 기본적인 신발 외에 시설이나 작업의 종류에 따라 덧신, 장화 등을 착용하는 경우가 있으므로 특수성을 고려하여 선택 사용
고글, 안면보호대	• 실험 중 취급 병원체가 튀거나 충격위험이 있는 경우 반드시 고글, 안면보호대 착용 • 실험용 안전안경은 옆에서 튀는 액체나 파편에 대하여 눈을 보호할 수 없음(반드시 고글 착용)

CHAPTER 03 생물체 관련 폐기물 안전관리

1 폐기물의 종류

(1) 폐기물의 구분

폐기물관리법에 따라 폐기물은 생활폐기물과 사업장폐기물로 분류한다.

생활폐기물	• 사업장폐기물 외의 폐기물로 가정에서 배출하는 종량제봉투 배출 폐기물, 음식물류 폐기물, 폐식용유, 폐지류, 고철 및 금속캔류, 폐목재 및 폐가구류 등
지정폐기물	• 사업장폐기물 중 폐유 · 폐산 등 주변 환경을 오염시킬 수 있거나 의료폐기물 등 인체에 위해를 줄 수 있는 해로운 물질
의료폐기물	• 보건 · 의료기관, 동물병원, 시험 · 검사기관 등에서 배출되는 폐기물 중 인체에 감염 등 위해를 줄 우려가 있는 폐기물과 인체 조직 등 적출물, 실험동물의 사체 등 보건 · 환경보호상 특별한 관리가 필요하다고 인정되는 폐기물
의료폐기물의 종류	① 격리의료폐기물 : 격리된 사람에 대한 의료행위에서 발생한 폐기물 ② 위해의료폐기물 : 감염 등 위해를 줄 수 있는 폐기물로, 조직물류폐기물, 병리계폐기물, 손상성폐기물, 생물 · 화학폐기물, 혈액오염폐기물 ③ 일반의료폐기물 : 혈액, 체액, 분비물, 배설물이 함유되어 있는 탈지면, 붕대, 거즈 등의 폐기물

(2) 위해의료폐기물

조직물류폐기물	인체 또는 동물의 조직 · 장기 · 기관 · 신체의 일부, 동물의 사체, 혈액 · 고름 및 혈액생성물(혈청, 혈장, 혈액제제)
병리계폐기물	시험 · 검사 등에 사용된 배양액, 배양용기, 보관균주, 폐시험관, 슬라이드, 커버글라스, 폐배지, 폐장갑
손상성폐기물	주사바늘, 봉합바늘, 수술용 칼날, 한방침, 치과용 침, 파손된 유리재질의 시험기구
생물 · 화학폐기물	폐백신, 폐항암제, 폐화학치료제
혈액오염폐기물	폐혈액백, 혈액투석 시 사용된 폐기물, 그 밖에 혈액이 유출될 정도로 포함되어 있어 특별한 관리가 필요한 폐기물

(3) 생물이용 연구실의 주요 폐기물

① 부식성 폐기물 : 폐산, 폐알카리

② 폐유기용제 : 할로겐족 또는 이름 포함한 물질, 기타 폐유기용제

③ 의료폐기물 : 의료기관이나 시험 · 검사기관 등에서 발생되는 폐기물

④ LMO폐기물 : LMO를 이용한 실험에서 발생되는 폐기물

⑤ 기타 방사성 폐기물 등

2 의료용 폐기물

(1) 전용용기의 사용

① 전용용기

　　㉠ 전용용기만을 사용하며 전용용기는 재사용을 금지한다.

　　㉡ 의료폐기물의 전용용기에는 봉투형과 상자형이 있다.

　　㉢ 봉투형에는 합성수지류, 상자형에는 합성수지류와 골판지류가 있다.

② 봉투형 용기 : 용량의 75% 미만으로 의료폐기물을 넣어야 한다.

③ 상자형 용기

　　㉠ 골판지류 : 내부에 봉투형 용기 또는 내부 주머니를 붙이거나 넣어서 사용한다.

　　㉡ 합성수지류 : 주사바늘, 수술용 칼날, 유리 재질의 시험기구 등의 손상성 폐기물, 격리의료폐기물, 조직물류, 액상폐기물을 처리하는 경우 사용한다.

④ 혼합보관 가능여부 : 전용용기는 다른 종류의 의료폐기물과 혼합하여 보관할 수 있으나, 합성수지류 상자를 사용해야 하는 의료폐기물은 혼합보관이 불가하다.

(2) 보관 · 표시 및 보관시설

① 기본수칙

　　㉠ 전용용기는 주기적으로 소독하고, 보관기간을 초과하지 않는다.

　　㉡ 모든 전용용기에 반드시 뚜껑을 장착하며 항상 닫아둔다.

　　㉢ 발생한 때부터 종류별로 구분하여 전용용기에 넣어 보관한다.

　　㉣ 폐기물을 넣은 봉투형 용기를 이동 시, 반드시 뚜껑이 있고 견고한 전용운반구를 사용한다.

　　㉤ 사용한 전용운반구는 약물소독의 방법으로 소독한다.

② 표시방법

　　㉠ 배출자 표기

　　㉡ 사용개시 연월일 표기

이 폐기물은 감염의 위험성이 있으므로 주의하여 취급하시기 바랍니다.			
배출자	○○○	종류 및 성질과 상태	병리계폐기물
사용개시 년월일	2023.○○.○○.	수거 년월일	2023.○○.○○.
수거자	○○○○	중량(킬로그램)	○○

③ 보관시설

    ㉠ 보관창고의 바닥과 안벽은 세척이 쉽도록 물에 잘 견디는 타일, 콘크리트 등의 재질로 설치한다.

    ㉡ 보관창고는 소독장비와 이를 보관할 수 있는 시설을 갖추고, 냉장시설에는 내부 온도를 측정할 수 있는 온도계를 부착한다.

    ㉢ 냉장시설은 4℃ 이하의 설비를 갖추어야 하며, 보관 중에는 냉장시설의 내부온도를 4℃ 이하로 유지한다.

    ㉣ 보관창고, 보관장소, 냉장시설은 주 1회 이상 약물소독을 한다.

    ㉤ 보관창고와 냉장시설은 의료폐기물이 밖에서 보이지 않는 구조로 되어있어야 하며, 외부인의 출입을 제한한다.

    ㉥ 보관창고, 보관장소, 냉장시설에는 보관 중인 의료폐기물의 종류, 양, 보관기간 등을 확인할 수 있는 표지판을 설치한다.

(3) 의료폐기물 분류, 보관용기, 보관방법 및 기준

폐기물 종류		전용용기 (도형색상)	도 형	내 용	보관시설	보관기간
격리의료폐기물		상자형 합성수지류 (붉은색)		감염병으로부터 타인을 보호하기 위하여 격리된 사람에 대한 의료행위에서 발생한 일체의 폐기물	• 성상이 조직물류일 경우 : 전용보관시설 (4℃ 이하) • 조직물류 외 : 전용보관시설(4℃ 이하) 또는 전용 보관창고	7일
위해 의료 폐기물	조직물류 폐기물	상자형 합성수지류 (노란색) ※ 치아제외		인체 또는 동물의 조직·장기·기관·신체일부, 동물의 사체, 혈액·고름 및 혈액생성물(혈청, 혈장, 혈액제제)	전용보관시설(4℃ 이하) ※ 치아 및 방부제에 담긴 폐기물은 밀폐된 전용 보관창고	15일 (치아는 60일)
		상자형 합성수지류 (녹색)		인체 조직물류 중 태반(재활용하는 경우)	전용보관시설(4℃ 이하)	15일
	손상성 폐기물	상자형 합성수지류 (노란색)		주사바늘, 봉합바늘, 수술용칼날, 한방침, 치과용침, 파손된 유리재질의 시험기구	전용보관시설(4℃ 이하) 또는 전용의 보관창고	30일

위해 의료 폐기물	병리계 폐기물	봉투형 (검정색)		시험 · 검사 등에 사용된 배양액, 슬라이드, 커버글라스, 폐배지, 폐장갑	전용보관시설(4℃ 이하) 또는 전용의 보관창고	15일
	생물화학 폐기물			폐백신, 폐항암제, 폐화학치료제	전용보관시설(4℃ 이하) 또는 전용의 보관창고	15일
	혈액오염 폐기물	상자형 골판지류 (노란색)		폐혈액백, 혈액투석 시 사용된 폐기물, 기타 혈액이 유출될 정도로 포함되어 특별한 관리가 필요한 폐기물	전용보관시설(4℃ 이하) 또는 전용의 보관창고	15일
일반의료폐기물				혈액 · 체액 · 분비물 · 배설물이 함유되어 있는 탈지면, 붕대, 거즈 일회용 기저귀, 생리대, 일회용주사기, 수액세트	전용보관시설(4℃ 이하) 또는 전용의 보관창고	15일

3 실험폐기물의 처리

(1) 실험폐기물의 처리방법

① 폐기물의 처리기준

 ㉠ 처리 전 폐기물은 별도의 안전한 장소 또는 폐기물 전용 용기에 보관한다.

 ㉡ 폐기물은 생물학적 활성을 제거한 후 처리한다.

 ㉢ 실험폐기물 처리에 대한 규정을 마련한다.

② 실험실폐기물 처리규정

 ㉠ 폐기물관리법에 따라 폐기물을 구분한다.

 ㉡ 성상별로 전용용기에 폐기한다.

 ㉢ 폐기물 종류별로 기간 내에 폐기한다.

 ㉣ 폐기 기록서를 구비한다.

 ㉤ 폐기물 위탁 수거처리 확인서를 작성한다.

(2) 실험실 지정폐기물 분류 및 처리방법

폐기물 종류	적용 폐기물	처리방법
폐유기용제	• 할로겐족 유기용제(할로겐족 유기용제를 저온 소각 시 다이옥신 등과 같은 독성이 높은 유기염소계 화합물이 생성됨)	고온 소각
부식성 폐기물	• 폐산, 폐알칼리	고온 소각
폐유독물	• 유해성이 있는 폐화학물질	고온 소각
기타 폐기물	• 시약공병, 장갑, 실험용 기자재 • 할로겐족 외 폐유기용제	일반 소각

(3) 생물안전등급별 처리기준

BSL-1	• 폐기물 및 실험폐수는 생물학적 활성을 제거할 수 있는 설비에서 처리
BSL-2	• 연구시설에서 배출되는 공기는 헤파필터를 통해 배기 권장
BSL-3	• 연구시설에서 배출되는 공기는 헤파필터를 통해 배기
BSL-4	• 실험폐수는 고압증기멸균을 이용하는 생물학적 활성제거설비를 설치 • 연구시설에서 배출되는 공기는 2단의 헤파필터를 통해 배기

4 생물체 관련 폐기물

(1) 세척, 소독, 멸균

① 세 척

㉠ 세척에 영향을 미치는 요소 : 물, 세제, 온도 등

㉡ 물, 세정제, 효소로 물품의 표면에 붙어있는 미생물이나 오염물질을 제거하는 것을 말한다.

㉢ 소독·멸균 대상품에 부착된 물질들은 소독·멸균의 효과를 저하시킬 수 있기 때문에 이물질을 충분히 제거한 후에 소독·멸균을 실시한다.

② 소 독

㉠ 미생물의 생활력을 파괴시키거나 약화시켜 감염 및 증식력을 없애는 조작을 의미한다.

㉡ 미생물의 영양세포를 사멸시킬 수 있으나 아포는 파괴하지 못한다.

③ 멸균 : 모든 형태의 생물, 특히 미생물을 파괴하거나 제거하는 물리적·화학적 처리과정을 말한다.

(2) 소독·멸균 효과에 영향을 미치는 요소

온 도	• 일반적으로 온도가 높을수록 소독력은 증가
상대습도	• 포름알데히드의 경우 70% 이상의 상대습도가 필요
미생물의 종류	• 일반적으로 미생물의 수가 많을수록 소독의 효과는 감소
유기물의 존재	• 혈액, 단백질, 토양 등의 오염물질은 소독제 및 멸균제가 미생물과 접촉하는 것을 방해하거나 불활성화시킴 • 유기물이 많을수록 소독에 필요한 접촉시간은 지연되므로, 소독을 실시하기 전에 세척 등의 유기물 제거 과정이 필요
접촉시간	• 소독제의 효과가 나타나기 위해서는 일정 시간 동안 소독제와 접촉하고 있어야 함 • 필요한 접촉시간은 소독제의 종류와 다른 영향요인들에 의해 결정 • 일반적으로 노출시간이 길어질수록 미생물의 숫자는 감소
표면 윤곽	• 표면이 거칠거나 틈이 있으면 소독이 충분히 될 수 없음
소독제 농도	• 일반적으로 소독제의 농도가 높을수록 소독제의 효과도 높아지지만, 기구의 손상을 초래할 가능성도 높아지므로 대상물의 조직, 표면 등의 손상을 일으킬 수 있음
물의 경도	• 물에 용해되어 있는 칼슘이나 마그네슘은 비누와 작용하여 침전물을 형성하거나 소독제를 중화시킴 • 정제수와 극연수는 탄산칼슘의 함유량이 매우 낮아 멸균효과가 큼 • 일반적으로 물의 경도가 낮을수록 멸균효과가 큼

세균의 부착능력	• 세균이 기구나 환경, 혈액, 분비물 등에 부착되어 있는 능력이 클수록 멸균효과가 낮음 • 기구에 형성된 생막(Biofilm)은 소독제로부터 생막 안쪽의 미생물들을 보호하는 역할을 하여 소독력을 저하시킴

(3) 살균소독에 대한 미생물의 저항성

고유저항성	• 미생물의 고유한 특성에 따라 갖게 되는 소독제에 대한 고유 저항성 • 그람음성 세균은 그람양성 세균보다 소독제에 대한 저항성이 강함 • 아포의 경우 영양세포보다 강한 저항성을 가짐 • 적합한 소독제를 선택하기 위해서는 취급 미생물과 소독제에 대한 이해가 필요
획득저항성	• 미생물이 환경, 소독제 등에 노출되는 시간이 경과함에 따라 발생하는 미생물의 염색체 유전자 변이 • 치사농도보다 낮은 농도의 소독제를 지속적으로 사용하는 과정에서 획득되는 내성
소독제에 대한 저항성	• 소독제에 대한 미생물의 저항성은 미생물의 종류에 따라 다양함 • 세균 아포가 가장 강력한 내성을 보이며, 지질 바이러스가 가장 쉽게 파괴됨 • 영양형 세균, 진균, 지질 바이러스 등은 낮은 수준의 소독제에도 쉽게 사멸됨 • 결핵균이나 세균의 아포는 높은 수준의 소독제에 장기간 노출되어야 사멸이 가능함

(4) 소독과 멸균에 대한 미생물의 내성 수준

미생물	내성	예	필요한 소독수준
프리온	높음	CJD	프리온 소독방법
세균 아포		*Bacillus Subtillis*	멸균
Coccidia		*Cryptosporidium Sp.*	
항산균		*M. Tuberculosis, M. Terrae*	높은 수준의 소독
비지질, 소형 바이러스		*Poliovirus, Coxsackie Virus*	중간 수준의 소독
진균		*Aspergillus Sp., Candida Sp.*	
영양형 세균		*S. Aureus, P. Aeruginosa*	낮은 수준의 소독
지질, 중형 바이러스	낮음	HIV, HSV, HBV	

(5) 소독방법

① 물리적인 소독, 자연적인 소독, 화학적인 소독방법이 있다.

② 연구실에서는 주로 약물소독법을 사용한다.

③ 소독제는 저렴하고 소독 효과가 높지만, 유해성 때문에 저장·취급 등에 주의해야 한다.

물리적 소독	• 건열에 의한 방법과 습열에 의한 방법으로 구분 • 건열에 의한 방법 : 화염멸균법(물체를 직접 건열하여 미생물을 태워 죽이는 방법, 아포까지 제거), 건열멸균법(건열멸균기를 이용하여 미생물을 산화시켜 미생물이나 아포 등을 멸균하는 방법, 170℃ 1~2시간 건열), 소각법이 있음 • 습열에 의한 방법 : 자비멸균법(물을 끓인 후 10~30분간 처리하는 방법), 고온증기멸균법(고압증기멸균기를 이용하여 120℃에서 20분 이상 멸균하는 방법, 미생물·아포까지 제거) 등이 있음
자연적 소독	• 자외선멸균법(자외선을 이용한 소독이나 살균법), 여과멸균법(여과기로 걸러서 균을 제거시키는 방법), 방사선멸균법(방사선 방출물질을 조사시켜 세균을 사멸하는 방법)이 있음
화학적 소독	• 소독제 또는 살생물제(Biocide)를 이용하여 짧은 시간에 살균하는 방법 • 소독제에 따라 살균작용기전에 다소 차이가 있음 • 살생물제는 전통적으로 미생물의 성장을 억제하거나 물리화학적 변화를 만들어냄으로써 활성을 잃게 하거나 또는 사멸하게 하는 작용기전이 있음 • 살생물제의 효과는 활성물질과 미생물의 특정 표적 간의 상호작용에서 나타남

(6) 소독제 선정 시 고려사항

① 병원체의 성상을 확인하고, 통상적인 경우 광범위 소독제를 선정한다.

② 피소독물에 최소한의 손상을 입히면서 가장 효과적인 소독제를 선정한다.

③ 소독방법을 고려한다(훈증, 침지, 살포 및 분무).

④ 오염의 정도에 따라 소독액의 농도 및 적용시간을 조정한다.

⑤ 피소독물에의 침투가능 여부를 고려한다.

⑥ 소독액의 사용온도 및 습도를 고려한다.

　　㉠ 일반적인 소독제는 10℃ 상승 시마다 소독효과가 약 2~3배 상승하므로 미온수가 가장 적당하다.

　　㉡ 포르말린 훈증소독의 경우 70~90% 습도 시 가장 효과적이다.

⑦ 소독약은 단일 약제로 사용하는 것이 효과적이다.

(7) 멸균방법 및 주의사항

① **멸균방법** : 모든 형태의 생물, 특히 미생물을 파괴하거나 제거하는 물리적 · 화학적 행위 또는 처리과정
으로 습식멸균, 건열멸균, 가스멸균 등이 있다.

습식멸균	• 멸균방법 중 가장 흔히 사용되는 방법 • 고압증기멸균기를 이용하여 121℃에서 15분간 처리 • 물에 의한 습기로 열전도율 및 침투효과가 좋아 멸균에 가장 효과적이며 신뢰할 수 있는 방법 • 환경독성이 없어 많은 실험실 및 연구시설에서 사용되고 있음
건열멸균	• 160℃ 또는 그 이상의 온도에서 1~2시간 동안 처리 • 가열된 공기 속에 일정시간 이상 방치하면 포자를 포함하여 모든 미생물이 사멸함
가스멸균	• 산화에틸렌 증기에 노출시킴 • 주로 일회용 플라스틱 실험도구를 멸균하는 데 사용 • 밀폐된 공간에서 160℃의 온도로 4시간 동안 노출

② **주의사항**

　㉠ 멸균 전에 반드시 모든 재사용 물품을 철저히 세척한다.

　㉡ 멸균할 물품은 완전히 건조시킨다.

　㉢ 물품 포장지는 멸균제 침투 및 제거가 용이해야 하며, 저장 시 미생물이나 먼지, 습기에 저항력이 있
　　고 유독성이 없어야 한다.

　㉣ 멸균물품은 탱크 내 용적의 60~70%만 채우며, 같은 재료들은 가능한 한 함께 멸균을 실시한다.

③ **멸균확인** : 멸균 확인방법은 크게 3가지이며, 최소 2가지 이상을 함께 사용해야 한다.

　㉠ 기계적 · 물리적 확인 : 멸균과 정상 압력, 시간, 온도 등의 측정기록을 확인한다.

　㉡ 화학적 확인 : 멸균과정 중의 변수 변화에 반응하는 화학적 표지를 확인한다.

　㉢ 생물학적 확인 : 멸균 후 생물학적 표지인자의 증식 여부를 확인한다.

(8) 소 각

유용성	• 오염 제거조치를 하거나 하지 않은 상태의 동물 사체와 해부학적 폐기물, 기타 실험실 폐기물의 처리에 　유용
대 체	• 감염성 물질을 고압증기멸균 대신에 소각하여 처리할 수 있음
2차 연소	• 적절한 소각을 위해서는 효율적인 온도 관리 수단과 2차 연소가 필요 • 단일 연소실을 구비한 장치는 감염성 물질, 동물 사체, 플라스틱의 처리에 적절하지 않음
온 도	• 1차 연소실의 온도가 최소 800℃이고, 2차 연소실 온도는 최소 1,000℃인 장치가 가장 이상적

생물체 누출 및 감염 방지대책

1 상해사고 발생 시 조치방법

(1) 감염성 물질이 안면부에 접촉 시

① 즉시 눈 세척기(Eye Washer) 또는 흐르는 깨끗한 물을 사용하여 15분 이상 세척한다.

② 눈을 비비거나 압박하지 않도록 주의한다.

③ 필요한 경우 샤워실을 이용하여 전신 세척한다.

(2) 감염성 물질 등이 안면부를 제외한 신체에 접촉 시

① 장갑 또는 실험복 등 착용하고 있던 개인보호구를 신속히 벗는다.

② 즉시 흐르는 물로 세척 또는 샤워, 오염 부위를 소독한다.

(3) 감염성 물질 섭취 시

① 즉시 의료기관으로 이송한다.

② 섭취한 물질과 사고사항을 즉시 기록하여 치료에 도움이 될 수 있도록 관련자들에게 전달한다.

(4) 주사기에 찔렸을 경우

① 신속히 찔린 부위의 보호구를 벗고 주변을 압박·방혈한 후, 15분 이상 충분히 흐르는 물 또는 생리식염 수로 세척한다.

② 의료관리자에게 보고하고, 취급하였던 병원성 미생물 또는 감염성 물질을 고려하여 적절한 의학적 조치 를 받도록 한다.

(5) 실험동물에 물렸을 경우

① 실험동물에게 물리면 우선 상처 부위를 압박하여 약간의 피를 짜낸 다음, 70% 알코올 및 기타 소독제 (Povidone-iodine 등)를 이용하여 소독한다.

② 실험용 쥐(Rat)에 물린 경우에는 서교열(Rat Bite Fever) 등을 조기에 예방하기 위해 고초균(Bacillus Subtilis)에 효력이 있는 항생제를 투여한다.

③ 고양이에 물리거나 할퀴었을 때 원인 불명의 피부질환 발생 우려가 있으므로, 즉시 70% 알코올 또는 기 타 소독제(Povidone-iodine 등)를 이용하여 소독한다.

④ 개에 물린 경우에는 70% 알코올 또는 기타 소독제(Povidone-iodine 등)를 이용하여 소독한 후, 동물의 광견병 예방접종 여부를 확인한다.

⑤ 광견병 예방접종 여부가 불확실한 개의 경우에는 시설관리자에게 광견병 항독소를 일단 투여한 후, 개를 15일간 관찰하여 광견병 증상을 나타내는 경우 개를 안락사시키고, 사육관리자 등 관련 출입인원에 대해 광견병 백신을 추가로 투여한다.

2 사고상황에 대한 조치

(1) 상황별 조치

① 실험구역 내에서 감염성 물질 등이 유출된 경우

㉠ 종이타월이나 소독제가 포함된 흡수 물질 등으로 유출물을 천천히 덮어 에어로졸 발생 및 유출 부위가 확산되는 것을 방지한다.

㉡ 유출 지역에 있는 사람들에게 사고 사실을 알려 즉시 사고구역을 벗어나게 하고, 연구실책임자 및 생물안전관리자에게 보고한다.

㉢ 사고 시 발생한 에어로졸이 가라앉도록 20분 정도 방치 후, 적절한 개인보호구를 착용하고 사고 지역으로 복귀한다.

㉣ 장갑을 끼고 핀셋을 이용하여 깨진 유리조각 등을 집고, 날카로운 기기(주사바늘 등) 등은 손상성 의료폐기물 전용 용기에 넣는다.

㉤ 유출된 모든 구역의 미생물을 비활성화시킬 수 있는 소독제로 처리하고 20분 이상 그대로 둔다.

㉥ 종이타월 및 흡수 물질 등은 의료폐기물 전용 용기에 넣는다.

㉦ 소독제를 사용하여 유출된 모든 구역을 닦는다.

㉧ 청소가 끝난 후 처리 작업에 사용했던 기구 등은 의료폐기물 전용 용기에 넣어 처리하고, 재사용할 경우에는 소독 및 세척을 한다.

㉨ 장갑, 작업복 등 오염된 개인보호구는 의료폐기물 전용 용기에 넣어 처리한다.

㉩ 오염에 노출된 신체 부위를 비누와 물을 사용하여 세척하고, 필요한 경우에는 소독 및 샤워 등으로 오염을 제거한다.

② 생물안전작업대 내에서 감염성 물질 등이 유출된 경우

㉠ 생물안전작업대의 팬을 가동시킨 후 유출 지역에 있는 사람들에게 사고 사실을 알리고, 연구실책임자 및 생물안전관리자에게 보고한다.

㉡ 장갑, 호흡보호구 등 개인보호구를 착용하고 70% 에탄올 등의 효과적인 소독제를 사용하여 작업대 벽면, 작업 표면 및 이용한 장비들에 뿌리고 적정 시간 동안 방치해 둔다.

㉢ 종이타월을 사용하여 소독제와 유출 물질을 치우고 모든 실험대 표면을 닦아낸다.

㉣ 생물안전작업대에서 모든 물품을 제거하기 전에 벽면에 묻어 있는 모든 오염물질을 살균처리하고 UV램프를 작동시킨다.

㉤ 청소가 끝난 후 처리작업에 사용했던 기구 등은 의료폐기물 전용 용기에 넣어 처리하고, 재사용할 경우에는 소독 및 세척을 한다.

ⓗ 장갑, 작업복 등 오염된 개인보호구는 의료폐기물 전용 용기에 넣어 소독·폐기하고, 노출된 신체부위를 비누와 물을 사용하여 세척하며, 필요한 경우 소독 및 샤워 등으로 오염을 제거한다.

ⓢ 만일 유출된 물질이 생물안전작업대 내부로 들어간 경우, 기관 생물안전관리책임자 및 관련 회사에 알리고 지시에 따른다.

③ 생물학적 유출사고처리함

ⓐ 유출사고를 대비하여 생물학적 유출물처리함(Biological Spill Kit) 등을 비치해야 한다.

ⓑ 생물학적 유출물사고처리함은 유출사고에 빠르게 대처할 수 있도록 필요한 물품들로 구성한다(소독제, 개인보호구, 유출확산방지도구, 청소도구).

ⓒ 기본 물품으로 소독제, 멸균용 봉투, 종이타월, 소독제, 멸균용 봉투, 개인보호구(일회용 장갑, 보안경, 마스크 등) 및 깨진 유리조각을 집을 수 있는 핀셋, 빗자루 등의 도구, 화학적 유출물 처리함(Chemical Spill Kit) 등을 함께 구비한다.

ⓓ 상용화된 키트를 구매할 수 있으며, 구성품을 개별적으로 모아 목적에 맞는 유출사고 처리함을 구비한다.

ⓔ 유출사고처리함을 사용한다.

(2) 실험동물의 탈출 시 조치

실험동물 탈출방지 장치	• 실험동물이 사육실 밖으로 탈출할 수 없도록 개별 환기사육장비에서 실험동물을 사육한다. • 사육실 출입구에는 실험동물 탈출방지턱 또는 끈끈이 등을 설치한다. • 동물실험구역과 일반구역 사이의 출입문에도 탈출방지턱, 끈끈이 또는 기밀문을 설치하여 동물이 시설 외부로 탈출하지 않도록 한다. • 실험동물 사육실로부터 탈출한 실험동물을 발견했을 때에는 즉시 안락사 처리 후, 고온고압증기멸균하여 사체를 폐기하고 시설관리자에게 보고한다. • 시설관리자는 실험동물이 탈출한 호실과 해당 실험과제, 사용 병원체, 유전자재조합생물체 적용 여부 등을 확인하여야 한다.
탈출동물 포획방법	• 사육실 밖 또는 케이지 밖에 나와 있는 실험동물은 발견하는 즉시 포획한다. • 포획 시는 다른 방에 들어가지 않도록 차단한 뒤 조용히 접근하여 포획한다. • 포획 시는 필히 장갑을 착용하고 필요시 보안경 등을 착용한다. • 포획장비로는 포획망, 포획틀, 미끼용 먹이(동물사료), 서치 랜턴 등이 있으며 경우에 따라 마취총, 블로우파이프(입으로 부는 화살총)를 사용할 수 있다.

3 LMO실험실 비상조치

(1) LMO 비상상황

LMO 비상상황이란 2등급 이상의 연구시설에서 다뤄지는 LMO의 유출로 인하여 국민의 건강과 생물다양성의 보전 및 지속적인 이용에 중대한 부정적인 영향이 발생 또는 발생할 우려가 있다고 인정되는 상황을 말한다.

(2) LMO실험실 비상조치

1단계 연락 및 통제	• 최초 발견자는 유출 장소에 대한 접근을 통제하고 LMO 유출 시 연락체계도에 따라 즉시 연구시설 설치 · 운영책임자 및 생물안전관리책임자에게 보고한다.
2단계 초동조치	• 연구시설 설치 · 운영책임자는 연락받는 즉시 생물안전관리책임자(생물안전위원회)와 협조하여 초동조치를 실시한다. • 출입통제, 경고표지판 부착, 상황전파 및 대피, 유출 LMO 확산방지를 위한 조치 등
3단계 조사판단	• 연구시설 설치 · 운영책임자 즉시 경고표지판을 부착하고, 생물안전관리책임자(생물안전위원회)와 함께 유출 상황을 조사하여 확산방지 조치 및 비상상황 해당 여부를 판단한다. • 비상 상황 이외의 유출 시에는 기관 자체처리 후 반드시 사후기록을 작성한다.
4단계 비상조치	• 보고받은 과학기술정보통신부는 발생한 비상 상황의 등급 및 규모에 따라 과학기술정보통신부 과학기술안전기반팀 담당공무원, 과학기술정보통신부 LMO전문가심사위원으로 구성된 비상조치반을 구성한다. • 파견 후 사고 유형에 따라 LMO의 제거(회수, 사멸 등 생물학적 활성 제거) 및 피해 확산 제어를 위한 비상조치를 실시한다.
5단계 최종보고	• 비상 상황이 발생하는 즉시 현장으로 비상조치반을 구성하여 파견하는 것이 원칙이나, 발생 연구기관의 지리적 위치, 기타 제반 사항을 고려하여 비상조치반을 구성한다. • 파견이 즉시 이루어질 수 없을 때에는 사고 발생 기관이 중심이 되어 과학기술정보통신부 LMO전문가심사위원회의 자문 및 안내를 바탕으로 사전 비상조치가 이뤄지도록 한다. • 사후관리의 필요성이 있을 시에는 비상조치 후 일정기간 동안 모니터링을 실시하고 잔류오염물질 조사 및 평가 등을 실시한다. 또한 필요한 행정처분 및 개선 명령을 내려 처리결과를 통보하게 하거나 현장 점검을 통해 확인한다. • 사고발생 연구기관의 장은 비상상황 발생 경위를 포함한 유출부터 비상조치까지의 전 과정을 문서화하여 과학기술정보통신부에 보고한다.
6단계 분석 및 재발방지	• 사고발생 연구기관의 장은 발생한 비상 상황 분석을 통해 재발 방지를 위한 개선책을 마련하고, 마련된 개선책을 바탕으로 재발 방지 교육 및 홍보를 실시한다.

4 비상대응 절차 및 사후관리

(1) 비상계획 수립

연구실사고에 효율적인 대응을 위해 발생 가능한 비상상황에 대해 대응 시나리오를 마련한다.

(2) 세부 대응절차

① 비상대응시나리오 마련한다(감염노출사고, 화재, 자연재해, 테러 등).

② 비상대응인원들에 대한 역할과 책임을 규정한다.

③ 비상지휘체계 및 보고체계를 마련한다.

④ 비상대응계획 수립 시 유관기관(의료, 소방, 경찰)들과 협의한다.

⑤ 비상대응을 위한 의료기관을 지정한다(병원, 격리시설 등).

⑥ 훈련을 정기적으로 실시한 후, 수립된 비상대응계획에 대한 평가를 실시하고, 필요시 대응계획을 개정한다.

⑦ 비상대응장비 및 개인보호구에 대한 목록화(위치, 개수 등)를 실시한다.

⑧ 비상탈출경로, 피난장소, 사고 후 제독에 대한 사항을 명확하게 한다.

⑨ 피해구역 진입인원을 규명한다.

⑩ 비상연락망을 수립하고 신속한 정보공유를 위해 무전기, 핸드폰 등 통신장비를 사전에 확보한다.

⑪ 재난 시 실험동물 관리 혹은 도태방안을 마련한다.

(3) 비상대응 교육, 훈련 및 평가

① 수립한 계획에 따라 비상대응 체계를 구축하고 비상대응 교육 및 시나리오에 따른 훈련을 실시한다.

② 훈련 시 기관 내부 담당자는 물론 유관기관이 참여할 수 있도록 하고 비상대응계획에 대해 평가한다.

③ 각 대응조치별 문제점을 발견하여 개선방안에 대한 논의를 실시하고, 필요시 기존의 비상대응계획에 대한 개정을 시행하는 피드백(Feedback)이 필요하다.

④ 안전관리분야에서 일반적으로 적용되는 전략인 P-D-C-A(Plan-Do-Check-Action)의 방식과 동일하다.

(4) 사고 보고, 기록

① 모든 사고는 연구실책임자와 안전관리 담당부서에 보고되어야 하고 기록으로 남겨야 한다.

② 모든 사고는 안전관리담당자에 의해 조사되어야 한다.

③ 사고보고 및 조사는 연구활동종사자에게 책임을 묻고 비난하기 위한 것이 아니라 동종 혹은 유사한 사고를 막기 위함이 목적이다.

④ 경미한 사고라도 조사를 통해 조처가 취해질 때 큰 사고를 막을 수 있다.

⑤ 유해물질에 의한 장기적 노출도 같은 요령으로 안전관리 부서에 제출한다.

⑥ 보험과 책임성의 문제도 초기 사고 기록이 존재한다면 효과적으로 처리될 수 있다.

05

기출예상문제

정답 및 해설 **p.374**

※ 홀수번호 (단답형) 문제, 짝수번호 (서술형) 문제로 진행됩니다.

01 [   ](이)란 유전물질을 전달하거나 복제할 수 있는 모든 생물로 생식능력이 없는 유기체, 바이러스 및 바이로이드(Viroid)를 포함한다.

02 LMO와 GMO의 차이점을 기술하시오.

03 연구실에서 병원성 미생물, 감염성 물질 등 생물체 취급으로 인해 발생할 수 있는 위험으로부터 사람과 환경을 보호하는 일련의 활동을 [   ](이)라 한다.

04 생물재해에 대해 기술하시오.

05 [   ]의 목표는 생물재해를 방지함으로써 연구활동종사자의 건강한 삶을 보장하고 안전한 환경을 유지하기 위함이다.

06 생물안전의 3가지 구성요소를 쓰시오.

07 물리적 밀폐에는 [   ] 밀폐와 [   ] 밀폐가 있다.

08 생물안전의 3가지 요소 중 위해성평가능력 확보에서는 위해도에 따라 4가지 위험군으로 분류하는데, 1~4 분류군에 대해 기술하시오.

09 생물안전의 3가지 구성요소 중에서 실험 외부 환경이 감염성 병원체 등에 오염되는 것을 방지하고, 연구시설의 올바른 설계 및 설치, 시설 관리 · 운영하기 위한 수칙 등을 마련하고 준수하는 활동을 무엇이라 하는지 쓰시오.

10 생물안전의 3가지 구성요소 중에서 안전관리의 운영방법 5가지를 기술하시오.

11 생물안전의 3가지 구성요소 중에서 [   ]은(는) 생물안전관리를 위한 운영 방안, 체계수립, 이행 등을 통해 안전한 환경을 확보하는 것이다.

12 연구실 주요 위해요소 6가지를 쓰시오.

13 감염병의 전파, 격리가 필요한 유해 동물, 외래종이나 유전자변형생물체의 유입 등에 의한 위해를 최소화하기 위한 일련의 선제적 조치 및 대책으로 생물학적 물질의 도난이나 의도적인 유출을 막고 잠재적 위험성이 있는 생물체의 잘못된 사용을 방지한다는 협의의 개념도 포함되는 것을 [   ](이)라 한다.

14 생물안전등급 4가지에 대해 기술하시오.

15 생물안전등급 4등급 중에서 기관생물안전위원회를 반드시 설치 · 운영해야 하고, 생물안전관리자를 지정해야 하며, 인체위해성 허가가 필요한 등급은 몇 등급인지 쓰시오.

16 생물안전등급 3등급에 대해 기술하시오.

17 실험실 책임자는 고위험병원체 관리대장 및 사용내역대장을 몇 년간 보관해야 하는지 쓰시오.

18 생물안전수칙 중 운송 시 안전수칙에 대해 기술하시오.

19 LMO연구시설은 생물안전등급에 따라서 누구에게 신고하거나 허가를 취득해야 하는지 쓰시오.

20 LMO연구실의 설치 및 운영기준에 대해 기술하시오.

21 단순히 [   ](으)로 유전자를 확인하는 시설은 LMO 취급 시설에 해당하지 않는다.

22 기관생물안전위원회의 역할에 대해 기술하시오.

23 기관생물안전위원회의 필수 설치대상을 기술하시오.

24 기관생물안전위원회의 구성인력에 대해 기술하시오.

25 생물안전관리인력 중 생물안전위원회를 운영하며, 생물안전관리규정 제·개정하고, 기관 내 생물안전 준수사항을 이행·감독하는 직책명을 쓰시오.

26 생물안전관리인력 중 의료관리자(MA ; Medical Advisor)의 역할은 무엇인지 쓰시오.

27 생물안전관리인력 중 유전자재조합실험의 위해성 평가를 담당하고, 연구활동종사자에 대한 생물안전 교육 및 훈련에 대한 책임이 있는 직책명을 쓰시오.

28 생물학적 위해성 평가(Biological Risk Assessment)에 있어 3가지 주요 위해요인에 대해 쓰시오.

29 생물체로 야기될 수 있는 질병의 심각성과 발생 가능성을 평가하는 체계적인 과정을 무엇이라 하는지 쓰시오.

30 생물학적 위해성 평가(Biological Risk Assessment)의 5단계를 쓰시오.

31 고위험 병원체 등 감염성 물질을 다룰 때 사람과 환경을 보호하기 위해 사용하는 기본적인 1차적 밀폐장치로 내부에 장착된 헤파필터를 통해 유입된 공기를 처리하는 장비는 무엇인지 쓰시오.

32 생물안전작업대(BSC)의 Class1~3에 대하여 보호대상을 기술하시오.

33 정화된 공기가 작업대에 제공되고 작업대의 공기는 개구부를 통하여 작업대 밖으로 배출되므로 시료를 보호할 수는 있지만 연구자를 보호할 수 없는 장비는 무엇인지 쓰시오.

PART 05

34 실험실 장비 중 아이솔레이터(Isolator)에 대해 기술하시오.

35 멸균법 중 습열멸균방법을 이용한 것으로 실험실 등에서 널리 사용되며, 일반적으로 121℃에서 15분간 처리하는 방식의 장비는 무엇인지 쓰시오.

36 고압증기멸균기(Autoclave)의 사용 시 주의사항에 대해 기술하시오.

37 실험실 장비 중 고속회전을 통한 원심력으로 물질을 분리하는 장치로, 사용시 안전컵·로터의 잘못된 이용 또는 튜브의 파손에 따른 감염성 에어로졸 및 에어로졸화된 독소의 방출과 같은 위해성이 있는 장비는 무엇인지 쓰시오.

38 개인보호구 중에서 고글의 사용조건에 대해 기술하시오.

39 연구실 개인보호구 중 에어로졸의 흡입 가능성이 있거나 잠재적으로 오염된 공기에 노출될 수 있는 연구를 수행할 경우 착용하는 것은 무엇인지 쓰시오.

40 의료폐기물의 종류에 대해 기술하시오.

41 사업장폐기물 중 폐유·폐산 등 주변 환경을 오염시킬 수 있거나 의료폐기물 등 인체에 위해를 줄 수 있는 해로운 물질은 무엇인지 쓰시오.

42 위해의료폐기물 중에서 조직물류폐기물에는 무엇이 있는지 쓰시오.

43 의료용 폐기물에서 봉투형 용기는 용량의 몇 % 미만으로 채워야 하는지 쓰시오.

44 실험실 폐유기용제 중 할로겐족 유기용제를 저온 소각해서는 안 되는 이유를 기술하시오.

45 실험폐수는 고압증기멸균을 이용하는 생물학적 활성제거설비를 설치하여 처리하고, 연구시설에서 배출되는 공기는 2단의 헤파필터를 통해 배기해야 하는 생물안전등급은 어느 등급인지 쓰시오.

46 생물체 관련 폐기물에 대한 설명 중 세척에 영향을 미치는 3대 요소를 쓰시오.

47 생물체 관련 폐기물에 대한 설명 중 미생물의 생활력을 파괴시키거나 약화시켜 감염 및 증식력을 없애는 조작을 의미하는 것으로, 미생물의 영양세포를 사멸시킬 수 있으나 아포는 파괴하지 못하는 것은 무엇인지 쓰시오.

48 살균소독에 대한 미생물의 저항성 중 획득저항성을 설명하시오.

49 소독의 방법 3가지를 쓰시오.

50 멸균 방법 중 습식멸균에 대해 기술하시오.

51 개에 물린 경우에는 [   ] 알코올 또는 기타 소독제(Povidone-iodine 등)를 이용하여 소독한 후, 동물의 [   ] 여부를 확인해야 한다.

52 감염성 물질이 안면부에 접촉 시 조치방법에 대해 기술하시오.

53 주사기에 찔렸을 경우에는 신속히 찔린 부위의 보호구를 벗고 주변을 압박, 방혈 후 [　　]분 이상 충분히 흐르는 물 또는 생리식염수로 세척하고 의료관리자에게 보고하고, 취급하였던 병원성 미생물 또는 감염성 물질을 고려하여 적절한 의학적 조치를 받도록 한다.

54 실험용 쥐(Rat)에 물린 경우 조치방법에 대해 기술하시오.

55 실험구역 내에서 감염성 물질 등이 유출된 경우, 사고 시 발생한 에어로졸이 가라앉도록 몇 분 정도 방치한 후에 적절한 개인보호구를 착용하고 사고 지역으로 복귀해야 하는지 쓰시오.

56 LMO 비상상황 5단계에 대해 기술하시오.

교육이란 사람이 학교에서 배운 것을 잊어버린 후에 남은 것을 말한다.

– 알버트 아인슈타인 –

PART 06

연구실 전기·소방 안전관리

소방 안전관리

1 연소이론

(1) 연 소

연 소	• 가연성 물질이 공기 중의 산소와 만나 빛과 열을 수반하며 급격히 산화하는 현상
인화점	• 점화원에 의해 연소할 수 있는 최저온도 • 가연성 물질이 점화원과 접촉할 때 연소를 시작할 수 있는 최저온도
연소점	• 연소상태가 지속될 수 있는 온도
발화점(AIT)	• 점화원 없이 연소가 가능한 최저온도
연소하한계(LFL)	• 연소 시 화염의 전파가 일어날 수 있는 가연물의 최소농도
연소상한계(UFL)	• 연소 시 화염의 전파가 일어날 수 있는 가연물의 최대농도
연소범위	• 연소상한계와 연소하한계의 범위
최소산소농도(MOC)	• 가연성 혼합가스 내에 화염이 전파될 수 있는 최소한의 산소농도 • MOC = 산소몰수 × LFL
위험도(H)	• 연소범위를 연소하한계로 나눈 값 • 위험도(H) = (UFL − LFL) / LFL • 어떤 물질의 위험도는 연소범위가 클수록, 연소하한계가 작을수록 위험
최소점화에너지(MIE)	• 점화에 필요한 최소에너지(Minimum Ignition Energy)
연소의 3요소	• 가연물, 점화원, 산소
연소의 4요소	• 가연물, 점화원, 산소, 연쇄반응
연소의 형태	• 기체의 연소 : 예혼합연소, 확산연소 • 액체의 연소 : 증발연소, 분무연소 등 • 고체의 연소 : 분해연소, 증발연소, 표면연소 등
연소범위에 영향을 주는 요인	• 온도, 압력, 산소농도 상승 : 연소범위 확대 • 불활성 가스 농도 상승 : 연소범위 축소
산소공급원	• 공기(산소), 산화제, 자기반응성 물질
점화원	• 고열물체, 나화, 정전기, 마찰, 충격, 전기스파크

(2) 가연물

① 가연물의 구비조건

　　㉠ 발열량이 클 것 : 산화되기 쉬운 물질은 발열량이 큼

　　㉡ 표면적이 클 것 : 산소와의 접촉면적이 커져 연소용이(기체 〉 액체 〉 고체)

　　㉢ 활성화 에너지가 작을 것 : 산화되기 쉬운 물질은 활성화 에너지가 작음

　　㉣ 열전도도가 작을 것 : 열전도도가 작으면 열축적이 용이(고체 〉 액체 〉 기체)

　　㉤ 발열반응일 것 : 가연물은 산소와 반응 시 반드시 발열반응을 해야 함

　　㉥ 연쇄반응을 수반할 것 : 연소현상이 연쇄적으로 반응해야 함

② 가연물의 종류

　　㉠ 고체가연물 : 종이, 섬유, 고무, 목재 등

　　㉡ 액체가연물 : 휘발유, 등유, 경유 등

　　㉢ 기체가연물 : 프로판, 부탄, LPG, LNG 등

③ 가연물이 될 수 없는 물질

　　㉠ 불활성 가스 : 헬륨(He), 아르곤(Ar), 네온(Ne), 크세논(Xe), 라돈(Rn), 크립톤(Kr)

　　㉡ 흡열반응하는 물질 : 질소, 질소산화물

　　㉢ 산소와 이미 결합하여 더이상 산소와 화학반응을 일으키지 않는 물질 : 이산화탄소(CO_2), 물(H_2O), 삼산화황(SO_3), 오산화인(P_2O_5), 규조토(SiO_2)

(3) 산소공급원

산소공급원의 종류로는 공기, 산화제, 자기반응성 물질이 있다.

산화제	• 자체로는 연소하지 않으나 산소를 발생시키는 물질 • 분자 내의 다량의 산소를 함유하고 있는 물질 • 제1류 위험물[산화성 고체 – 염소산염류($NaClO_3$, $KClO_3$)] • 제6류 위험물[산화성 액체 – 과산화수소(H_2O_2), 질산(HNO_3)] • 오존(O_3)
자기반응성 (연소성) 물질	• 제5류 위험물 • 연소에 필요한 산소공급원을 함유하고 있는 물질 • 니트로글리세린($C_3H_5N_3O_9$), 니트로셀룰로오스, TNT($C_7H_5N_3O_6$) 등

(4) 점화원

열적 점화원	• 나화 : 난로, 담배, 보일러, 토오치 램프 • 고온의 표면 : 전열기, 배기관, 연도
기계적(물리적) 점화원	• 압축열 : 기체를 급하게 압축할 때 발생하는 열 • 마찰열 : 두 고체를 마찰시킬 때 발생하는 열 • 마찰스파크 : 고체와 금속을 마찰시킬 때 불꽃이 발생하는 현상
전기적 점화원	• 유도열 : 도체 주위에 자장이 존재할 때 전류가 흘러 발생하는 열 • 유전열 : 누전 등에 의한 전기절연의 불량에 의해 발생하는 열 • 저항열 : 도체에 전류가 흐를 때 전기저항 때문에 발생하는 열 • 아크열 : 스위치에 의한 On/Off 아크 때문에 발생하는 열 • 정전기열 : 정전기가 방전할 때 발생하는 열 • 낙뢰에 의한 열 : 낙뢰에 의해 발생하는 열
화학적 점화원	• 연소열 : 가연물이 산소와 반응하여 발열반응을 할 때 생성되는 열량 • 분해열 : 가연물이 분해 반응할 때 발생하는 열량 • 중합열 : 시안화수소 산화에틸렌 등의 중합 시 발생하는 열량 • 용해열 : 어떤 물질이 액체에 용해될 때 발생하는 열 • 생성열 : 발열반응에 의해 화합물이 생성될 때 발생하는 열 • 자연발화열 : 외부로부터 열의 공급을 받지 아니하고 온도가 상승하는 현상

(5) 연소의 종류

기체의 연소	• 가연성 기체에 산소를 접촉시킨 상태에서 점화 시 발생하는 연소 • 불티가 없는 연소로 불꽃연소 또는 발염연소라 함 • 불꽃연소는 확산연소와 예혼합연소가 있음 • 기체연소의 가장 큰 특징은 예혼합연소에 의한 폭발 • 고체나 액체는 산소를 공급한다고 해도 폭발을 일으키지 않음
액체의 연소	• 액체 가연물이 연소할 때는 액체 자체가 연소하는 것이 아님 • 증발연소 : 액체 표면에서 발생된 증기가 연소 • 분해연소 : 액체가 비휘발성인 경우 열분해되어 그 분해가스가 연소 • 분무연소 : 점도가 높고 휘발성이 낮은 액체 중질유를 가열 등의 방법으로 점도를 낮추어 미세입자로 분무하여 연소 • 보통 액체의 연소는 증발연소가 대부분임
고체의 연소	• 증발연소(Evaporative Combustion) • 분해연소(Destructive Combustion) • 표면연소(Surface Combustion) • 자기연소(Self Combustion)

2 화재이론

(1) 화 재

① 사람의 의도에 반하여 발생하는 연소 현상을 말한다.

② 사람에게 피해를 주는 연소 현상으로 소화가 필요한 상황을 말한다.

③ 국제표준화기구(ISO) : 시간적 · 공간적으로 제어되지 않고 확대되는 급격한 연소 현상

④ 국내 화재조사 및 보고 규정 : 사람의 의도에 반하거나 고의에 의해 발생하는 연소 현상으로 소화할 필요가 있거나 또는 화학적인 폭발 현상

(2) 화재분류(가연물 특성)

일반화재(A급화재)	나무, 섬유, 종이, 고무, 플라스틱류와 같은 일반 가연물이 타고 나서 재가 남는 화재
유류화재(B급화재)	인화성 액체, 가연성 액체, 석유 그리스, 타르, 오일, 유성도료, 솔벤트, 래커, 알코올 및 인화성 가스와 같은 유류가 타고 나서 재가 남지 않는 화재
전기화재(C급화재)	전류가 흐르고 있는 전기기기, 배선과 관련된 화재
주방화재(K급화재)	주방에서 동식물유를 취급하는 조리기구에서 일어나는 화재
금속화재(D급화재)	마그네슘, 티타늄, 지르코늄, 나트륨, 리튬, 칼륨 등과 같은 가연성 금속에서 발생하는 화재

(3) 화재의 단계

① 초기 : 실내 가구 등의 일부가 독립적으로 연소

② 성장기 : 가구 등에서 천장면까지 화재 확대

③ 최성기 : 연기의 양은 적어지고 화염의 분출이 강해지며 유리가 파손

④ 감쇠기 : 화세가 쇠퇴하며, 연소 확산의 위험은 없음

(4) 실내화재의 양상

① 훈소(Smoldering) : 불꽃이 없이 타는 연소를 말한다.

② 플래시오버(Flash Over) : 화점 주위에서 화재가 서서히 진행하다가 시간이 경과함에 따라 대류와 복사 현상에 의해 일정 공간 안에 있는 가연물이 발화점까지 가열되어 일순간에 걸쳐 동시 발화되는 현상을 말한다.

③ 백드래프트(Back Draft) : 산소가 부족한 밀폐된 공간에 불씨 연소로 인한 가스가 가득 차 있는 상태에서 갑자기 새로운 산소가 유입될 때 불씨가 화염으로 변하면서 폭풍을 동반하여 실외로 분출하는 현상을 말한다.

3 소화이론

(1) 소화의 종류

물리적 소화	• 제거소화 : 가연물을 제거 또는 격리하여 소화 • 질식소화 : 산소 공급을 차단하여 소화 • 냉각소화 : 연소물을 냉각하여 점화에너지를 차단하여 소화
화학적 소화	• 억제소화(부촉매소화) : 주로 화염이 발생하는 연소반응을 주도하는 라디컬(Radical)을 제거하여 소화
질식소화의 종류	• 유화 : 가연성 액체 화재 시 물을 무상으로 고압 방사하여 유화층을 형성시켜 유류의 증기압을 떨어뜨려 소화(에멀션 효과) • 희석 : 알코올 등과 같은 수용성 액체위험물이나 제6류 위험물에 적용하는 것으로, 인화성 액체 표면에 작거나 중간크기의 물방울을 완만하게 분사하여 훨씬 더 높은 인화점을 가진 용해액을 생성시켜 소화 • 피복 : 비중이 공기의 1.5배 정도로 무거운 소화약제로, 가연물의 구석구석까지 침투 피복하여 소화

(2) 소화약제의 종류

① **강화액 소화약제** : 물에 화학약품을 섞어 소화력을 강화시킨 약제로 탄산칼륨, 인산암모늄, 계면활성제, 부동액 등이 있다.

② **물 소화약제** : 비열과 증발잠열이 커서 냉각효과가 우수하고 침투성이 높다.

③ **포 소화약제** : 물과 포안정제 등의 약제를 일정한 농도로 혼합하여 거품을 발생시키는 약제를 말한다.

④ **이산화탄소 소화약제** : 이산화탄소의 질식, 냉각효과를 이용하여 소화하는 약제를 말한다.

⑤ **할론 소화약제** : 지방족 탄화수소인 메탄, 알코올 등의 분자에 포함된 수소원자의 일부 또는 전부를 할로겐 원소(F, Cl, Br, I 등)로 치환한 화합물 중 소화약제를 말한다.

⑥ **할로겐화합물 및 불활성기체 소화약제** : 불소, 염소, 브롬 또는 요오드 중 하나 이상의 원소를 포함하고 있는 유기화합물을 기본성분으로 하는 소화약제를 말한다.

⑦ **분말 소화약제** : 질식, 부촉매 등 소화효과를 가지는 소화약제를 말한다.

CHAPTER 02 소방설비

1 소방시설의 종류

소화설비	• 소화기구(소화기, 간이소화용구, 자동확산소화기) • 옥내소화전설비 • 물분무등소화설비	• 자동소화장치 • 스프링클러설비 • 옥외소화전설비
경보설비	• 단독경보형 감지기 • 시각경보기 • 비상방송설비 • 통합감시시설 • 가스누설경보기	• 비상경보설비 • 자동화재탐지설비 • 자동화재속보설비 • 누전경보기
피난구조설비	• 피난기구(피난사다리, 구조대, 완강기, 미끄럼대, 피난교, 피난용트랩, 간이완강기, 공기 안전매트, 다수인 피난장비, 승강식피난기 등) • 인명구조기구 • 유도등 • 비상조명등 및 휴대용 비상조명등	
소화용수설비	• 상수도소화용수설비 • 그 밖의 소화용수설비	• 소화수조 · 저수조
소화활동설비	• 제연설비 • 연결살수설비 • 무선통신보조설비	• 연결송수관설비 • 비상콘센트설비 • 연소방지설비

2 경보설비

(1) 화재감지기

① **차동식 감지기** : 주위 온도가 일정 상승률 이상이 되었을 경우 작동하는 감지기를 말한다.

② **정온식 감지기** : 주위 온도가 일정한 온도 이상이 되었을 경우 작동하는 감지기를 말한다.

③ **연기 감지기** : 화재 시 발생되는 연기에 의해 작동하는 감지기를 말한다.

④ **불꽃 감지기** : 불꽃에서 방사되는 불꽃의 변화가 일정량 이상이 되었을 경우 작동하는 감지기를 말한다.

(2) 화재수신기

① **설치위치** : 수위실 등 상시 사람이 근무하는 장소에 설치한다.

② **비화재보** : 화재 이외의 요인에 의하여 자동화재탐지설비가 작동하여 화재 경보를 발하는 것을 말한다.

3 피난설비

구조대	• 비상시 건물의 창, 발코니 등에서 지상까지 포대를 사용하여 그 포대 속을 활강하는 피난기구로, 구조에 따라 수직구조대와 경사구조대가 있다.
완강기	• 사용자의 몸무게에 의하여 자동적으로 내려올 수 있는 기구를 말한다. • 조절기, 조속기의 연결부, 로프, 연결금속구, 벨트로 구성된다. • 3층 이상 10층 이하 층에 설치한다.
피난사다리	• 화재 시 안전한 장소로 피난하기 위해서 건축물의 개구부에 설치하는 기구를 말한다.
피난교	• 건축물의 옥상 층 또는 그 이하의 층에서 화재발생 시 옆 건축물로 피난하기 위해 설치하는 피난기구를 말한다.
기타 피난기구	• 미끄럼봉, 피난로프, 피난용 트랩, 공기안전매트 등이 있다.

4 소화기

(1) 소화기의 능력단위

① 소화능력시험을 통해 각 화재 종류별로 소화 능력을 인정받은 수치를 말한다.

② 소형소화기 : 능력단위가 1단위 이상이다.

③ 대형소화기 : 능력단위가 A급은 10단위, B급은 20단위 이상이다.

④ 1단위 : 소나무 90개를 우물정자 모양으로 730mm×730mm로 쌓고, 1.5ℓ의 휘발유를 부은 다음, 불을 붙인 후에 소화를 시작하여 완전연소 시의 소화기의 능력을 말한다.

(2) 소화기의 종류

① 분말 소화기 : 고압의 가스를 이용하여 탄산수소나트륨 또는 제1인산암모늄 분말을 방출하는 소화기를 말한다. 가압방식에 따라 '가압식 소화기'와 '축압식 소화기'가 있다.

② 이산화탄소 소화기 : 이산화탄소를 액화하여 충전한 것으로, 액화이산화탄소가 방출되면 고체 상태인 드라이아이스로 변하면서 화재장소를 이산화탄소 가스로 덮어 공기를 차단한다.

③ 하론 소화기 : 하론 가스를 소화약품으로 사용하는 소화기를 말한다.

④ 포 소화기 : 탄산수소나트륨과 황산알루미늄 용액의 혼합에 의해 발생된 탄산가스 등을 이용하여 공기의 공급을 차단하는 소화기를 말한다.

⑤ 사염화탄소 소화기 : 사염화탄소(액체)와 압축 공기를 충전한 액체소화기로 전기화재에 효과가 크다.

⑥ K급 소화기 : 식용유 등으로 인해 발생하는 화재에 유막을 형성시켜 온도를 낮추고, 산소 공급을 차단하여 진화하는 소화기를 말한다.

(3) 소화기 설치기준

① 특정소방대상물로부터 보행거리가 소형소화기는 20m, 대형소화기 30m 이내로 설치한다.

② 특정소방대상물의 각 층이 2개 이상의 거실로 구획된 경우에는 각 층마다 설치한다.

③ 소화기는 바닥으로부터 높이 1.5m 이하의 곳에 비치하고, '소화기'라고 표시한 표지를 보기 쉬운 곳에 부착한다.

④ 자동확산소화기는 방호대상물에 소화약제가 유효하게 방사될 수 있도록 설치한다.

⑤ 분말형태의 소화약제를 사용하는 소화기는 내용연수 10년이 경과하면 교체한다.

(4) 소화기 사용방법

① 소화기를 불이 난 곳으로부터 2~3m 떨어진 거리로 접근한다.

② 소화기를 바닥에 내려놓은 후 소화기가 넘어지지 않도록 한 손은 소화기 몸통을 잡고, 다른 한 손은 안전핀을 뽑는다.

③ 한 손은 손잡이를 잡고, 다른 한 손은 노즐을 잡고 화점을 향하게 한다.

④ 바람을 등지고 소화가 완전히 될 때까지 약제를 화점을 향하여 비로 쓸 듯이 골고루 방사한다.

5 옥내 소화전

(1) 옥내 소화전의 개요

① 방수량 : 130 ℓ/min

② 방수압 : 0.17MPa 이상 0.7Mpa 이하

③ 수원의 양(m³) : 130 ℓ/min × 20min × 소화전 개수(최대 5개)

④ 가압송수장치

  ㉠ 자동기동방식 : 소방펌프가 자동으로 기동

  ㉡ 수동기동방식 : 소방펌프가 수동으로 기동

  ㉢ 고가수조방식 : 높은 곳에 물탱크를 설치하고 자연낙차에 의해 가압

  ㉣ 압력수조방식 : 물탱크가 압력수조에 2/3는 물을 채우고, 1/3은 압축공기를 채워 소방용수를 공급하는 방식

⑤ 구성 : 소화전함, 방수구, 표시등, 호스, 관창(노즐) 등

(2) 옥내 소화전의 사용방법

① 옥내 소화전함 상부에 설치된 발신기 버튼을 눌러 화재 사실을 알린다.

② 2인 1조로 소화전함을 열고 호스를 화점에 가까이 전개한다.

③ 진화자는 화점 가까이에서 "밸브 개방"을 외치고, 조력자는 밸브를 반시계방향으로 돌려 개방한다.

④ 방수 시 한 손은 관창선단을 잡고, 다른 한 손은 결합부를 잡은 상태에서 호스를 최대한 몸에 밀착시킨 후에 밸브를 개방하고 노즐을 조작하여 방수한다.

⑤ 화재가 진압되면 "밸브 폐쇄"라고 외친 후 밸브를 폐쇄한다.

⑥ 호스는 음지에 말려서 다시 사용하기 쉽도록 정리한다.

6 스프링클러

(1) 스프링클러의 개요

① **구성** : 소화수조, 소방펌프, 배관, 스프링클러헤드, 유수검지장치, 기동용수압개폐장치 등으로 구성된다.

② **헤드와의 거리** : 실험실 내 용품들은 스프링클러헤드에서 적어도 50cm 이상 떨어진 곳에 위치하도록 한다.

③ **수원의 양(m³)** : $80 \ell/\text{min} \times 20\text{min} \times$ 폐쇄형 스프링클러헤드 기준개수

(2) 스프링클러의 종류

① **습식** : 가압송수장치에서 폐쇄형 스프링클러헤드까지 배관 내에 항상 물이 가압되어 있는 방식을 말한다.

② **건식** : 1차측에는 물이, 2차측 배관에는 압축공기가 가압되어 있는 방식을 말한다.

③ **부압식** : 1차측까지는 물이 가압되고, 2차측에는 물이 부압으로 되어 있는 타입으로, 수손피해를 방지하기 위해 주로 설치한다.

④ **준비작동식** : 가압송수장치에서 준비작동식 유수검지장치 1차측까지 배관 내에 항상 물이 가압되어 있고, 2차측에는 대기압으로 있다가 화재발생 시 감지기가 작동하는 방식을 말한다.

⑤ **일제살수식** : 가압송수장치에서 일제개방밸브 1차측까지 배관 내에 항상 물이 가압되어 있고, 2차측에서 개방형 스프링클러헤드까지 대기압으로 있다가, 화재발생 시 자동감지장치 또는 수동식기동장치의 작동으로 일제개방밸브가 개방되면 스프링클러헤드까지 소화용수가 송수되는 방식을 말한다.

7 화재사고 대응방법

(1) 화재별 소화방법

일반화재	• 목재, 종이, 섬유 등 일상생활 어디에서나 발생할 우려가 가장 높은 화재 • 가연물의 보관을 최소화하고, 화재가 발생한 경우 분말 소화기, 옥내 소화전 등의 사용을 숙지
유류화재	• 등유, 경유, 휘발유, LPG, LNG, 부탄가스 등 인화성 액체, 가연성 가스류 등의 화재 • 물은 소화효과가 없어 포소화설비 등을 사용하여 진화
전기화재	• 전류가 흐르고 있는 전기기기나 배선과 관련된 화재 • 분말 소화기, 이산화탄소 소화기, 할론 소화기 등을 이용하여 신속하게 소화 • 물을 사용하는 경우 감전의 우려가 높음
금속화재	• 칼륨, 나트륨, 알루미늄, 마그네슘 등 금속류에서 주로 발생하는 화재 • 물과 급속도로 반응하여 폭발을 일으킬 수 있는 물질 • 팽창질석, 팽창진주암, 건조사, D급 소화기를 사용하여 소화
주방화재	• 주방에서 동식물유를 취급하는 조리기구에서 일어나는 화재 • 물은 소화효과가 없고, 사용 시 연소 확대위험이 높음 • K급 소화기를 사용하여 소화

(2) 화재발생 시 행동요령

① 방화문 관리

　⊙ 방화문은 화재 시 열, 연기, 유독가스 등의 확산을 방지하는 역할을 한다.

　ⓛ 반드시 닫힌 상태를 유지하거나, 화재 시 자동으로 닫히는 구조여야 한다.

② 화재대피 일반상식

　⊙ 문을 갑자기 열지 말고 뜨거운지 먼저 확인한다.

　ⓛ 대피 시 방화문 통과 후에는 문을 다시 닫는다.

　ⓒ 이동 시 자세를 낮추고 젖은 수건으로 코와 입을 보호한다.

　② 불이 난 곳의 반대방향의 비상구를 이용한다.

　ⓜ 화장실이나 통로의 막다른 곳은 위험하다.

　ⓗ 엘리베이터는 이용하지 않는다.

③ 화재 시 대피요령

　⊙ 입과 코를 막고 이동한다.

　ⓛ 이동 시에는 자세를 낮춘다.

　ⓒ 한 손으로 벽을 짚고 한 방향으로 대피한다.

CHAPTER

03 전기 안전관리

1 전기 안전

(1) 전기를 표시하는 물리량

전류(I)	• 전위차가 있을 때 발생하는 전자의 흐름, 단위는 A(Ampere)
전압(V)	• 전위의 차, 단위는 V(Volt) • $V = I \times R$
전력(W)	• 단위시간 동안에 1V의 전압에서 1A의 전류가 흐를 때 소비되는 에너지, 단위는 W(Watt) • $W = V \times I = (I \times R) \times I = I^2 \times R, \ W = J/s$
전력량(Wh)	• 일정한 시간동안에 사용한 전력의 양, 단위는 Wh • $Wh = W \times t = I^2 \times R \times t$
저항(R)	• 전류의 흐름을 방해하는 것, 단위는 Ω

(2) 누전차단기

종류	• 고속형 : 0.1Sec(= 100ms) • 보통형 : 0.2Sec(= 200ms) • 인체보호형 : 30mA에 0.03Sec 이내에 작동해야 함
설치장소	• 물 등과 같이 도전성이 높은 액체에 의한 습윤한 장소 • 철골, 철판 등 도전성이 높은 장소 • 임시배전 선로를 사용하는 건설현장
설치제외 장소	• 절연대 위에서 사용하는 전동기계 기구 • 이중절연구조의 전동기계 기구 • 비접지 방식을 채택한 전동기계 기구

(3) 접지 및 절연저항

① 접지의 개요

　㉠ 접지는 전기장치의 한 부분을 땅에 연결하는 것을 말한다.

　㉡ 감전보호, 기기손상 방지, 잡음발생 방지, 설비오작동 방지 등을 목적으로 한다.

② 접지의 종류

　㉠ 계통접지 : 전력계통의 중성선을 접지

　㉡ 기기접지 : 기기외함을 접지

　㉢ 기타접지 : 직격뢰 접지, 등전위화 접지, 잡음 접지, 기능용 접지 등

③ 접지공사의 종류

    ㉠ 제1종 : 고압 및 특고압 기기의 외함

    ㉡ 제2종 : 고압 및 특고압 전로와 저압 전로를 결합하는 변압기의 중성점, 단자 등에 접지

    ㉢ 제3종 : 400V 미만의 기기의 외함

    ㉣ 특별3종 : 400V 이상의 기기의 외함

④ 접지시스템의 종류

    ㉠ 단독접지 : 접지를 필요로 하는 설비들을 각각 독립적으로 접지

    ㉡ 공통접지 : 특·고·저압의 전로에 시공한 접지극을 하나로 연결하는 접지

    ㉢ 통합접지 : 특·고·저압의 전로는 물론이고 피뢰설비, 통신선 등 전부를 연결하는 접지

⑤ 절연저항

    ㉠ 비접지회로(SELV) 및 접지회로(PELV) : 0.5㏁

    ㉡ 기능별 특별저전압회로(FELV) : 1㏁

(4) 정전기

① 정전기

    ㉠ 정전기는 물체 위에 흐르지 않고 정지해 있는 전기를 말한다.

    ㉡ 정전기 발생에 영향을 주는 요인 : 물질특성, 분리속도, 접촉면적, 물질과의 운동 영향 등

② 대 전

    ㉠ 대전이란 물체가 전기를 띠는 현상을 말한다.

    ㉡ 대전의 종류

        • 마찰 : 두 물체가 마찰되었을 때 발생한다.

        • 박리 : 서로 밀착있던 물체가 떨어질 때 발생한다.

        • 유도 : 대전된 물체가 서로 접근 시 발생한다.

        • 유동 : 액체류가 파이프를 통해서 이동할 때 발생한다.

        • 분출 : 분체, 액체, 기체 등이 단면적이 작은 분출구를 통해 분출될 때 발생한다.

        • 진동(교반) : 액체가 교반될 때 진동으로 발생한다.

        • 충돌 : 분체와 같은 입자끼리 또는 입자와 고체와의 충돌에 의해서 발생한다.

        • 파괴 : 고체, 분류체와 같은 물체가 파괴될 때 발생한다.

        • 혼합 : 액체가 서로 혼합될 때 발생한다.

        • 비말 : 유체가 분리되어 분무될 때 발생한다.

        • 적하 : 고체표면에서 유체가 떨어질 때 발생한다.

③ 방 전

    ㉠ 방전이란 정지해 있던 전기가 흐르는 현상을 말한다.

    ㉡ 방전의 종류

        • 코로나 : 방전물체의 끝부분에서 미약한 발광이 일어나면서 발생한다.

        • 브러시(스트리머) : 코로나 방전이 진전하여 발생하는 것으로, 방전에너지가 4mJ까지 발생되어 화

재폭발 위험성이 높다.

- 불꽃 : 표면전하밀도가 높게 축적되어 발생한다.
- 연면 : 절연체의 표면을 따라 발생한다.

④ 정전기가 점화원이 되기 위한 4가지 조건
  ㉠ 정전기의 발생수단이 있어야 한다.
  ㉡ 생성된 전하를 축적하고 전위차를 유지해야 한다.
  ㉢ 에너지의 스파크 방전이 있어야 한다.
  ㉣ 스파크가 인화성 혼합물 내에서 일어나야 한다.

⑤ 정전기 재해의 방지방법
  ㉠ 접지 : 가장 기본적인 대책으로 접지를 통해 완화시킨다.
  ㉡ 가습 : 물을 분무하여 공기 중의 상대습도를 60~70%로 유지한다.
  ㉢ 도전성재료 : 정전기가 잘 통하는 물질을 사용한다.
  ㉣ 대전방지제 : 정전기가 발생하지 않도록 박막을 형성한다.
  ㉤ 인체관리 : 대전방지화, 개인용 접지장치의 착용, 도전성 의류나 장갑 착용, 도전성 바닥의 설치 등이 있다.
  ㉥ 제전장치 : 정전기를 제거하는 제전기를 설치한다.

제전장치의 종류
- 전압인가식 : 고전압을 인가하는 방식
- 자기방전식 : 접지한 도전선 전선을 접근시키는 방식
- 방사선식 : 방사선이 공기 전리작용을 이용하는 방식

---

2 감 전

(1) 감 전

감 전	• 사람의 몸 일부 또는 전체에 전류가 흐르는 현상	
심실세동	• 심실근육이 불규칙하게 떨리는 현상	
전 격	• 감전현상으로 인해 인체가 받게 되는 충격(호흡정지, 심실세동)	
전격의 메커니즘	• 심장부 통전 → 심실세동 → 호흡중추신경통전 → 호흡정지 → 질식 → 사망	
감전사고의 유형	• 전격재해 • 2차적인 추락 및 전도에 의한 재해	• 아크에 의한 화상 • 통전전류 발열작용에 의한 체온 상승
감전의 위험요소	• 통전전류의 크기 • 통전시간	• 통전경로 • 전원의 종류
감전방지방법	• 안전전압 이하로 유지 • 누전 차단기 설치	• 이격거리 유지 • 접지설치

(2) 통전전류의 크기

① 최소감지전류 : 1~2mA

② 고통전류 : 2~8mA

③ 가수전류 : 8~15mA(이탈가능전류)

④ 불수전류 : 15~50mA(이탈불능전류)

⑤ 심실세동전류 : 50~100mA, 감전에 의해 심장의 맥동이 미세해져 사람이 사망에 이를 수 있는 현상을 말한다.

(3) 통전경로별 위험도

통전경로	kh(Kill of Heart, 위험도를 나타내는 계수)
왼손 → 가슴	1.5 (전류가 심장을 통과하므로 가장 위험)
오른손 → 가슴	1.3
왼손 → 한발 또는 양발	1.0
양손 → 양발	1.0
오른손 → 한발 또는 양발	0.8
왼손 → 등	0.7
한손 → 또는 양손 → 앉아있는 자리	0.7
왼손 → 오른손	0.4
오른손 → 등	0.3

(4) 인체의 저항

① 인체의 저항

인체 전체 저항	5,000Ω
피부 저항	2,500Ω
발과 신발	1,500Ω
신발과 대지	700Ω
내부조직 저항	300Ω

② 인체 저항의 특징

㉠ 인가 전압이 커짐에 따라 약 500Ω 이하까지 감소한다.

㉡ 피부 저항은 땀이 나 있는 경우 건조 시의 약 1/12~1/20 수준이다.

㉢ 물에 젖어있는 경우 1/25 수준이다.

㉣ 접촉면적이 커지면 그만큼 작아진다.

(5) 감전화상

① 1도 화상 : 피부가 쓰리고 빨갛게 된 상태

② 2도 화상 : 피부에 물질이 생기는 상태

③ 3도 화상 : 피부가 벗겨지는 상태

④ 4도 화상 : 피부전층은 물론 근육이나 뼈까지 손상되는 상태

3 방 폭

(1) 방폭의 개요

① 방폭은 전기적 스파크가 원인이 되어 화재나 폭발이 일어나는 것을 방지하는 것을 말한다.

② 가스 방폭

　　㉠ 유럽 : Zone 0, Zone 1, Zone 2

　　㉡ 북미 : Division 1, Division 2

　　㉢ 한국 : 0종, 1종, 2종

③ 분진 방폭 : 20종, 21종, 22종

(2) 방폭구조

내압방폭구조(d)	방폭함 내부의 폭발에 견디고 폭발화염이 간극을 통해 외부로 유출되지 않는 구조를 말한다.
압력방폭구조(p)	방폭함 내부에 불활성기체 주입하여 외부의 가스가 함 내부로 침입하지 못하게 한 구조를 말한다.
유입방폭구조(o)	점화원이 될 우려가 있는 부분을 기름 속에 묻어둔 구조를 말한다.
안전증방폭구조(e)	스파크 등의 발생 확률을 낮춰 안전도를 증강시킨 구조를 말한다.
본질안전방폭구조(ia, ib)	스파크 등이 점화능력이 없다는 것을 확인한 구조를 말하며, 방폭 성능이 제일 우수하여 가장 위험한 0종 장소에서 사용한다.
특수방폭구조(s)	모래와 같은 특수 재료를 사용한 구조를 말한다.

(3) 방폭구조의 구비조건

① 시건장치를 할 것

② 접지를 할 것

③ 퓨즈를 사용할 것

④ 도선의 인입방식을 정확히 채택할 것

(4) 방폭구조의 선정 시 고려사항

① 위험장소의 종류

② 폭발성 가스의 폭발등급과 폭발범위

③ 발화온도(점화원이 없어도 불이 붙는 온도)

4 전기안전대책

(1) 전기안전

① 감전사고 기본대책

설비의 안전화	• 전로를 전기적으로 절연 • 충전부로부터 격리 • 설비의 적법시공 및 운용 • 고장 시 전로를 신속히 차단
작업의 안전화	• 보호구 사용 • 검출용구 및 접지용구 사용 • 경고표지 및 구획 로프의 설치 • 활선 접근 경보기 착용
위험성에 대한 지식습득	• 기능 숙달 • 교육훈련으로 안전지식 습득 • 안전거리 유지

② 정전작업 시의 조치사항

㉠ 전로의 개로에 사용한 개폐기에 잠금장치를 하고, 통전금지에 관한 표지판을 설치한다.

㉡ 전력콘덴서 등은 잔류전하를 확실히 방전시킨다.

㉢ 개로된 전로의 충전 여부를 검전기구에 의하여 확인한다.

㉣ 단락접지 기구를 사용하여 확실하게 단락접지한다.

(2) 국제안전 전압 기준(AC기준)

체 코	20V
독 일	24V
영 국	24V
일 본	24~30V
벨기에	35V
스위스	36V
프랑스	24V
네덜란드	50V
한 국	30V

(3) 접촉형태에 따른 허용전압

구 분	접촉상태	허용접촉 전압
제1종	• 인체의 대부분이 수중에 있는 상태	2.5V 이하
제2종	• 인체가 현저하게 젖어있는 상태 • 금속성의 전기기계 · 기구나 구조물에 인체의 일부가 상시 접촉되어 있는 상태	25V 이하
제3종	• 제1, 2종 이외의 경우로서, 통상적인 인체상태에서 접촉전압이 가해지면 위험성이 높은 상태	50V 이하
제4종	• 제1, 2종 이외의 경우로서, 통상적인 인체상태에서 접촉전압이 가해지더라도 위험성이 낮은 상태 • 접촉전압이 가해질 우려가 없는 상태	제한 없음

(4) 접촉형태에 따른 감전방지방법

구 분	감전방지방법
직접접촉	직접접촉은 평상시 충전되어 있는 충전부에 인체의 일부가 직접 접촉되는 것을 말한다. • 패쇄형 외함 설치 • 절연덮개, 방호막 설치 • 안전전압 이하의 기기 사용 • 시건장치
간접접촉	간접접촉은 누전되어 있는 기기의 외함과 접촉되는 것을 말한다. • 누전차단기 설치 • 보호접지 실시 • 이중절연 • 안전전압(30V) 이하의 기기 사용

PART

06 기출예상문제

정답 및 해설 **p.389**

※ **홀수번호 (단답형) 문제, 짝수번호 (서술형) 문제로 진행됩니다.**

01 [   ](이)란 가연성 물질이 공기 중의 산소와 만나 빛과 열을 수반하며 급격히 산화하는 현상을 말한다.

02 연소하한(LFL)과 연소상한(UFL)에 대해 기술하시오.

03 연소 상태가 지속될 수 있는 온도를 뜻하는 용어를 쓰시오.

04 인화점과 연소점에 대해 기술하시오.

05 최소산소농도(MOC) = [   ] × 연소하한계(LFL)

06 최소산소농도에 대해 기술하시오.

07 점화에 필요한 최소에너지(Minimum Ignition Energy)를 뜻하는 용어를 쓰시오.

08 연소의 4요소를 쓰시오.

09 연소범위에 영향을 주는 3요인은 온도, 압력, [   ]이다.

10 연소의 형태 3가지를 쓰시오.

11 가연물의 종류로는 고체가연물, [   ], 기체가연물이 있다.

12 가연물의 구비조건 6가지를 쓰시오.

13 제5류 위험물로 연소에 필요한 산소공급원을 함유하는 물질을 뜻하는 용어를 쓰시오.

14 산소공급원의 종류 3가지를 쓰시오.

15 점화원 중 압축열, 마찰열, 마찰스파크와 같은 점화원을 뜻하는 용어를 쓰시오.

16 고체연소의 종류 4가지를 쓰시오.

17 마그네슘, 티타늄, 지르코늄, 나트륨, 리튬, 칼륨 등과 같은 가연성 금속에서 발생하는 화재를 뜻하는 용어를 쓰시오.

18 화재의 4단계를 기술하시오.

19 소화약제의 종류 중 지방족 탄화수소인 메탄, 알코올 등의 분자에 포함된 수소원자의 일부 또는 전부를 할로겐원소(F, Cl, Br, I 등)로 치환한 소화약제를 뜻하는 용어를 쓰시오.

20 화재감지기의 종류 4가지를 쓰시오.

21 비상시 건물의 창, 발코니 등에서 지상까지 포대를 사용하여 그 포대 속을 활강하는 피난기구는 무엇인지 쓰시오.

22 피난 설비의 종류 중 피난교에 대해 기술하시오.

23 옥내소화전의 수원의 양(㎥) 계산식을 쓰시오.

24 스프링클러의 종류 5가지를 쓰시오.

25 칼륨, 나트륨, 알루미늄, 마그네슘 등 금속류에서 주로 발생하는 화재를 뜻하는 용어를 쓰시오.

26 차동식 감지기에 대해 기술하시오.

27 주위 온도가 일정한 온도 이상이 되었을 경우에 작동하는 감지기는 무엇인지 쓰시오.

28 소화활동설비 6가지를 쓰시오.

29 화재 이외의 요인에 의하여 자동화재탐지설비가 작동하여 화재 경보를 발하는 것을 무엇이라 하는지 쓰시오.

30 소화기의 능력단위에 대해 기술하시오.

31 분말 소화기는 고압의 가스를 이용하여 탄산수소나트륨 또는 [   ] 분말을 방출하는 소화기이다.

32 이산화탄소 소화기의 소화효과를 기술하시오.

33 소화기는 바닥으로부터 높이 [   ]m 이하인 곳에 비치하고, '소화기'라고 표시한 표지를 보기 쉬운 곳에 부착한다.

34 가압송수장치의 종류 4가지를 쓰시오.

35 등유, 경유, 휘발유, LPG, LNG, 부탄가스 등과 같은 인화성 액체, 가연성 가스류 등의 화재로 물은 소화효과가 없어 포소화설비 등을 사용하여 진화해야 하는 화재는 무엇인지 쓰시오.

36 부압식 스프링클러에 대해 기술하시오.

37 [   ](이)란 전위차가 있을 때 발생하는 전자의 흐름으로 단위는 A(Ampere)를 쓰고, [   ](이)
란 전위의 차를 말하는 것으로 단위는 V(Volt)를 쓴다.

38 전력(W)에 대해 기술하시오.

39 일정한 시간 동안에 사용한 전력의 양을 뜻하며, 단위로는 Wh를 사용하는 용어를 쓰시오.

40 누전차단기의 종류 3가지를 쓰시오.

41 접지의 종류 중 전력계통의 중성선을 접지하는 방법은 무엇인지 쓰시오.

42 접지의 목적 4가지를 쓰시오.

43 접지시스템의 종류 중 특 · 고 · 저압의 전로는 물론이고 피뢰설비, 통신선 등 전부를 연결하는 접지 방법을 뜻하는 용어를 쓰시오.

44 공통접지에 대해 기술하시오.

45 정전기 발생에 영향을 주는 요인으로는 [   ], 분리속도, 접촉면적, 물질과의 운동 영향이 있다.

46 액체류가 파이프를 통해서 이동할 때 발생하는 대전의 종류를 뜻하는 용어를 쓰시오.

47 브러시(스트리머) 방전에 대해 기술하시오.

48 정전기가 점화원이 되기 위한 4가지 조건을 쓰시오.

49 정전기 재해의 방지방법 중 정전기가 잘 통하는 물질을 사용하는 방법은 무엇인지 쓰시오.

50 제전장치의 종류 3가지를 쓰시오.

51 심장의 전기 전도계에 이상이 생겨 심장이 불규칙하게 뛰는 현상을 뜻하는 용어를 쓰시오.

52 전격의 메커니즘(순서)을 쓰시오.

53 감전현상으로 인해 인체가 받게 되는 충격(호흡정지, 심실세동)을 뜻하는 용어를 쓰시오.

54 감전의 위험요소 4가지를 쓰시오.

55 방폭구조의 종류 중 스파크 등이 점화능력이 없다는 것을 확인한 구조로 가장 우수하여 가장 위험한 0종 장소에서 사용하는 방폭구조를 뜻하는 용어를 쓰시오.

56 감전사고의 기본대책 3가지를 쓰시오.

교육은 우리 자신의 무지를 점차 발견해 가는 과정이다.

- 윌 듀란트 -

PART 07
연구활동 종사자를 위한 보건 관리

1 화학물질

(1) 물질안전보건자료(MSDS)

① 화학물질을 안전하게 사용하고 관리하기 위하여 제조자명, 성분, 성질, 취급방법, 취급 시 주의사항, 법률 등의 필요한 정보를 기재한 물질에 대한 여러 정보를 담은 자료를 말한다.

② 구성항목

- 화학품과 회사에 관한 정보
- 유해성 및 위험성
- 구성성분의 명칭 및 함유량
- 응급조치 요령
- 폭발 및 화재 시 대처방법
- 누출 사고 시 대처방법
- 취급 및 저장 방법
- 방지 및 개인보호구

- 물리 · 화학적 특성
- 안정성 및 반응성
- 독성에 관한 정보
- 환경에 미치는 영향
- 폐기 시 주의사항
- 운송에 필요한 정보
- 법적 규제 현황
- 그 밖의 참고사항

③ 작성원칙

㉠ 한글 작성이 원칙이다(화학물질명, 외국기관명 등의 고유명사는 영어로 표기 가능).

㉡ 실험실에서 시험 · 연구목적으로 사용하는 시약으로서, MSDS가 외국어로 작성된 경우에는 한국어로 번역하지 아니할 수 있다.

㉢ 시험결과를 반영하고자 하는 경우, 해당국가의 우수실험실기준(GLP) 및 국제공인시험기관 인정 (KOLAS)에 따라 수행한 시험결과를 우선적으로 고려한다.

㉣ 외국어로 되어있는 MSDS를 번역하는 경우, 자료의 신뢰성이 확보될 수 있도록 최초 작성기관명 및 시기를 함께 기재하고, 다른 형태의 관련 자료를 활용하여 MSDS를 작성하는 경우에는 참고문헌의 출처를 기재한다.

㉤ MSDS 작성에 필요한 용어 및 작성에 필요한 기술지침은 한국산업안전보건공단이 정할 수 있다.

㉥ MSDS 자료의 작성 단위는 「계량에 관한 법률」이 정하는 바에 의한다.

㉦ 16개 작성항목은 빠짐없이 작성한다. 부득이 어느 항목에 대해 관련 정보를 얻을 수 없는 경우에는 작성란에 '자료 없음'이라고 기재하고, 적용이 불가능하거나 대상이 되지 않는 경우에는 '해당 없음'이라고 기재한다.

ⓞ 구성성분의 함유량을 기재하는 경우에는 함유량의 ±5%의 범위에서 함유량의 범위(하한 값~상한 값)로 함유량을 대신하여 표시할 수 있다. 이 경우 함유량이 5% 미만인 경우에는 그 하한 값을 1% 이상으로 표시한다.

ⓧ MSDS를 작성할 때에는 취급근로자의 건강보호 목적에 맞도록 성실하게 작성한다.

④ 작성 시 포함되어야 하는 내용

ⓞ 제품명

ⓒ 물질안전보건자료 대상물질을 구성하는 화학물질 중 「산업안전보건법」 제104조에 따른 분류기준에 해당하는 화학물질의 명칭 및 함유량

ⓒ 안전 및 보건상의 취급 주의사항

ⓡ 건강 및 환경에 대한 유해성, 물리적 위험성

ⓜ 물리 · 화학적 특성 등 고용노동부령으로 정하는 사항

- 물리 · 화학적 특성
- 독성에 관한 정보
- 폭발 · 화재 시의 대처방법
- 응급조치 요령
- 그 밖에 고용노동부장관이 정하는 사항

(2) 화학물질의 보건관리

① 화학물질 취급 시

ⓞ 피로하지 않도록 적정한 휴식을 취한다(피로는 판단에 영향을 끼침).

ⓒ 물질 취급 시 정확한 절차준수, 관련된 잠재위험 파악, 사용되는 기술과 분석법 등을 확인한다.

ⓒ 혼합금지 물질은 정확하게 분리한다.

ⓡ 취급하는 물질에 적합한 개인보호구를 착용한다.

ⓜ 휘발성이 있는 물질은 항시 후드에서 작업한다.

ⓗ 긴 머리는 묶고, 틈새에 끼거나 걸리기 쉬운 액세서리 착용을 금지하며, 콘택트렌즈 착용을 금지한다.

ⓐ 화학약품 운반 시 안전한 운반장비를 사용한다.

② 화학물질 저장 시

ⓞ 화학물질의 성상별로 분류하여 보관한다.

ⓒ 저장소는 증기를 흡입할 수 있도록 덕트 시설에 연결한다.

ⓒ 화학약품의 유통기한을 확인하고, 필요한 양의 화학약품만 연구실 내에 보관한다.

ⓡ 화학약품이 떨어지거나 넘어지지 않도록 가드를 설치한다.

ⓜ 용기 파손 등 화학약품 누출 시 주변 오염 확산 방지를 위한 누출 방지턱을 설치한다.

ⓗ 저장소의 높이는 1.8m 이하로 힘들이지 않고 손이 닿을 수 있는 곳으로 하며, 이보다 위쪽이나 눈높이 위에 저장하는 것을 금지한다.

(3) 인체에 유해한 화학물질 경고표지

경고표지	유해성 분류기준
	• 폭발성, 자기반응성, 유기과산화물 • 가열, 마찰, 충격 또는 다른 화학물질과의 접촉 등으로 인해 폭발이나 격렬한 반응을 일으킬 수 있음 • 가열, 마찰, 충격을 주지 않도록 주의
	• 인화성(가스, 액체, 고체, 에어로졸), 발화성, 물반응성, 자기반응성, 자기발화성(액체, 고체), 자기발열성 • 인화점 이하로 온도와 기온을 유지하도록 주의
	• 인체 독성물질 • 피부와 호흡기, 소화기로 노출될 수 있음 • 취급 시 보호장갑, 호흡기 보호구 등을 착용
	• 부식성 물질 • 피부에 닿으면 피부 부식과 눈 손상을 유발할 수 있음 • 취급 시 보호장갑, 안면보호구 등을 착용
	• 산화성 • 반응성이 높아 가열 · 충격 · 마찰 등에 의해 분해하여 산소를 방출하고, 기연물과 혼합하여 연소 및 폭발할 수 있음 • 가열, 마찰, 충격을 주지 않도록 주의
	• 고압가스(압축, 액화, 냉동 액화, 용해가스 등) • 가스 폭발, 인화, 중독, 질식, 동상 등의 위험이 있음
	• 호흡기 과민성, 발암성, 생식세포 변이원성, 생식독성, 특정 표적장기 독성, 흡인 유해성 • 호흡기로 흡입할 때 건강장해 위험이 있음 • 취급 시 호흡기 보호구를 착용

	• 수생환경 유해성 • 인체 유해성은 적으나, 물고기와 식물 중에 유해성이 있음

(4) 화재 다이아몬드(Fire Diamond, NFPA 704)

개 요	• 응급 대응 시 물질의 위험성을 규정하기 위해 NFPA(National Fire Protection Association)에서 발표한 표준 시스템
표 기	• 건강, 화재, 반응, 그리고 기타(물 반응성, 방사선) 위험성에 대해 등급을 화재다이아몬드(Fire Diamond)로 표기
색 상	• 청색 : 건강위험성(Health Hazards) • 적색 : 화재위험성(Flammability Hazards) • 황색 : 반응위험성(Instability Hazards) • 백색 : 기타위험성(Special Hazards)
위험등급	• 총 5개의 등급(0~4등급)으로 표기 • 숫자가 클수록 위험성이 높음 • 백색 : 숫자를 사용하는 대신 특수한 내용을 간단한 문자나 그림으로 기재 • W : 물 반응성 • OX, OXY : 산화제 • COR : 부식성 • BIO : 생물학적 위험 • POI : 독성, 방사능 • CRY, CRYO : 극저온 물질

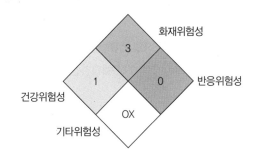

등 급	건강위험성(청색)	화재위험성(인화점) (적색)	반응위험성(황색)
0	유해하지 않음	잘 타지 않음	안정함
1	약간 유해함	93.3℃ 이상	열에 불안정함
2	유해함	37.8~93.3℃	화학물질과 격렬히 반응함
3	매우 유해함	22.8~37.8℃	충격이나 열에 폭발 가능함
4	치명적임	22.8℃ 이하	폭발 가능함

(5) 화학물질의 노출기준

TWA (Time Weighted Average)	• 시간가중평균노출기준으로 1일 8시간 작업을 기준으로 하여 유해인자의 측정치에 발생시간을 곱하여 8시간으로 나눈 값 • TWA 환산값 $=\dfrac{C_1 \cdot T_1 + C_2 \cdot T_2 + \cdots\cdots + C_n \cdot T_n}{8}$ – C : 유해인자의 측정치(단위 : ppm, mg/㎥ 또는 개/㎤) – T : 유해인자의 발생시간(단위 : 시간)
STEL (Short Term Exposure Limit)	• 단시간노출기준으로 15분간의 시간가중평균노출값 • 노출농도가 시간가중평균노출기준(TWA)을 초과하고 단시간노출기준(STEL) 이하인 경우에는 1회 노출 지속시간이 15분 미만이어야 하고, 이러한 상태가 1일 4회 이하로 발생하여야 함 • 각 노출의 간격은 60분 이상이어야 함
C(Ceiling)	• 근로자가 1일 작업시간 동안 잠시라도 노출되어서는 안 되는 기준
혼합물의 노출기준	• $\dfrac{C_1}{T_1} + \dfrac{C_2}{T_2} + \cdots\cdots + \dfrac{C_n}{T_n}$ – C : 화학물질 각각의 측정치 – T : 화학물질 각각의 노출기준

(6) 노출기준의 사용상 유의사항

① 각 유해인자의 노출기준은 해당 유해인자가 단독으로 존재하는 경우의 노출기준을 말한다.

② 2종 또는 그 이상의 유해인자가 혼재하는 경우에는 각 유해인자의 상가작용으로 유해성이 증가할 수 있으므로, 혼합물의 노출기준을 사용해야 한다.

③ 노출기준은 1일 8시간 작업을 기준으로 하여 제정된 것으로, 근로시간, 작업의 강도, 온열조건, 이상기압 등이 노출기준 적용에 영향을 미칠 수 있다.

④ 유해인자에 대한 감수성은 개인에 따라 차이가 다르기 때문에 노출기준 이하의 작업환경에서도 직업성 질병에 이환되는 경우가 있다.

⑤ 고용노동부의 유해인자 노출기준은 미국산업위생전문가협의회(ACGIH ; American Conference of Governmental Industrial Hygienists)에서 매년 채택하는 노출기준(TLVs)을 준용한다.

2 유해인자

(1) 물리적 유해인자

① 소 음

 ㉠ 산업안전보건법에서는 1일 8시간 작업기준으로 85dB 이상의 소음이 발생하는 작업을 소음작업으로 규정한다(90dB에서 허용노출시간은 8시간).

 ㉡ 소음의 환경측정결과 작업환경측정결과와 소음수준이 90dB(A) 이상인 사업장과 소음으로 근로자에게 건강 장해가 발생한 사업장은 청력보존프로그램을 시행해야 한다.

 ㉢ 청력보존 프로그램 내용

  • 노출평가, 노출기준 초과에 따른 공학적 대책

- 청력보호구의 지급과 착용
- 소음의 유해성과 예방에 관한 교육
- 정기적 청력검사
- 기록, 관리사항 등

② 진동

　　㉠ 진동에는 전신진동과 국소진동이 있다.

　　㉡ 진동작업 근로자에게 주지시켜야 하는 사항

- 보호구의 선정과 착용방법
- 진동기계 · 기구 관리방법
- 진동장해 예방방법

③ 전리 · 비전리방사선

　　㉠ 전리방사선 : 물질의 원자를 전리시킬 수 있는 에너지가 있다.

- 종류 : 질량이나 전하가 없고 매우 짧은 파장과 고주파수를 가지는 '전자기 방사선'과 양성자 · 중성자 · 알파입자 등과 같은 '입자 방사선'이 있다.
- 전리방사선은 큰 에너지를 가지고 있기 때문에 노출되었을 경우 골수, 림프조직, 생식세포의 파괴를 가져온다.
- 세포를 전리하는 능력을 가진 방사선 : 알파선, 베타선, 감마선, 엑스선, 중성자선 등의 전자선을 말한다.

　　㉡ 비전리방사선 : 물질의 원자를 전리시킬 수 있는 에너지가 없다.

(2) 화학적 유해인자

① 입자상의 물질

　　㉠ 먼지, 흄, 미스트, 금속, 유기용제 등

　　㉡ 흡입성 입자상물질(100μm) : 호흡기(비강, 인후두 등)에 침착할 때 독성을 유발하는 분진

　　㉢ 흉곽성 입자상물질(10μm) : 가스교환 부위, 기관지, 폐포 등에 침착하여 독성을 나타내는 분진

　　㉣ 호흡성 입자상물질(4μm) : 가스교환부위(폐포)에 침착할 때 유해한 분진

　　㉤ 흄 : 고체상태에 있던 무기물질(탄소화합물이 없는 물질)이 승화하여 화학적 변화를 일으킨 후 응축되어 고형의 미립자가 된 것

② 가스상의 물질

　　㉠ 기체 : 상온(25℃), 상압(760mmHg)에서 일정한 형태를 가지지 않는 물질

　　㉡ 증기 : 상온상압에서 액체 또는 고체인 물질이 기체로 된 것

　　㉢ 독성이 적더라도 증기압이 높으면 유해성이 큼

③ 분진

　　㉠ 입경이 크기가 0.1~30μm인 물질로 고체가 분쇄된 형태

　　㉡ 30μm보다 작으면 공기 중에 부유, 2.5μm보다 작은 입자는 미세분진

　　㉢ 미세분진은 인간이 호흡을 할 때 허파 깊숙이 흡입되어 폐질환을 일으킴

ⓔ 분진의 유해성 감소를 위해 환기가 필요, 환기방법에는 국소배기와 전체환기가 있음

ⓜ 분진의 작업환경 측정결과 노출기준 초과 사업장과 분진작업으로 인하여 근로자에게 건강장해가 발생한 사업장은 호흡기 보호프로그램이 필요

ⓗ 호흡기보호 프로그램 내용
- 분진노출에 대한 평가
- 분진노출기준 초과에 따른 공학적 대책
- 호흡용 보호구의 지급 및 착용
- 분진의 유해성과 예방에 관한 교육
- 정기적 건강진단
- 기록 관리사항 등

(3) 생물학적 유해인자

① 정 의

㉠ 미국산업위생전문가협의회(ACGIH ; American Conference of Governmental Industrial Hygienists)는 생물학적 유해인자를 살아 있거나, 생물체를 포함하거나, 살아 있는 생물체로부터 방출된 0.01~100㎛ 입경범위의 부유입자, 거대분자 또는 휘발성 성분으로 정의한다.

㉡ 바이오에어로졸(Bio-aerosol)
- Bio(살아있는) + Aerosol(공기 중에 부유하는 액체상태의 입자)의 합성어를 말한다.
- 살아 있거나, 죽은 생물체 또는 생물체에서 유래된 물질이 고체, 액체 상태로 공기 중에 부유하고 있는 입자를 말한다.

② 종 류

㉠ 혈액매개 감염인자 : 인간면역결핍바이러스, B형 · C형간염바이러스, 매독바이러스 등 혈액을 매개로 다른 사람에게 전염되어 질병을 유발하는 인자

㉡ 공기매개 감염인자 : 핵 · 수두 · 홍역 등 공기 또는 비말감염 등을 매개로 호흡기를 통하여 전염되는 인자

㉢ 곤충 및 동물매개 감염인자 : 쯔쯔가무시증, 렙토스피라증, 유행성출혈열 등 동물의 배설물 등에 의하여 전염되는 인자 및 탄저병, 브루셀라병 등 가축 또는 야생동물로부터 사람에게 감염되는 인자

(4) 기타 유해인자

① 인간공학적 유해인자 : 반복적인 작업, 부적합한 자세, 무리한 힘 등으로 손, 팔, 어깨, 허리 등을 손상시키는 인자로 요통, 내상과염, 손목터널증후군 등

② 사회심리적 유해인자 : 과중하고 복잡한 업무 등으로 정신건강은 물론 신체적 건강에도 영향을 주는 인자로 직장 내에서 직무스트레스가 대표적이며, 시간적 압박, 복잡한 대인관계, 업무처리 속도, 부적절한 작업환경, 고용불안 등

(5) 유해인자 개선대책

① 본질적 대책

㉠ 대치(대체) : 공정의 변경, 시설의 변경, 유해물질의 대치

㉡ 격리(밀폐) : 저장물질의 격리, 시설의 격리, 공정의 격리, 작업자의 격리

② 공학적 대책 : 안전장치, 방호문, 국소배기장치 등

③ 관리적 대책 : 매뉴얼 작성, 출입 금지, 노출 관리, 교육훈련 등

④ 개인보호구의 사용 : 최후에 사용하는 조치

(6) 발암물질

고용노동부 고시에 의한 발암물질	• 1A : 사람에게 충분한 발암성 증거가 있는 물질 • 1B : 실험 동물에서 발암성 증거가 충분히 있거나, 실험 동물과 사람 모두에서 제한된 발암성 증거가 있는 물질
IARC(국제암연구소)의 발암물질	• Group 1 : 인체 발암성 물질. 인체에 대한 충분한 발암성 근거가 있음 • Group 2A : 인체 발암성 추정 물질. 실험 동물에 대한 발암성 근거는 충분하지만 사람에 대한 근거는 제한적임 • Group 2B : 인체 발암성 가능 물질. 실험 동물에 대한 발암성 근거가 충분하지 못하며, 사람에 대한 근거 역시 제한적임 • Group 3 : 사람에게 암을 일으키는 것으로 분류되지 않은 물질. 실험동물에 대한 발암성 근거가 제한적이거나 부적당하고 사람에 대한 근거 역시 부적당함 • Group 4 : 사람에게 암을 일으키지 않음. 동물, 사람 공통적으로 발암성에 대한 근거가 없다는 연구결과
ACGIH(미국 산업위생 전문가협의회)의 발암물질	• A1 : 인간에게 발암성이 확인됨 • A2 : 인간에게 발암성이 의심됨 • A3 : 동물 실험 결과 발암성이 입증되었으나, 사람에 대해서는 입증하지 못함 • A4 : 사람에게 암을 일으키는 것으로 분류되지 않음. 발암성은 의심되나 연구결과 없음 • A5 : 사람에게 암을 일으키지 않음. 연구결과 발암성이 아니라는 결과에 도달함
EU(유럽연합)의 발암물질	• Cat1 : 인체발암성이 알려진 물질 • Cat2 : 인체발암성이 있다고 간주되는 물질 • Cat3 : 인체발암성에 대한 정보가 충분하지는 않지만 발암성이 우려되는 물질

인간공학적 안전관리

1 인간공학

(1) 인간공학

① 공학, 의학, 인지과학, 생리학, 인체측정학, 심리학 등 다양한 학문 분야에서 얻어진 데이터와 과학적인 원리 및 방법을 이용하여 사람이 효율적이면서도 편리하게 일을 할 수 있는 시스템을 개발하는 학문을 말한다.

② 목 적

　㉠ 작업자의 안전, 작업능률을 향상

　㉡ 품위 있는 노동, 인간의 가치 및 안전성 향상

　㉢ 기계조작의 능률성과 생산성 향상

　㉣ 인간과 사물의 설계가 인간에게 미치는 영향에 중점

　㉤ 인간의 행동, 능력, 한계, 특성에 관한 정보를 발견

　㉥ 인간의 특성에 적합한 기계나 도구를 설계

　㉦ 인간의 특성에 적합한 작업환경, 작업방법 설계

③ 목 표

　㉠ 효율성 제고

　㉡ 쾌적성 제고

　㉢ 편리성 제고

　㉣ 안전성 제고

(2) 인간의 정보처리

정보처리과정	감각 → 지각 → 정보처리(선택 → 조직화 → 해석 → 의사결정) → 실행
감각(Sensing)	물리적 자극을 감각기관을 통해서 받아들이는 과정
지각(Perception)	감각기관을 거쳐 들어온 신호를 장기기억 속에 담긴 기존 기억과 비교
선 택	여러 가지 물리적 자극 중 인간이 필요한 것을 골라냄
조직화	선택된 자극은 게슈탈트과정을 거쳐 조직화됨
게슈탈트	감각 현상이 하나의 전체적이고 의미 있는 내용으로 체계화되는 과정
의사결정	지각된 정보는 어떻게 행동할 것인지 결정
실 행	의사결정에 의해 목표가 수립되면 이를 달성하기 위해 행동이 이루어짐

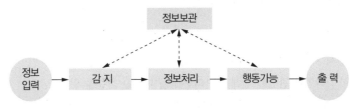

[정보처리의 기본기능]

(3) 인간의 기억체계

① 감각기억(SM ; Sensory Memory) : 자극이 사라진 후에도 잠시동안 감각이 지속되는 임시 보관장치를 말한다.

② 단기기억(STM ; Short-Term Memory) 또는 작업기억(Work Memory)

   ㉠ 작업에 필요한 기억이라 해서 단기기억을 작업기억이라고도 한다.

   ㉡ 감각기억은 주의집중을 통해 단기기억으로 저장된다.

   ㉢ 단기기억은 감각저장소로부터 암호화되어 전이된 정보를 잠시 보관하기 위한 저장소를 말한다.

   ㉣ 단기기억에 유지할 수 있는 최대항목수(경로용량)는 7±2로 밀러(Miller)의 매직넘버(Magic Number) 라고 한다.

③ 장기기억(LTM ; Long-Term Memory)

   ㉠ 단기기억 내 정보에 의미를 부여하면 장기기억으로 저장된다.

   ㉡ 장기기억의 용량은 무한대로 장기기억의 문제는 용량이 아니라 조직화의 문제이다.

   ㉢ 정보가 초기에 잘 정리되어 있을수록 인출(Retrieval)이 쉬워진다.

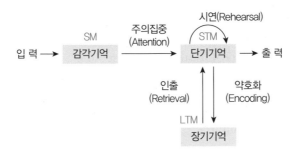

[인간의 기억체계]

(4) 작업생리

① 작업생리학
- ㉠ 생리학 : 신체 기관의 기능을 다루는 학문을 말한다.
- ㉡ 작업생리학 : 작업과 관련된 신체 기관의 기능을 다루는 학문을 말한다.

② 대 사
- ㉠ 체내에서 일어나는 여러 가지 연쇄적인 화학반응을 말한다.
- ㉡ 음식물을 섭취하여 기계적인 일과 열로 전환되는 화학과정을 말한다.
- ㉢ 대사의 활동수준이 높아지면 순환계통은 이에 맞추어 호흡과 맥박수를 증가시킨다.
- ㉣ 대사과정에서 산소의 공급이 충분하지 못하면 젖산(Latic Acid)이 생성된다.
- ㉤ 대사에는 산소가 필요한 호기성 대사와 필요 없는 혐기성 대사가 있다.

③ 기초대사율(BMR ; Basic Metabolic Rate)
- ㉠ 생명을 유지하는 데 필요한 최소한의 에너지량을 말한다.
- ㉡ 개인차가 심하며 체중, 나이, 성별에 따라 다르다.
- ㉢ 기초대사율 : 남자 1.2kcal/min, 여자 1kcal/min
- ㉣ 1ℓ의 산소는 5kcal/min의 에너지를 소비

④ 에너지대사율(RMR ; Relative Metabolic Rate)
- ㉠ 에너지대사율 = 노동 시 대사율 / 기초대사율 = (작업 시 소비에너지 − 안정 시 소비에너지) / 기초대사율
- ㉡ 산소 소모량으로 에너지 소비량을 결정(산소 1ℓ당 5kcal의 에너지가 소모)
  - 경작업 : 1~2 RMR
  - 중(中)작업 : 2~4 RMR
  - 중(重)작업 : 4~7 RMR
  - 초중작업 : 7 RMR 이상
- ㉢ 육체적 작업을 위해 휴식시간을 산정할 때 많이 사용

⑤ 에너지소비율
- ㉠ 매우 가벼운 작업 : 2.5kcal/min 이하
- ㉡ 보통 작업 : 5~7.5kcal/min
- ㉢ 힘든 작업 : 10~12.5kcal/min
- ㉣ 견디기 힘든 작업 : 12.5kcal/min 이상

⑥ 산소소비량
- ㉠ 산소 1ℓ당 5kcal의 에너지가 소모
- ㉡ 흡기량 = 배기량 × (100% − O_2% − CO_2%) / 79%
- ㉢ 산소소비량 = 21% × 흡기부피 − O_2% × 배기부피

⑦ 휴식시간
- ㉠ 총작업시간 × (작업중 에너지소비량 − 표준 에너지소비량) / (작업중 에너지소비량 − 휴식중 에너지소비량)
- ㉡ 표준 에너지소비량 : 남자 5kcal/min, 여자 3.5kcal/min

(5) 직무스트레스

① 직무요건이 근로자의 능력이나 자원, 욕구와 일치하지 않을 때 생기는 유해한 신체적 또는 정서적 반응을 말한다.

② 원 인

　㉠ 직무스트레스의 가장 큰 원인은 업무의 불균형에 있다.

　㉡ 직무와 직·간접으로 연관된 스트레스에서 야기되는 경우가 많다.

　㉢ 직업 등에 따라 양상이 다르고 일반적으로 업무량이 높거나 노력에 비해 보상이 적절하지 않은 것 등이 주된 원인으로 작용한다.

　㉣ 작업장의 물리적 환경 : 소음, 진동, 조명, 온열, 환기 및 위험한 상황 등이 있다.

　㉤ 사회심리적 환경 : 과다한 책임, 낮은 수준의 권위, 보상 결여, 미약한 의사결정권, 직무와 직위 불안정, 편파적 대우, 승진 기회 결여, 역할 갈등, 타인에 대한 책임 등이 있다.

③ 영 향

　㉠ 건강상의 문제유발, 사고를 발생시킬 수 있는 위험인자로 작용한다.

　㉡ 극심한 스트레스 상황에 노출되거나 성격적 요인으로 신체에 구조적·기능적 손상이 발생한다.

　㉢ 육체적·심리적 변화 외에도 흡연, 알코올 및 카페인 섭취증가, 신경안정제, 수면제 등의 약물을 남용한다.

　㉣ 업무수행 능력이 저하되고 생산성이 떨어지며 일에 대한 책임감을 상실, 사고 위험이 증대한다.

　㉤ 심할 경우 자살과 같은 극단적이고 병리적인 행동으로 발전 가능하다.

(6) 직무스트레스의 4요인

① **환경요인** : 경기침체, 정리해고, IT기술의 발전으로 인한 고용불안

② **조직요인** : 조직구조나 분위기, 근로조건, 역할 갈등 및 모호성 등

③ **직무요인** : 장시간의 근로시간, 물리적으로 유해하거나 쾌적하지 않은 작업환경 등

④ **인간적 요인** : 상사, 동료, 부하 직원 등과의 관계에서 오는 갈등이나 불만 등

(7) 스트레스에 대한 인간의 반응(Selye의 일반적인 징후군)

1단계 경고반응	두통, 발열, 피로감, 근육통, 식욕감퇴, 허탈감 등의 현상
2단계 신체저항 반응	호르몬 분비로 인하여 저항력이 높아지는 저항 반응과 긴장, 걱정 등의 현상이 수반
3단계 소진반응	생체 적응 능력이 상실되고 질병으로 이환

(8) 근골격계질환

① 반복적이고 누적되는 특정한 일 또는 동작과 연관되어 신체 일부를 무리하게 사용하면서 나타나는 질환

② 원 인

　㉠ 반복적인 동작

　㉡ 부자연스러운 자세(부적절한 자세)

　㉢ 무리한 힘의 사용(중량물 취급, 수공구 취급)

　㉣ 접촉스트레스(작업대 모서리, 키보드, 작업 공구 등에 의해 손목, 팔 등의 신체 부위가 지속적으로 충격을 받을 경우)

　㉤ 진동 공구 취급작업

　㉥ 기타요인(부족한 휴식시간, 극심한 저온 또는 고온, 스트레스, 너무 밝거나 어두운 조명 등)

③ 특 징

　㉠ 발생의 최소화 : 발생 시 경제적 피해가 크므로 최우선 목표

　㉡ 집단적 환자 발생 : 자각증상으로 시작되고, 집단적으로 환자가 발생하는 것이 특징

　㉢ 복합적 질병화 : 증상이 나타난 후 조치하지 않으면 근육 및 관절 부위의 장애, 신경 및 혈관 장애 등 단일 형태 또는 복합적인 질병으로 악화되는 경향

　㉣ 작업의 단순성 : 단순 반복작업이나 움직임이 없는 정적인 작업에 종사하는 사람에게 많이 발병

　㉤ 유해인자의 모호성 : 업무상 유해인자와 비업무적인 요인에 의한 질환이 구별이 잘 안 됨

　㉥ 작업환경 측정평가의 객관성 결여 : 영향을 주는 작업요인이 모호

(9) 근골격계질환의 발생요인

① 작업장 요인 : 부적절한 작업공구, 작업장 설계의자, 책상, 키보드, 모니터 등

② 작업자 요인 : 나이, 신체조건, 경력, 작업습관, 과거병력, 가사노동 등

③ 작업 요인 : 작업자세, 반복성 등

④ 환경요인 : 진동, 조명, 온도 등

(10) 근골격계질환 부담작업

① 하루에 4시간 이상 집중적으로 자료입력 등을 위해 키보드 또는 마우스를 조작하는 작업

② 하루에 총 2시간 이상 목, 어깨, 팔꿈치, 손목 또는 손을 사용하여 같은 동작을 반복하는 작업

③ 하루에 총 2시간 이상 머리 위에 손이 있거나, 팔꿈치가 어깨 위에 있거나, 팔꿈치를 몸통으로부터 들거나, 팔꿈치를 몸통 뒤쪽에 위치하도록 하는 상태에서 이루어지는 작업

④ 지지가 되지 않은 상태이거나 임의로 자세를 바꿀 수 없는 조건에서, 하루에 총 2시간 이상 목이나 허리를 구부리거나 트는 상태에서 이루어지는 작업

⑤ 하루에 총 2시간 이상 쪼그리고 앉거나 무릎을 굽힌 자세에서 이루어지는 작업

⑥ 하루에 총 2시간 이상 지지가 되지 않은 상태에서 1kg 이상의 물건을 한 손의 손가락으로 집어 옮기거나, 2kg 이상에 상응하는 힘을 가하여 한 손의 손가락으로 물건을 쥐는 작업

⑦ 하루에 총 2시간 이상 지지가 되지 않은 상태에서 4.5kg 이상의 물건을 한 손으로 들거나 동일한 힘으로 쥐는 작업

⑧ 하루에 10회 이상 25kg 이상의 물체를 드는 작업

⑨ 하루에 25회 이상 10kg 이상의 물체를 무릎 아래에서 들거나 어깨 위에서 들거나 팔을 뻗은 상태에서 드는 작업

⑩ 하루에 총 2시간 이상, 분당 2회 이상 4.5kg 이상의 물체를 드는 작업

⑪ 하루에 총 2시간 이상 시간당 10회 이상 손 또는 무릎을 사용하여 반복적으로 충격을 가하는 작업

(11) 근골격계질환 유해요인 조사

시 기	• 정기 유해요인 조사 : 3년마다 주기적으로 실시 • 수시 유해요인 조사 : 다음과 같은 사유 발생 시 실시 　－ 임시건강진단에서 근골격계질환자가 발생 　－ 근골격계부담작업에 해당하는 새로운 작업·설비를 도입한 경우 　－ 근골격계부담작업에 해당하는 업무의 양과 작업공정 등 작업환경을 변경한 경우
내 용	• 유해요인 기본조사 • 근골격계질환 증상 설문조사
평가도구	• NLE(NIOSH Lifting Equation) • 인간공학적 위험요인 CHECK LIST • OWAS(Ovako Working-posture Analysis System) • QEC(Quick Exposure Checklist) • REBA(Rapid Entire Body Assessment) • RULA(Rapid Upper Limb Assessment) • SI(Strain Index)

(12) 표시 및 조정장치

시각적 표시장치	• 메세지가 길고 복잡 • 메세지가 공간적 참조를 다룸 • 메세지를 나중에 참고할 필요가 있음 • 소음이 과도할 때 • 작업자의 이동이 적음 • 즉각적인 행동 불필요 • 시각적 표시장치의 분류 　－ 정량적 표시장치 : 정확한 계량치를 제공하는 것이 목적이며, 읽기 쉽도록 설계 　－ 정성적 표시장치 : 정량적 자료를 정성적으로 판단하거나 상태를 점검하는 데 이용 　－ 묘사적 표시장치 : 항공기 표시장치, 그래프, 도표와 같이 환경이 변화되는 상황을 표시
청각적 표시장치	• 메세지가 짧고 단순한 경우 • 메세지가 시간상의 사건을 다루는 경우 • 메세지가 일시적으로 나중에 참고할 필요가 없음 • 시(視)가 과도할 때 • 이동이 적음 • 즉각적인 행동이 필요
피부감각적 표시장치	• 압력수용, 고통, 온도 변화에 반응하는 표시장치

촉각적 표시장치	• 기계적 진동이나 전기적 자극을 이용 • 맹인용 점자, 형상 코드화된 조종장치 • 근래 들어 가상현실에서 응용이 확대되고 있음
후각적 표시장치	• 천연가스에 냄새나는 물질 첨가 • 지하갱도의 광부들에게 긴급대피상황 시 악취를 풍김 • 코는 냄새를 맡는 데 민감하지만, 민감도는 자극 물질과 개인에 따라 다름

(13) 작업설계

종 류	• 조절식 설계 : 사용자 개인에 따라 장치나 설비의 특정 차원들이 조절될 수 있도록 설계 • 극단치 설계 : 작업 설계에 극단적인 개인의 인체측정 자료를 사용하여 설계 • 평균치 설계 : 조절식 · 극단치 설계 접근법을 사용하기 어려울 때 사용
적용순서	• 조절식 설계 → 극단치 설계 → 평균치 설계

(14) 인지특성을 고려한 설계원리

① **좋은 개념모형의 원칙** : 사용자와 설계자의 모형이 일치한다.

② **양립성의 원칙** : 자극과 반응 간의 관계가 인간의 기대와 모순되지 않아야 한다.

③ **제약과 행동유도성의 원칙** : 물건의 사용에 관한 단서를 제공한다.

④ **단순성의 원칙** : 5개 이상 기억할 필요가 없도록 단순화한다.

⑤ **안전설계의 원칙** : Fool Proof, Fail Safe, Temper Proof

⑥ **피드백의 원칙** : 작동결과에 대한 정보제공(전화기 버튼)

⑦ **가시성의 원칙** : 작동상태를 노출시킴

⑧ **오류방지를 위한 강제적 기능** : 강제적으로 사용순서를 제한

(15) 공간배치의 원칙

① **중요성의 원칙** : 시스템 목적을 달성하는 데 상대적으로 더 중요한 요소들은 사용하기 편리한 지점에 위치시킨다.

② **사용빈도의 원칙** : 빈번하게 사용되는 요소들은 가장 사용하기 편리한 곳에 배치한다.

③ **사용순서의 원칙** : 연속해서 사용하여야 하는 구성요소들은 서로 옆에 놓여야 하고, 조작순서를 반영하여 배열한다.

④ **일관성의 원칙** : 동일한 구성요소들은 기억이나 찾는 것을 줄이기 위하여 같은 지점에 위치시킨다.

⑤ **양립성의 원칙** : 서로 근접하여 위치, 조종장치와 표시장들의 관계를 쉽게 알아볼 수 있도록 배열 형태를 반영한다.

⑥ **기능성의 원칙** : 비슷한 기능을 갖는 구성요소들끼리 한데 모아서 서로 가까운 곳에 위치시키고 색상으로 구분한다.

(16) 작업환경 개선

① 작업공간

    ㉠ 포락면 : 사람이 작업하는 데 사용하는 공간으로 사람이 몸을 앞으로 구부리거나 구부리지 않고 도달할 수 있는 전방의 3차원 공간

    ㉡ 정상작업역 : 상완을 자연스럽게 몸에 붙인 채로 전완을 움직일 때 도달하는 영역(34~45cm)

    ㉢ 최대작업역 : 어깨에서부터 팔을 뻗쳐 도달하는 최대영역(55~65cm)

② 작업대의 설계

    ㉠ 서서 작업하는 경우

        • 정밀작업 : 10~20cm 높은 곳(팔꿈치 높이보다)

        • 가벼운 작업 : 10cm 낮은 곳(팔꿈치 높이보다)

        • 큰 힘을 요구하는 작업 : 10~30cm 낮은 곳(팔꿈치 높이보다)

    ㉡ 앉아서 작업하는 경우

        • 정밀작업 : 5~10cm 높은 곳(팔꿈치 높이보다)

        • 가벼운작업 : 3~5cm 낮은 곳(팔꿈치 높이보다)

        • 큰 힘을 요구하는 작업 : 5~10cm 낮은 곳(팔꿈치 높이보다)

1 연구활동종사자 질환

(1) 건강장해를 일으키는 화학물질의 분류

유기화합물	가솔린, 글루타르알데히드, 1,4-디옥산, 1-부틸 알코올, N,N-디메틸 아세트아미드, 2-메톡시에탄올, 2-에톡시 에탄올, α-디클로로벤젠 등 (총 109종)
금 속	구리, 납, 니켈, 망간, 사알킬납, 산화아연, 산화철, 삼산화비소, 수은, 안티몬, 오산화바나듐, 알루미늄, 요오드, 인듐, 주석, 코발트, 크롬 등 (총 20종)
산 및 알칼리류	무수 초산, 불화수소, 시안화 나트륨, 사인화 칼륨, 염화수소, 질산, 트리클로로아세트산, 황산 (총 8종)
가스상태 물질	불소, 브롬, 산화에틸렌, 삼수소화 비소, 시안화 수소, 염소, 오존, 이산화질소, 이산화황, 일산화질소, 일산화탄소, 포스겐, 포스핀, 황하수소 (총 14종)

(2) 연구활동 종사자의 질환

아토피, 알레르기	곰팡이와 화학물질 등에 의해 유발되는 피부자극, 호흡기 질환
간질환	바이러스, 세균, 독성물질, 중금속 등으로 유발되는 질환
신장질환	크롬, 톨루엔 등의 유기화합물로 유발되는 질환
청각장애	1-부틸알코올, 스티렌, 톨루엔 등의 유기화합물과 소음성 난청으로 유발
면역결핍질환	항경련제, 면역억제제, 스테로이드, 화학요법제 등으로 인한 질환
빈 혈	조혈기능을 감소시키는 2-메톡시에탄올과 벤젠, 메트헤모글로빈 생성하는 아닐린, 에틸렌 글리콜 디니트레이트과 납으로 인한 질환
임산부질환	태반을 통과하여 태아에 영향을 줄 수 있는 독성물질, 방사선 작업 등

2 휴먼에러 예방관리

(1) 휴먼에러의 원인

① 작업자의 휴먼에러 원인

ⓐ 수행하고 있는 업무에 대한 지식이 부족할 때

ⓑ 일할 의욕이나 윤리가 결여되어 있을 때

ⓒ 서두르거나 절박한 상황에 놓여 있을 때

ⓓ 무언가의 경험으로 작업내용이 습관화되어 있을 때

ⓔ 심신이 매우 피로할 때

② 작업환경의 휴먼에러 원인

　　㉠ 일이 단조로울 때

　　㉡ 일이 지나치게 복잡할 때

　　㉢ 연구 성과만이 지나치게 강조될 때

　　㉣ 자극이 너무 많을 때

　　㉤ 일을 재촉할 때

　　㉥ 작업자를 고려하지 않은 작업환경 설계 시

(2) 제임스 리즌의 GEMS(Generic Error Modeling System) 모델

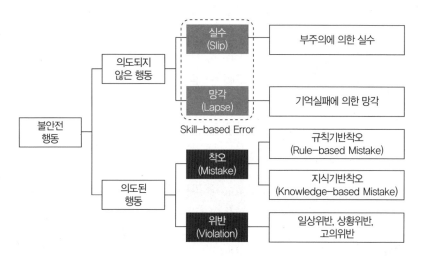

① 제임스 리즌(James Reason)은 라스무센(Rasmussen)의 3단계 사다리모형과 도널드 노먼(Donald A. Norman)의 행위 스키마를 통합하여 GEMS(Generic Error Modeling System) 모델을 만듦

② 인간의 3가지 행동수준

　　㉠ 지식기반 행동(Knowledge Based Behavior) : 인지 → 해석 → 사고/결정 → 행동

　　㉡ 규칙기반 행동(Rule Based Behavior) : 인지 → 유추 → 행동

　　㉢ 숙련기반 행동(Skill Based Behavior) : 인지 → 행동

③ 리즌의 휴먼에러 분류

　　㉠ Skill-based Error : 숙련상태에 있는 행동에서 나타나는 에러[실수(Slip), 망각(Lapse)]

　　㉡ Rule-based Mistake : 처음부터 잘못된 규칙을 기억, 정확한 규칙이나 상황에 맞지 않게 잘못 적용

　　㉢ Knowledge-based Mistake : 처음부터 장기기억 속에 지식이 없음

　　㉣ Violation : 지식을 갖고 있고, 이에 알맞은 행동을 할 수 있음에도 나쁜 의도를 가짐

④ 의도되지 않은 행동

　　㉠ 실수(Slip) : 상황해석은 제대로 하였으나, 의도와는 다른 행동을 한 경우

　　㉡ 건망증(Lapse) : 기억의 상실로 깜박 잊고 해야 할 행동을 하지 않은 경우

⑤ 의도된 행동

　　㉠ 착오(Mistake) : 틀린 줄 모르고 행하는 착오로 건망증(Lapse)보다 더 위험

　　㉡ 위반(Violation) : 의도를 가진 고의적인 것으로 규칙적 위반, 상황적 위반, 예외적 위반이 있음

안전 보호구 및 연구환경 관리

1 연구실안전표지

(1) 안전정보표지의 위치

① 건물 : 연구실 건물의 현관, 중앙 복도, 연구실 출입구에 표지 부착

② 위험기구

　㉠ 각 실험장비의 특성에 따라 안전표지 부착

　㉡ 각 실험기구 보관함에 보관 물질의 특성에 따라 표지 부착

(2) 안전정보표지의 종류

① 금지, 경고, 지시, 안내 표지로 구분

② 금지는 빨간색, 경고는 노란색, 지시는 파란색, 안내는 초록색

물질 경고 표지	
표지내용	적용 장소 및 대상 분야
 방사능 위험	• 방사능 위험기기, 방사능물질 사용기기, 방사능물질 보관장소, 방사능 취급기기
 위험장소, 기구 경고	• 관계자 이외의 접근을 통제하는 장소 • 관계자 이외의 조작을 금하는 기구
 고압전기 위험	• 고압전기 발생기기, 고전압 전원 • 정전기 발생기기, 고전압 사용기기
 유해광선 위험	• 레이저, 방사능, X선, 자외선, 적외선 등의 유해광선 취급 • 고휘도의 광원, 높은 조도 환경의 작업장

착용 지시 표지	
표지내용	적용 장소 및 대상 분야
보안경 착용	• 안구 접촉 위해, 위험물질 위급장소 • 각종 분진, 파편 비산 장소 • 위해광선 취급장소 • 모든 분야의 모든 연구행위 시
방독 마스크 착용	• 독성 물질 취급 보관장소 • 장기 손상 위험 물질 취급 보관장소 • 화공, 미생물, 방사능 물질, 기타 위험물질 취급
방진 마스크 착용	• 분진 취급 및 보관장소 • 작업 시 분진 발생 지역
안전복 착용	• 독성 물질, 부식성 물질 취급 보관장소 • 세균오염 물질 취급장소 • 기타 위해물질 취급장소 • 작업 중 신체 손상 위험기기 취급 • 모든 분야의 모든 연구행위 시
안전장갑 착용	• 독성 물질, 부식성 물질 취급 보관장소 • 세균오염 물질 취급장소 • 기타 위해 물질 취급장소 • 작업 중 신체 손상 위험기기 취급
안전화 착용	• 독성 물질, 부식성 물질 및 기타 위해물질 취급장소 • 작업 중 신체 손상 위험기기 취급
보안면 착용	• 유해광선 취급장소 • 파편의 비산 장소

소방기기 표지	
표지내용	적용 장소 및 대상 분야
 소화기	• 소화기 비치 장소의 상부 및 측면
 소방호스	• 소방호스 비치 장소의 상부 및 측면
 비상경보기	• 비상경보기 비치 장소의 상부 및 측면
 비상전화	• 비상전화기경보기 비치 장소의 상부 및 측면

2 보호구 착용 및 안전설비

(1) 개인보호구 착용 순서

개인보호구 착의	긴 소매 실험복 → 마스크, 호흡보호구(필요시) → 고글/보안면 → 실험장갑
개인보호구 탈의	긴 소매 실험복 → 고글/보안면 → 마스크, 호흡보호구(필요시) → 실험장갑

(2) 호흡용 보호구

① 종류

  ㉠ 공기정화식 : 오염공기를 여과재 또는 정화통을 통과시켜 오염물질을 제거하는 방식으로 전동식과 비전동식이 있다.

  ㉡ 공기공급식 : 공기 공급관, 공기호스 또는 자급식 공기원(산소탱크 등)을 가진 호흡용 보호구로 송기식과 자급식이 있다.

② 사용장소

  ㉠ 입자상 오염물질 발생장소

  • 오염물질의 종류에 따라 방진마스크 또는 방진 · 방독 마스크를 착용한다.

  • 분진, 미스트, 흄 등의 입자상 오염물질이 발생하는 연구실에서 착용한다.

  • 산소결핍엔 착용불가하며 1~3급이 있다.

    – 1급 : 베릴륨, 비소 등과 같이 독성이 강한 물질을 함유한 분진이 발생하거나 미생물과 같이 미세한 미립자상의 오염물이 발생하는 장소

    – 2급 : 금속흄이나 석면 등과 같이 열적, 기계적으로 생기는 미립자상 오염물이 발생하는 장소

    – 3급 : 특급 및 1급 호흡용 보호구 착용장소를 제외한 입자상 오염물이 발생하는 장소

  ㉡ 가스 및 증기의 오염물 발생장소

  • 가스 · 증기의 종류에 따라 방독마스크 또는 방진 · 방독 마스크를 착용한다.

  • 황산, 염산, 질산 등의 산성 물질이 발생하는 연구실, 복합 유기용제 등이 존재하는 연구실 및 가스상의 물질과 액체나 고체상태의 물질이 고온에 의해서 증발하여 발생하는 증기 발생 연구실 등에서 착용한다.

③ 방독마스크 사용 시 주의사항

  ㉠ 고농도 연구실이나 산소결핍의 위험이 있는 연구실(밀폐공간 등)에서는 절대 사용을 금지한다.

  ㉡ 정화통의 종류에 따라 사용한도시간(파과시간)이 있으므로 마스크 사용 시간을 기록한다.

  ㉢ 마스크 착용 중 가스 냄새가 나거나 숨쉬기가 답답하다고 느낄 때는 즉시 사용을 중지하고 새로운 정화통으로 교환한다.

  ㉣ 정화통은 사용자가 쉽게 이용할 수 있는 곳에 보관한다.

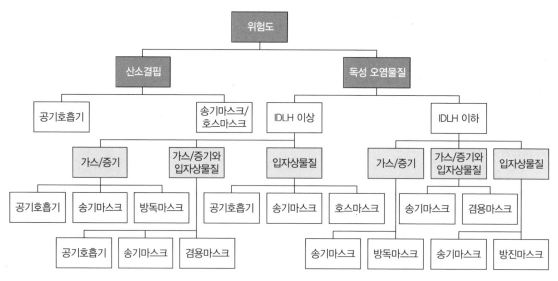

※ IDLH(Immediately Dangerous to Life or Health) : 생명 또는 건강에 즉각적인 위험을 초래할 수 있는 농도

[호흡용 보호구 선정방법]

(3) 안면 보호구

① 개 요

ㄱ 공기 중에 떠다니는 감염성 물질 및 유해물질이 튀는 등 눈이 노출되는 위험을 예방하기 위해 사용한다.

ㄴ 화학적 · 물리적 위험과 자외선(UV)이나 적외선(IR)과 같은 비전리방사선 등의 위해로부터 눈과 안면을 보호한다.

② 종 류

ㄱ 보안경(Safety Glasses)

- 튀는 물체나 위해물로부터 눈을 보호하는 데 사용한다.
- 안경착용자의 경우 안경 위에 덮어서 쓸 수 있는 보안경을 사용한다.
- 자외선이나 레이저 사용 시에는 차광 보안경을 사용한다.

ㄴ 고글(Goggle)

- 유해성이 높은 분진이나 화학물질의 튐 방지 및 액체로부터 눈을 보호하기 위해 사용한다.
- 사용하는 유해물질의 성상에 따라 통풍구가 없거나, 기체만 통과 가능한 통풍구가 있거나 액체까지 통과하는 통풍구가 있는 고글 중에서 선택한다.

ㄷ 보안면(Face Shield)

- 안면 전체 보호 필요시 사용한다.
- 다량의 위험한 유해성 물질이나 기타 파편이 튐으로 인한 위해가 발생할 우려가 있을 때 사용한다.
- 고압멸균기에서 가열된 액체를 꺼낼 때 사용한다.
- 액체질소를 취급할 때, 반응성이 매우 크거나 고농도의 부식성 화학물질을 다룰 때 사용한다.
- 진공 및 가압을 이용하는 유리기구를 다룰 때 사용한다.

(4) 보호복

① 물리적 · 화학적 그리고 생물학적으로 신체 및 피부를 보호하기 위하여 일상복 위에 착용한다.

② 종 류

ㄱ 일반 실험복(Laboratory Coat, Lab Coat)

- 일반적인 실험 시 착용한다.
- 일상복과 분리하여 보관한다.

ㄴ 화학물질용 보호복

- 화학물질 취급 실험이나 동물, 특정 생물 실험 등에서 주로 사용한다.
- 용도에 맞는 재질의 실험복을 사용한다.

ㄷ 앞치마

- 특별한 화학물질, 생물체, 방사성동위원소, 또는 액체질소 등을 취급 시 사용한다.
- 많은 주의가 요구되는 경우 사용한다.
- 추가적으로 신체를 보호하거나, 방수 등을 위하여 필요시 실험복 위에 착용한다.
- 차단되어야 하는 물질에 따라 소재와 종류를 구분하여 선택한다.

형 식		형식구분 기분
1형식	1a형식	보호복 내부에 개방형 공기호흡기와 같은 대기와 독립적인 호흡용 공기공급이 있는 가스 차단 보호복
	1a형식(긴급용)	긴급용 1a 형식 보호복
	1b형식	보호복 외부에 개방형 공기호흡기와 같은 호흡용 공기공급이 있는 가스 차단 보호복
	1b형식(긴급용)	긴급용 1b 형식 보호복
	1c형식	공기라인과 같은 양압의 호흡용 공기가 공급되는 가스 차단 보호복
2형식		공기라인과 같은 양압의 호흡용 공기가 공급되는 가스 비차단 보호복
3형식		액체 차단 성능을 갖는 보호복. 후드, 장갑, 부츠, 안면창(Visor) 및 호흡용 보호구가 연결되는 경우에도 액체 차단 성능을 가져야 한다.
4형식		분무 차단 성능을 갖는 보호복. 후드, 장갑, 부츠, 안면창(Visor) 및 호흡용 보호구가 연결되는 경우에도 분무 차단 성능을 가져야 한다.
5형식		분진 등과 같은 에어로졸에 대한 차단 성능을 갖는 보호복
6형식		미스트에 대한 차단 성능을 갖는 보호복

[KOSHA의 화학물질용 보호복의 구분]

(5) 보호장갑

① 1회용 장갑

㉠ 폴리글로브(Poly Glove) : 물기 있는 작업이나 마찰, 열, 화학물질에 약하며 가벼운 작업에 적합하다.

㉡ 니트릴글로브(Nitrile Glove) : 기름 성분에 잘 견딘다.

㉢ 라텍스글로브(Latex Glove) : 탄력성이 제일 좋고 편하다.

② 재사용 장갑

㉠ 액체질소 글로브(Cryogenic Glove) : 액체질소 자체를 다루거나 액체질소 탱크의 시료를 취급할 때 또는 초저온냉동고 시료를 취급할 때 사용한다.

㉡ 클로로프렌 혹은 네오플랜 글로브 : 화학물질이나 기름, 산·염기, 세제, 알코올이나 용매를 많이 다루는 화학 관련 산업 분야에서 많이 사용한다.

㉢ 테프론 글로브 : 내열 및 방수성이 우수하다.

㉣ 방사선동위원소용 장갑 : 납이 포함된 장갑과 납이 없는 장갑이 있다.

③ 절연용 장갑 : 고압전기를 취급하는 실험 시에 사용전압에 맞는 등급의 절연용 장갑을 선택하여 사용한다.

(6) 안전화

① 가죽제 안전화 : 물체의 낙하, 충격 또는 날카로운 물체에 의한 찔림 위험으로부터 발을 보호한다.

② 고무제 안전화 : 물체의 낙하, 충격 또는 날카로운 물체에 의한 찔림 위험으로부터 발을 보호하고, 내수성을 겸한다.

③ 정전기 안전화 : 물체의 낙하, 충격 또는 날카로운 물체에 의한 찔림 위험으로부터 발을 보호하고, 정전기의 인체대전을 방지한다.

④ 발등 안전화 : 물체의 낙하, 충격 또는 날카로운 물체에 의한 찔림 위험으로부터 발 및 발등을 보호한다.

⑤ 절연화 : 물체의 낙하, 충격 또는 날카로운 물체에 의한 찔림 위험으로부터 발을 보호하고, 저압의 전기에 의한 감전을 방지한다.

⑥ 절연장화 : 고압에 의한 감전을 방지 및 방수를 겸한다.

⑦ 화학물질용 안전화 : 물체의 낙하, 충격 또는 날카로운 물체에 의한 찔림 위험으로부터 발을 보호하고, 화학물질로부터 유해위험을 방지한다.

(7) 청력보호구

① 소음기준 : 소음이 85dB을 초과하는 실험을 할 때에 청력보호구를 착용한다.

② 종 류

㉠ 일회용 귀마개(폼형 귀마개) : 소음이 지속적으로 발생하여 장시간 동안 착용해야 하는 경우나 높은 차음률이 필요할 때 착용한다.

㉡ 재사용 귀마개 : 실리콘이나 고무 재질로 만들어 세척이 가능하므로, 소음이 간헐적으로 발생하여 자주 쓰고 벗고를 하는 경우에 착용한다.

㉢ 귀덮개 : 귀에 질병이 있어 귀마개를 착용할 수 없는 경우 또는 일관된 차음효과를 필요로 할 때 착용한다.

(8) 연구개발 활동별 보호구

① 화학 및 가스

연구활동 종류	보호구
다량의 유기용제 및 부식성 액체, 맹독성 물질 취급	보안경 또는 고글, 내화학성 장갑, 내화학성 앞치마, 방진 및 방독겸용 마스크
인화성 유기화합물 및 화재 또는 폭발, 가능성 있는 물질 취급	보안경 또는 고글, 보안면, 내화학성 장갑, 방진마스크, 방염복
독성 가스 및 발암물질, 생식 독성물질 취급	보안경 또는 고글, 내화학성 장갑, 방진 및 방독겸용 마스크

② 생 물

연구활동 종류	보호구
감염성 또는 잠재적 감염성이 있는 혈액, 세포, 조직 등 취급	보안경 또는 고글, 일회용 장갑, 보건용 마스크 또는 방진마스크
감염성 또는 잠재적 감염성이 있으며, 물릴 우려가 있는 감염성 물질 취급	보안경 또는 고글, 일회용 장갑, 방진마스크, 잘림 방지 장갑, 방진모, 신발 덮개
제1위험군에 해당하는 바이러스, 세균 등 감염성 물질취급	보안경 또는 고글, 일회용 장갑

③ 물리(기계, 방사선, 레이저)

연구활동 종류	보호구
고온의 액체, 장비, 화기 취급	보안경 또는 고글, 내열 장갑
액체질소 등 초저온 액체 취급	보안경 또는 고글, 방한 장갑
낙하 또는 전도 등의 가능성 있는 중량물 취급	보안경 또는 고글, 보호 장갑, 안전모, 안전화
압력 또는 진공 장치 취급	보안경 또는 고글, 보호 장갑(필요시 안전모, 보안면)
큰 소음(85dB 이상)이 발생하는 기계 또는 초음파 기기 취급	귀마개 또는 귀덮개
날카로운 물건 또는 장비 취급	보안경 또는 고글(필요시 잘림 방지 장갑)
방사성 물질 취급	보안경 또는 고글, 보호 장갑
레이저 및 UV 취급	보안경 또는 고글, 보호 장갑(필요시 방염복)
분진 및 미스트 등이 발생하는 환경 또는 나노 물질 취급	고글, 보호 장갑, 방진마스크

※ 취급 물질에 따라 적합한 보호기능을 가진 보안경 또는 고글을 선택한다.
※ 취급 물질에 따라 적합한 재질을 선택한다.

3 연구실 안전설비

(1) 연구실 위험구분

① 고위험연구실 : 연구개발활동 중 연구활동종사자의 건강에 위험을 초래할 수 있는 유해인자를 취급하는 연구실

② 저위험연구실 : 연구개발활동 중 유해인자를 취급하지 않아 사고발생 위험성이 현저하게 낮은 연구실

③ 중위험연구실 : 저위험연구실, 고위험연구실에 해당하지 않는 연구실

(2) 주요 구조부 설치 준수사항

① 공간분리 : 연구 · 실험공간과 사무공간 분리(고위험연구실은 필수)

② 벽 · 바닥

　㉠ 천장높이 : 2.7m 이상 권장

　㉡ 기밀성 있는 재질 및 구조로 천장, 벽, 바닥 설치(고위험연구실은 필수)

　㉢ 바닥면 내 안전구획 표시(중 · 고위험연구실은 필수)

③ 출입통로

　㉠ 출입구에 비상대피표지 부착(저 · 중 · 고위험연구실은 모두 필수)

　㉡ 통로폭은 90cm 이상 확보

　㉢ 사람, 연구장비, 기자재 출입이 용이하도록 주 출입통로 적정 폭, 간격 확보(저 · 중 · 고위험연구실은 모두 필수)

④ 조 명

　㉠ 연구활동 및 취급물질에 따른 적정 조도값 이상의 조명장치 설치(중 · 고위험연구실은 필수)

　㉡ 일반연구실은 최소 300lux 이상

　㉢ 정밀작업 수행 연구실 최소 600lux 이상

(3) 연구실 안전설비

① 세안장치

위 치	• 유해물질을 취급하는 실험실에 설치(10초 이내 도달 가능할 것) • 실험실 내의 모든 인원이 쉽게 접근하고 사용할 수 있도록 준비 • 위치에 확실히 알아볼 수 있는 표시와 함께 설치 • 작업자들이 눈을 감은 상태에서도 세안장치에 접근할 수 있을 것 • 세안장치는 샤워장치와 같이 설치하여 눈과 몸을 동시에 씻을 수 있을 것 • Push 부위를 돌리거나 누르고 난 후 3초 후에 사용 • 흐르는 물에 15분 이상 눈을 세척
성 능	• 수량은 최소 1.5ℓ/min 이상, 15분 동안 지속될 것 • 조작밸브는 원터치로 1초 내에 조작이 가능할 것 • 조작밸브는 부식방지를 위해 스테인리스 계열의 재료일 것 • 수압은 게이지압력으로 0.21MPa(30psi) 이상으로 유지

② 비상샤워장치

위 치	• 작업자들이 눈을 감은 상태에서 샤워장치에 접근할 수 있을 것 • 샤워꼭지는 긴급샤워기가 설치되는 바닥에서 210cm 이상 240cm 이하의 높이를 유지
성 능	• 샤워꼭지의 분사량은 최소 80ℓ/min이상 • 분사압력은 사용자가 다치지 않도록 충분히 낮을 것 • 조작밸브는 부식방지를 위해 스테인리스 계열의 재료일 것 • 바닥으로부터 170cm 이하의 높이에 사용자가 쉽게 접근하여 작동시킬 수 있도록 밸브설치 • 긴급샤워기의 조작밸브를 여는 경우 조작밸브가 1초 이내에 열리고 열린 상태로 있는지를 확인

CHAPTER

05 환기시설(설비) 설치·운영 및 관리

1 환기설비

(1) 환기의 종류

전체환기	자연환기	• 기계적인 동력 없이 작업장의 창 등을 통해 환기 • 외부 기상 조건과 내부 조건에 따라 환기량이 일정하지 않음
	강제환기	• 기계적인 힘을 이용하여 강제적으로 환기 • 기상변화 등과 관계없이 작업환경을 일정하게 유지할 수 있음

국소환기	국소배기장치	• 고독성이나 입자상의 물질이 다량으로 발생 시 사용
		• 배출원에 집중하거나 고정하여 사용
		• 국소배기장치가 필요한 경우
		  – 오염물질의 독성이 강한 경우, 오염물질이 입자상인 경우
		  – 유해물질의 발생주기가 균일하지 않은 경우
		  – 배출량이 시간에 따라 변동하는 경우
		  – 배출원이 고정되어 있고, 근로자가 근접하여 작업하는 경우
		  – 배출원이 크고, 배출량이 많은 경우
		  – 냉난방비용이 큰 경우

(2) 환기설비의 설계

작동시간	• 환기설비는 24시간 작동하도록 설계
환 기	• 근무시간에는 시간당 8~10회 • 비근무시간에는 시간당 6~8회 • 환기량은 0.1~0.3㎥/min 이상
창의 크기	• 직접 외부공기를 향하여 개방할 수 있는 창을 설치 • 창의 면적은 바닥 면적의 1/20 이상
배기속도	• ACGIH 기준 : 배기관 내에 액체나 고체물질이 농축되지 않을 속도(5~10m/s) 유지
전체환기에서 환기량의 계산	• 필요환기량(㎥) = 실내 용적(㎥) / 환기 계수(1회 환기에 필요한 시간) • 환기율(시간당 환기횟수, ACH ; Air Change Per Hour) = 필요환기량(㎥/hr)/실험실용적(㎥) = 1 / 환기계수 예 일반 공장건물 용적이 5,500㎥, 일반공장의 환기계수 7.5 • 필요 환기량은 5,500/7.5 = 733 ㎥/min • 풍량이 74 ㎥/min의 송풍기를 사용한다면 733/74 = 9.9이므로 10대가 필요

(3) 국소배기장치의 설계

1단계 : 후드 형식 선정	• 후드를 설치하는 장소와 후드의 형태를 결정
2단계 : 제어풍속 결정	• 제어속도를 정하고 필요송풍량을 계산
3단계 : 설계 환기량 계산	• 제어풍속(m/sec)과 후드의 개구면적(㎡)으로 설계환기량(Design Flowrate : Q)을 계산
4단계 : 반송속도 결정	• 오염물질의 종류에 따라 덕트 내 분진 등이 퇴적되지 않도록 덕트 내 이송속도(최소 덕트속도) 결정
5단계 : 덕트 직경 산출	• 설계환기량을 이송속도로 나누어 덕트 직경의 이론치를 산출 • 최종 덕트속도가 최소 덕트속도보다 크도록 하기 위해 덕트 직경은 이론치보다 작은 것을 선택
6단계 : 덕트의 배치와 설치장소 선정	• 덕트를 배치할 장소 결정 • 덕트의 직경이 너무 커서 배치가 어려울 경우에는 후드의 설치장소와 후드의 형식을 재검토하여 송풍량을 줄임
7단계 : 공기정화장치 선정	• 제거효율이 양호한 정화장치 선정 • 압력손실을 계산하여 선정
8단계 : 총압력손실 계산	• 후드 정압(SPh)과 덕트 및 공기정화장치 등의 총압력손실의 합계 산출
9단계 : 송풍기 선정	• 총압력손실(mmH₂O)과 총배기량(㎥/min)으로 송풍기 풍량(㎥/min)과 풍정압(mmH₂O), 그리고 소요동력(Hp)을 결정하고 적절한 송풍기를 선정

(4) 후드에서의 배풍량 계산방법

포위식 부스형	$Q = V \times A$
외부식 장방형	$Q = V(10X^2 + A)$
외부식 플랜지부착 장방형	$Q = 0.75 \times V(10X^2 + A)$

- Q : 필요환기량(㎥/min)
- V : 제어속도(m/sec)
- A : 후드단면적(2㎡)
- X : 후드 중심선으로부터 발생원까지의 거리, 제어거리(m)

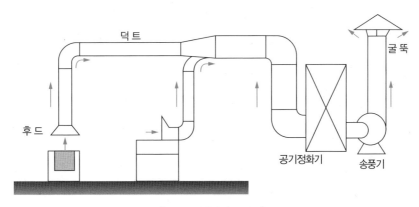

[국소배기장치의 구성도]

(5) 후드 설계 시 고려사항

① 후드의 재질 선정

   ⊙ 후드는 내마모성 또는 내부식성 등의 재료 또는 도포한 재질을 사용한다.

   ⓒ 변형 등이 발생하지 않는 충분한 강도를 지닌 재질로 해야 한다.

   ⓒ 후드의 입구측에 강한 기류음이 발생하는 경우 흡음재를 부착한다.

② 후드 방해기류 영향 억제 등

   ⊙ 플랜지 : 후드 뒤쪽 공기의 흐름을 차단하여 제어효율을 증가시키기 위해 후드 개구부에 부착하는 판으로, 플랜지가 부착되지 않은 후드에 비해 제어거리가 길어진다.

   ⓒ 플랜지를 설치하면 적은 환기량으로 오염된 공기를 동일하게 제거할 수 있고, 장치 가동 비용이 절감된다.

   ⓒ 플레넘 : 후드 바로 뒤쪽에 위치하여 후드유입 압력과 공기흐름을 균일하게 형성하는 데 필요한 장치를 말한다.

③ 신선한 공기 공급

   ⊙ 국소배기장치를 설치할 때 배기량과 같은 양의 신선한 공기가 작업장 내부로 공급되도록 공기유입구 또는 급기시설을 설치해야 한다.

   ⓒ 신선한 공기의 공급방향은 유해물질이 없는 깨끗한 지역에서 유해물질이 발생하는 지역으로 향하도록 하여야 한다.

   ⓒ 가능한 한 근로자 뒤쪽에 급기구가 설치되어 신선한 공기가 근로자를 거쳐서 후드방향으로 흐르도록 해야 한다.

   ⓔ 신선한 공기의 기류속도는 근로자 위치에서 가능한 0.5m/sec을 초과하지 않도록 해야 한다.

   ⓜ 후드 근처에서 후드의 성능에 지장을 초래하는 방해기류를 일으키지 않도록 해야 한다.

(6) 덕 트

① 후드에서 흡인한 유해물질을 배기구까지 운반하는 관으로 주 덕트, 보조 덕트 또는 가지 덕트, 접합부 등으로 구성되어 있다.

② 설치기준

   ⊙ 가능한 한 길이는 짧게, 굴곡부의 수는 적게 설치한다.

   ⓒ 가능한 한 후드에 가까운 곳에 설치한다.

   ⓒ 접합부의 안쪽은 돌출된 부분이 없도록 한다.

   ⓔ 덕트 내 오염물질이 쌓이지 않도록 이송속도를 유지한다.

   ⓜ 연결부위 등은 외부 공기가 들어오지 않도록 설치한다.

   ⓗ 덕트의 진동이 심한 경우 지지대를 설치한다.

   ⓢ 덕트끼리 접합 시 가능하면 비스듬하게 접합한다.

③ 재 질

    ㉠ 부식이나 마모의 우려가 없는 곳은 아연도금강판을 사용한다.

    ㉡ 강산, 염소계 용제를 사용하는 곳은 스테인리스스틸 강판을 사용한다.

    ㉢ 알칼리 물질은 강판을 사용한다.

    ㉣ 주물사, 고온가스는 흑피 강판을 사용한다.

    ㉤ 전리방사선을 취급하는 곳은 중질 콘크리트를 사용한다.

④ 반응속도 결정

    ㉠ 반송속도 : 덕트를 통하여 이동하는 유해물질이 덕트 내에서 퇴적이 일어나지 않는 상태로 이동시키기 위하여 필요한 최소속도를 말한다.

    ㉡ 덕트의 반송속도는 국소배기장치의 성능향상 및 덕트 내 퇴적을 방지하기 위하여 유해물질의 발생형태에 따른 기준을 따라야 한다.

유해물질 발생형태	유해물질 종류	반송속도(m/s)
증기 · 가스 · 연기	모든 증기, 가스 및 연기	5.0~10.0
흄	아연흄, 산화알미늄흄, 용접흄 등	10.0~12.5
미세하고 가벼운 분진	미세한 면분진, 미세한 목분진, 종이분진 등	12.5~15.0
건조한 분진이나 분말	고무분진, 면분진, 가죽분진, 동물털분진 등	15.0~20.0
일반 산업분진	그라인더분진, 일반적인 금속분말분진, 모직물분진, 실리카분진, 주물분진, 석면분진 등	17.5~20.0
무거운 분진	젖은 톱밥분진, 입자가 혼입된 금속분진, 샌드블라스트분진, 주철보링분진, 납분진	20.0~22.5
무겁고 습한 분진	습한 시멘트분진, 작은 칩이 혼입된 납분진, 석면덩어리 등	22.5 이상

[유해물의 덕트 반송속도]

2 부 스

(1) 설 계

① 창을 최대로 개방하였을 때 보통 최소 면속도가 0.4m/s 이상을 유지하도록 한다.

② 부스가 없는 실험대에서 실험을 할 경우 상방향 후드의 제어풍속은 실험대상부에서 1.0m/s 정도로 유지한다.

③ 부스 입구의 공기의 흐름방향은 입구 면에 수직이고 안쪽이어야 한다.

④ 부스 위치는 문, 창문, 주요 보행통로로부터 떨어져 있어야 한다.

⑤ 실험장치를 부스 내에 설치할 경우에는 전면에서 15cm 이상 안쪽에 설치하여야 하며, 부스 내 전기기계기구는 방폭형으로 설치하여야 한다.

(2) 유지관리

① 후드로 배출되는 물질의 냄새 감지 시 배기장치가 작동하는지 점검한다.

② 후드 및 국소배기장치는 1년에 1회 이상 자체검사를 실시한다.

③ 제어풍속은 3개월에 1회 측정하여 이상유무를 확인한다.

④ 부스 앞에 서 있는 작업자는 주위의 공기흐름을 변화시킬 수 있으므로, 실험자를 2인 이하로 최소화한다.

⑤ 시약을 부스 내에 보관 시 항상 후드의 배기장치를 켜두어야 한다.

3 후 드

(1) 흄후드(Fume Hoods)

① 흄, 흄후드

　㉠ 흄 : 승화, 증류, 화학반응 등에 의해 발생하는 직경 1㎛ 이하의 고체 미립자를 말한다.

　㉡ 흄후드 : 사람의 호흡기로 들어가기 전 오염원에서 밖으로 빼주는 역할을 하는 장비를 말한다.

② 구 성

배기 플레넘 (Exhaust Plenum)	• 공기의 흐름이 균일하게 분포되도록 도움을 주는 공간을 말한다.
방해판(Baffles)	• 후드의 뒤편을 따라 일자형의 구멍을 생성하는 데 사용하는 이동식 가림막을 말한다(Partitions).
작업대 (Work Surface)	• 실제 작업이 이루어지는 후드 아래의 영역을 말한다.
내리닫이창(Sash)	• 작업을 하는 동안 효율을 증가시키기 위하여 최적의 높이로 닫을 수 있는 이동식 전면 투명판을 말한다.
에어포일(Airfoil)	• 후드의 전면 양옆과 바닥을 따라 위치하여 후드 안으로 공기의 흐름이 유선형으로 흐르도록 하며, 난류를 방지하는 작용을 한다. • 에어포일 아래에 있는 작은 공간은 내리닫이창이 완전히 닫혔을 때 후드의 실험실 내 공기를 배출시키는 역할을 한다.

③ 흄후드의 조건

　㉠ 창을 최대로 개방하였을 때 보통 최소 면속도 0.4m/s 이상을 유지한다.

　㉡ 실험 작업 시 창은 46cm 이상 열려서는 안 된다.

　㉢ 입자 상태 물질은 0.7m/sec 이상 유지하면서 내리닫이창(Sash)의 높이를 조절한다.

　㉣ 흄후드 내 풍속(약간 유해한 화학물질) : 안면부 풍속 21~30m/min 정도

　㉤ 흄후드 내 풍속(매우 유해한 화학물질) : 안면부의 풍속 45m/min 정도

(2) 암후드(Arm Hoods)

① 공조 덕트에 연결되었지만 연결부를 기준으로 일정한 반경 내에 움직일 수 있다.

② 후드크기 범위 내에서 유해물질을 빨아들일 수 있는 실험실 기본 배기장비를 말한다.

(3) 설치 시 주의사항

① 후드는 발생원을 가능한 한 포위하는 형태인 포위식 형식의 구조로 설치한다.

② 발생원을 포위할 수 없을 때는 발생원과 가장 가까운 위치에 후드를 설치한다.

③ 흡입방향은 비산된 유해물질이 작업자의 호흡 영역을 통과하지 않도록 한다.

④ 후드 뒷면에서 주 덕트 접속부까지의 가지 덕트 길이는 가능한 한 덕트 1개 지름의 3배 이상 되도록 한다.

⑤ 다만, 가지 덕트가 장방형 덕트인 경우에는 원형 덕트의 상당 지름을 이용한다.

⑥ 후드의 형태와 크기 등 구조는 후드에서 유입 손실이 최소화되도록 한다.

⑦ 후드가 설비에 직접 연결된 경우 후드의 성능평가를 위한 정압 측정구를 후드와 덕트의 접합부분에서 주 덕트 방향으로 직경 1~3 정도로 설치한다.

(4) 설치 및 운영 기준

① 면속도 확인 게이지가 부착되어 수시로 기능 유지 여부를 확인할 수 있어야 한다.

② 후드 내부를 깨끗하게 관리하고, 후드 안의 물건은 입구에서 최소 15cm 이상 떨어져야 한다.

③ 후드 안에 머리를 넣지 말아야 말한다.

④ 필요시 추가적인 개인보호장비를 착용한다.

⑤ 후드 내리닫이창(Sash)은 실험 조작이 가능한 최소 범위만 열려 있어야 한다.

⑥ 미사용 시 창을 완전히 닫아야 한다.

⑦ 콘센트나 다른 스파크가 발생할 수 있는 원천은 후드 내에 두지 않아야 한다.

⑧ 흄후드에서의 스프레이 작업은 화재 및 폭발 위험이 있으므로 금지한다.

⑨ 흄후드를 화학물질의 저장 및 폐기 장소로 사용해서는 안 된다.

⑩ 가스상태 물질은 최소 면속도 0.4m/sec 이상, 입자상 물질은 0.7m/sec 이상을 유지한다.

(5) 제어풍속

① 후드 전면 또는 후드 개구면에서 유해물질이 함유된 공기를 당해 후드로 흡입시킴으로써 그 지점의 유해물질을 제어할 수 있는 공기속도를 말한다.

② 포위식 및 부스식 후드에서는 후드의 개구면에서 흡입되는 기류의 풍속을 말한다.

③ 외부식 및 레시버식 후드에서는 후드의 개구면으로부터 가장 먼 유해물질 발생원 또는 작업 위치에서 후드 쪽으로 흡인되는 기류의 속도를 말한다.

물질의 상태	후드 형식	제어풍속(m/s)
가스상	포위식 포위형	0.4
	외부식 측방흡인형	0.5
	외부식 하방흡인형	0.5
	외부식 상방흡인형	1.0
입자상	포위식 포위형	0.7
	외부식 측방흡인형	1.0
	외부식 하방흡인형	1.0
	외부식 상방흡인형	1.2

[후드 형식에 따른 제어풍속]

4 공기정화장치, 송풍기, 배기구

(1) 공기정화장치

① 개요

㉠ 후드 및 덕트를 통해 반송된 유해물질을 정화시키는 고정식 또는 이동식의 제진, 집진, 흡수, 흡착, 연소, 산화, 환원 방식 등의 처리장치를 말한다.

㉡ 공기정화장치는 유해물질의 종류(입자상, 가스상), 발생량, 입자의 크기, 형태, 밀도, 온도 등을 고려하여 선정한다.

② 설치 시 주의사항

㉠ 마모 · 부식과 온도에 충분히 견딜 수 있는 재질로 선정한다.

㉡ 압력손실이 가능한 한 작은 구조로 설계한다.

㉢ 화재 · 폭발의 우려가 있는 유해물질을 정화하는 경우에는 방산구를 설치하는 등 필요한 조치를 한다.

㉣ 접근과 청소 및 정기적인 유지보수가 용이한 구조이어야 한다.

㉤ 막힘에 의한 유량 감소를 예방하기 위해 공기정화장치는 차압계를 설치하여 상시 차압을 측정한다.

(2) 입자상물질을 처리하는 공기정화장치

중력집진장치	• 중력을 이용하여 분진을 제거한다. • 구조가 간단하고, 압력손실 비교적 적어 설치 및 가동비가 저렴하다. • 미세분진에 대한 집진효율이 높지 않아 전처리로 이용한다.
관성력집진장치	• 관성을 이용하여 큰 입자를 분리 · 포집한다. • 원리가 간단하고, 후단의 미세입자 집진을 위한 전처리용으로 사용한다. • 비교적 큰 입자의 제거에 효율적이다. • 고온 공기 중의 입자상 오염물질 제거가 가능하여 덕트 중간에 설치할 수 있다.
원심력집진장치	• 원심력을 이용하여 분진을 제거한다(일명 사이클론이라고 함). • 비교적 적은 비용으로 집진이 가능하다. • 입자의 크기가 크고, 모양이 구체에 가까울수록 집진효율이 증가한다. • 블로다운 효과 : 사이클론의 분진퇴적함 또는 호퍼로부터 처리 가스량의 5~10%를 흡입하여 난류현상을 억제시킴으로써, 선회기류의 흐트러짐을 방지하고 집진된 분진의 비산을 방지하는 방법이다.
세정집진장치	• 함진가스를 액적, 액막, 기포 등으로 세정하여 입자의 응집을 촉진하거나 입자를 부착하여 제거하는 장치를 말한다. • 가연성, 폭발성 분진, 수용성의 가스상 오염물질도 제거할 수 있다.
여과집진장치	• 고효율 집진이 필요할 때 흔히 사용한다. • 직접차단, 관성충돌, 확산, 중력침강 및 정전기력 등이 복합적으로 작용하는 장치를 말한다.
전기집진장치	• 전기적인 힘을 이용하여 오염물질을 포집하는 장치를 말한다. • 고온가스를 처리할 수 있어 보일러와 철강로 등에 설치가 가능하다. • 압력손실이 낮으므로 송풍기의 가동 비용이 저렴하다. • 넓은 범위의 입경과 분진농도에 집진효율이 높다. • 설치 공간이 넓어야 해서 초기 설치비가 많이 들지만 유지비가 저렴하다. • 가연성 입자의 집진 시 처리가 곤란하다.

(3) 가스상물질을 처리하는 공기정화장치

흡수법	• 가스 성분이 잘 용해될 수 있는 액체(흡수액)에 용해해 제거하는 방법이다.
흡착법	• 다공성 고체 표면에 가스상 오염물질이 부착되는 현상을 이용하여 처리하는 방법이다. • 산업현장에서 가장 널리 사용한다. • 주로 유기용제와 악취물질 제거에 사용된다.
연소법	• 가연성 오염가스 및 악취물질을 연소시켜 제거하는 방법이다. • 가연성 가스나 독성이 강한 유독가스에 널리 이용한다. • 종류로는 직접연소법(불꽃연소법), 직접가열산화법, 촉매산화법 등이 있다.

(4) 송풍기

① 유해물질을 후드에서 흡인하여 덕트를 통하여 외부로 배출할 수 있는 힘을 만드는 설비를 말한다.

② 종 류

축류식 송풍기	**특 징**	• 흡입방향과 배출방향이 일직선이다. • 국소배기용보다는 비교적 작은 규모일 때 전체환기용으로 사용한다.
	종 류	• 프로펠러 송풍기 : 효율(25~50%)은 낮으나 설치비용이 저렴하여 전체환기에 적합하다. • 튜브형 축류 송풍기 : 모터를 덕트 외부에 부착시킬 수 있고, 날개의 마모, 오염의 경우 청소가 용이하다. • 베인형 축류 송풍기 : 저풍압, 다풍량의 용도로 적합하며, 효율(25~50%)은 낮으나 설치비용이 저렴하다.
원심력 송풍기	**특 징**	• 국소배기장치에 필요한 유량속도와 압력 특성에 적합하다. • 설치비가 저렴하고 소음이 비교적 적어 많이 사용한다. • 흡입방향과 배출방향이 수직으로 되어있다.
	종 류	• 다익형(전향날개형 송풍기) 　− 송풍기의 임펠러가 다람쥐 쳇바퀴 모양이며, 깃이 회전 방향과 동일한 방향으로 설계 　− 비교적 저속회전으로 소음이 적으나 회전날개에 유해물질이 쌓이기 쉬워 청소가 곤란 　− 효율이 35~50%로 낮으며 큰 마력의 용도에는 사용되지 않음 • 터보형(후향날개형 송풍기) 　− 송풍기의 깃이 회전 방향 반대편으로 경사지게 설계 　− 장소의 제약을 받지 않고 사용할 수 있으나 소음이 큼 　− 고농도분진 함유 공기를 이송시킬 경우, 집진기 후단에 설치하여 사용 　− 효율은 60~70%로 높으며 압력손실의 변동이 있는 경우에 사용하기 적합 • 평판형(방사날개형 송풍기) 　− 송풍기의 깃이 평판이어서 분진을 자체 정화 　− 마모나 오염되었을 때 취급 및 교환이 용이 　− 효율은 40~55% 정도임

③ 소요 축동력 산정

㉠ 송풍량, 후드 및 덕트의 압력손실, 전동기의 효율, 안전계수 등을 고려한다.

㉡ 작업장 내에서 발생하는 유해물질을 효율적으로 제거할 수 있는 성능으로 산정한다.

(5) 배풍기

① 배풍기의 안전검사기준

표면상태	• 배풍기 또는 모터의 기능을 저하하는 파손, 부식, 기타 손상 등이 없어야 한다. • 배풍기 케이싱(Casing), 임펠러(Impeller), 모터 등에서의 이상음 또는 이상진동이 발생하지 않아야 한다. • 각종 구동장치, 제어반(Control Panel) 등이 정상적으로 작동되어야 한다.
벨트	• 벨트의 파손, 탈락, 심한 처짐 및 풀리의 손상 등이 없어야 한다.
회전수	• 배풍기의 측정회전수 값과 설계 회전수 값의 비(측정/설계)가 0.8 이상이어야 한다.
회전방향	• 배풍기의 회전방향은 규정의 회전방향과 일치하여야 한다.
캔버스	• 캔버스의 파손, 부식 등이 없어야 한다. • 송풍기 및 덕트와의 연결부위 등에서 공기의 유입 또는 누출이 없어야 한다. • 캔버스의 과도한 수축 또는 팽창으로 배풍기 설계 정압 증가에 영향을 주지 않아야 한다.
안전덮개	• 전동기와 배풍기를 연결하는 벨트 등에는 안전덮개가 설치되고, 그 설치부는 부식·마모·파손·변형·이완 등이 없어야 한다.
배풍량 등	• 배풍기의 측정풍량과 설계풍량의 비(측정/설계)가 0.8 이상이어야 한다. • 배풍기의 성능을 저하시키는 설계정압의 증가 또는 감소가 없어야 한다.

② 배풍기의 검사방법

배풍기 및 모터의 상태 검사	• 배풍 성능을 저하할 만한 외면상태 파손, 부식 등의 유무를 육안으로 확인한다. • 배풍기 정상 가동 시 임펠러, 모터 등에서의 이상음 또는 이상진동 발생 여부를 확인한다. • 기타 배풍기 및 모터의 구동장치의 정상작동 여부를 확인한다.
V-Belt의 상태 검사	• 배풍기 가동을 중지한 상태에서 검사한다. • 벨트의 파손, 탈락 및 풀리의 손상 여부에 대해 육안으로 확인한다. • 벨트의 처짐을 벨트 중간부분에 손으로 눌러 처짐의 정도를 확인한다.
회전수 검사	• 풀리(Pulley) 또는 V-Belt 지점에서 회전수 측정기를 사용하여 배풍기 회전수를 측정한다.
회전방향 검사	• 배풍기의 회전 방향이 배풍기 형식별 규정의 방향으로 회전하고 있는지를 확인한다.
캔버스(Canvas)의 상태 검사	• 배풍기와 덕트를 연결하는 캔버스의 파손, 부식 등으로 공기가 새지 않는지를 육안으로 확인한다. • 배풍기 입구 측에서의 캔버스가 과도하게 수축하였는지와 배풍기 출구 측에서의 캔버스가 과도하게 팽창되었는지를 육안으로 확인한다.
안전장치 설치여부 검사	• 배풍기의 풀리와 모터 구동부에 협착방지를 위한 방호덮개가 적절하게 설치되어 있는지를 육안으로 확인한다.
배풍량 및 정압 측정	• 배풍기 토출구 또는 최종 배기구(Stack)의 점검구에서 피토관이나 열선풍속계를 사용하여 배풍량을 측정한다. • 배풍량 측정이 어려울 경우 각 후드측정 풍량을 합산한 전체값을 그 배풍기의 배풍량으로 간주할 수 있다(단, 접속부 등에서의 공기 유실이 없어야 함). • 배풍량의 감소 등 성능저하의 원인을 파악하기 위한 배풍기의 입구와 출구 측에 배풍기 정압 측정 및 동압을 측정하여 팬정압(FSP)을 구한다. • 배풍기 정압(FSP) = 배풍기 입구정압(SPout) − 출구정압(SPin) − 입구동압(VPin) • 초기 배풍량이 불확실한 경우 설계를 통한 배풍량 성능을 판단한다.

(6) 배기구 설치요건

① 옥외에 설치하는 배기구는 지붕으로부터 1.5m 이상 높게 설치한다.

② 배출된 공기가 주변 지역에 영향을 미치지 않도록 상부 방향으로 10m/s 이상의 속도로 배출한다.

③ 배출된 유해물질이 당해 작업장으로 재유입되거나 인근의 다른 작업장으로 확산되어 영향을 미치지 않는 구조로 설치한다.

④ 내부식성, 내마모성이 있는 재질로 설치한다.

⑤ 공기 유입구와 배기구는 서로 일정 거리만큼 떨어지게 설치한다.

PART 07

기출예상문제

정답 및 해설 p.404

※ 홀수번호 (단답형) 문제, 짝수번호 (서술형) 문제로 진행됩니다.

01 MSDS의 작성원칙에서 구성 성분의 함유량을 기재하는 경우에는 함유량의 [   ]%의 범위에서 함유량의 범위로 함유량을 대신하여 표시할 수 있다.

02 MSDS에 대해 설명하시오.

03 다음의 경고표지는 인체에 유해한 화학물질 경고표지이다. 어떤 유해성을 표기한 것인지 빈칸을 채우시오.

경고표지	유해성 분류기준
	[ ]

04 Fire diamond(NFPA 704)에서 다음 빈칸을 채우시오.

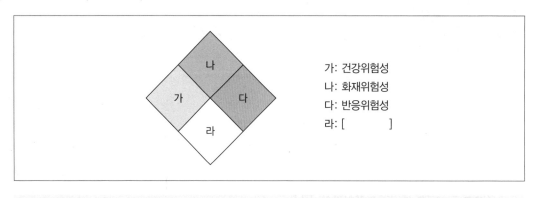

가: 건강위험성
나: 화재위험성
다: 반응위험성
라: [   ]

05 화학물질이 노출기준 중 단시간노출기준으로 15분간의 시간가중평균노출값을 나타내는 것은 무엇인지 쓰시오.

06 혼합물의 노출기준 산출식을 쓰시오.

07 시간가중평균노출기준으로 1일 8시간 작업을 기준으로 하여 유해인자의 측정치에 발생시간을 곱하여 8시간으로 나눈 값을 뜻하는 용어를 쓰시오.

08 Fire diamond(NFPA 704)에서 청색, 적색, 황색, 백색이 나타내는 위험성을 쓰시오.

09 물리적 유해인자 중 소음에 대하여 산업안전보건법에서는 1일 8시간 작업기준으로 [   ] 이상의 소음이 발생하는 작업을 소음작업으로 규정한다.

10 진동작업 근로자에게 진동이 인체에 미치는 영향과 증상에 관하여 주지시켜야 하는 내용을 기술하시오.

11 물질의 원자를 전리시킬 수 있는 에너지가 있는 방사선을 뜻하는 용어를 쓰시오.

12 화학적 유해인자 중 흄(Fume)에 대해 설명하시오.

13 분진이란 입경이 크기가 [   ]인 물질로 고체가 분쇄된 형태로 [   ]보다 작으면 공기 중에 부유하며 [   ]보다 작은 입자는 미세분진이라 한다.

14 생물학적 유해인자 중 바이오에어로졸(Bio-aerosol)에 대해 설명하시오.

15 노동부 고시에 의한 발암물질의 분류 중 사람에게 충분한 발암성 증거가 있는 물질의 등급을 쓰시오.

16 인간공학의 목표 4가지를 쓰시오.

17 다음은 인간의 정보처리 과정을 기술한 것이다. 빈칸을 채우시오.

감 각 → [   ] → 정보처리 → 실 행

18 인간의 정보처리과정 중 지각(Perception)에 대해 설명하시오.

19 인간의 기억체계 중 작업에 필요한 기억이라 해서 작업기억이라고도 부르는 기억을 뜻하는 용어를 쓰시오.

20 경로용량에 대해 설명하시오.

21 체내에서 일어나는 여러 가지 연쇄적인 화학반응을 말하는 것으로 음식물을 섭취하여 기계적인 일과 열로 전환되는 화학과정을 뜻하는 용어를 쓰시오.

22 에너지 대사율(RMR ; Relative Metabolic Rate)에서 산소소모량에 의해 결정되는 경작업부터 초중작업의 RMR의 수치를 기술하시오.

23 직무요건이 근로자의 능력이나 자원, 욕구와 일치하지 않을 때 생기는 유해한 신체적 또는 정서적 반응을 무엇이라 하는가?

24 직무스트레스의 4가지 요인은 무엇인가?

25 반복적이고 누적되는 특정한 일 또는 동작과 연관되어 신체 일부를 무리하게 사용하면서 나타나는 질환을 쓰시오.

26 근골격계질환의 발생원인 6가지를 쓰시오.

27 표시장치 중 정확한 계량치를 제공하는 것이 목적이며, 읽기 쉽도록 설계한 표시장치를 뜻하는 용어를 쓰시오.

28 시각적 표시장치를 사용해야 하는 경우를 기술하시오.

29 작업설계에 있어서 사용자 개인에 따라 장치나 설비의 특정 차원들이 조절될 수 있는 설계방법을 쓰시오.

30 작업설계의 적용순서를 쓰시오.

31 사람이 작업하는 데 사용하는 공간으로 사람이 몸을 앞으로 구부리거나 구부리지 않고 도달할 수 있는 전방의 3차원 공간을 뜻하는 용어를 쓰시오.

32 공간배치의 6원칙을 쓰시오.

33 건강장해를 일으키는 화학물질의 분류 4가지는 [   ], 금속, 산과 알카리류, 가스상태의 물질이다.

34 ACGIH(미국 산업위생 전문가협의회)에서 규정한 발암물질의 종류를 쓰시오.

35 제임스 리즌의 GEMS(Generic Error Modeling System) 모델에서 인간의 불안전한 행동은 [   ]와
(과) [   ](으)로 나눌 수 있다.

36 다음 빈칸을 채우시오.

물질 경고표지		
표지내용	용어 및 의미	적용 장소 및 대상 분야
	[ ]	• 방사능 위험기기, 방사능물질 사용기기, 방사능 물질 보관장소, 방사능 취급기기
	[ ]	• 관계자 이외의 접근을 통제하는 장소 • 관계자 이외의 자의 조작을 금하는 기구
	[ ]	• 고압전기 발생기기, 고전압 전원 • 정전기 발생기기, 고전압 사용기기
	[ ]	• 레이저, 방사능, X선, 자외선, 적외선 등의 유해광선 취급 • 고휘도의 광원, 높은 조도 환경의 작업장

37 개인보호구의 착의순서이다. 다음 빈칸을 채우시오.

> 긴 소매 실험복 → [   ] → 고글/보안면 → 실험장갑

38 호흡용 보호구 중 공기공급식 보호구를 설명하시오.

39 소음이 [   ]dB을 초과하는 실험을 할 때는 청력보호구를 착용해야 한다.

40 연구실의 출입통로기준에 대해 기술하시오.

41 실험실의 세안장치의 수량기준은 수량은 최소 [　　] ℓ/min 이상, [　　]분 동안 지속되어야 한다.

42 실험실 환기에서 국소배기장치가 설치되어야 하는 경우를 기술하시오.

43 시간당 환기횟수를 의미하며, 1/환기계수로 표현되는 용어를 쓰시오.

44 일반 공장건물 용적이 5,500㎥이고, 일반공장의 환기계수 7.5이다. 필요환기량은 얼마이며, 풍량이 74 ㎥/min의 송풍기를 사용한다면 필요한 송풍기의 대수는 얼마인지 계산하시오.

45 외부식 플랜지부착 장방형의 배풍량 계산식을 쓰시오.

46 시험실 부스의 유지관리방법에 대해 기술하시오.

47 흄후드에서 후드의 전면 양 옆과 바닥을 따라 위치하여 후드 안으로 공기의 흐름이 유선형으로 흐르도록 하며 난류를 방지하는 작용을 하는 구성품의 명칭을 쓰시오.

48 흄후드 대하여 약간 유해한 물질과 매우 유해한 물질의 제어풍속을 쓰시오.

49 포위식 포위형 후드에서 가스를 취급하는 경우 제어풍속은 [   ]m/s이고, 입자를 취급하는 경우 제어풍속은 [   ]m/s이다.

50 입자상물질의 처리하는 공기정화장치의 종류를 쓰시오.

51 후드 및 덕트를 통해 반송된 유해물질을 정화시키는 고정식 또는 이동식의 제진, 집진, 흡수, 흡착, 연소, 산화, 환원 방식 등의 처리장치를 뜻하는 명칭을 쓰시오.

52 원심력집진장치에서 블로다운 효과란 무엇인지 설명하시오.

53 가스상의 물질을 처리하는 공기정화장치에는 흡수법, [   ], 연소법 등이 있다.

54 공기정화장치의 송풍기 종류 중 축류식 송풍기의 종류를 쓰시오.

55 공기정화장치의 배기구 설치기준에서 옥외에 설치하는 배기구는 지붕으로부터 [   ]m 이상 높게 설치해야 한다.

56 배풍기의 검사방법 중 배풍기 정압(FSP) 산정식을 쓰시오.

우리 인생의 가장 큰 영광은 결코 넘어지지 않는 데 있는 것이 아니라
넘어질 때마다 일어서는 데 있다.

– 넬슨 만델라 –

부록

기출예상문제 정답 및 해설

01 기출예상문제 정답

문제 p.021

※ 홀수번호 (단답형) 문제, 짝수번호 (서술형) 문제로 진행됩니다.

01 연구활동종사자를 합한 인원이 [10]명 미만인 연구실은 연구실안전법의 적용대상에서 제외한다.

02 연구실안전법의 목적 4가지를 기술하시오.

> ① 연구실의 안전을 확보
> ② 연구실사고로 인한 피해 보상
> ③ 연구활동종사자의 건강과 생명을 보호
> ④ 안전한 연구환경을 조성하여 연구활동 활성화에 기여

03 연구실 소속 연구활동종사자를 직접 지도 · 관리 · 감독하는 연구활동종사자를 [연구실책임자](이)라 한다.

04 중대연구실사고에 해당하는 사고 유형 4가지를 기술하시오.

① 사망자 또는 후유장해 1급부터 9급까지에 해당하는 부상자가 1명 이상 발생한 사고
② 3개월 이상의 요양이 필요한 부상자가 동시에 2명 이상 발생한 사고
③ 3일 이상의 입원이 필요한 부상발생, 질병에 걸린 사람이 동시에 5명 이상 발생한 사고
④ 연구실의 중대한 결함으로 인한 사고

05 빈칸 안에 들어갈 용어를 기술하시오.

[연구주체의 장]	대학 · 연구기관 등의 대표자 또는 해당 연구실의 소유자
[연구실책임자]	연구실 소속 연구활동종사자를 직접 지도 · 관리 · 감독하는 연구활동종사자
[연구실안전관리담당자]	각 연구실에서 안전관리 및 연구실사고 예방 업무를 수행하는 연구활동종사자
[연구활동종사자]	연구활동에 종사하는 사람으로서 각 대학 · 연구기관 등에 소속된 연구원 · 대학생 · 대학원생 및 연구보조원 등
[연구실안전관리사]	연구실안전관리사 자격시험에 합격하여 자격증을 발급받은 사람

06 연구실안전환경관리자의 정의를 기술하시오.

대학 · 연구기관등에서 연구실 안전과 관련한 기술적인 사항에 대하여 연구주체의 장을 보좌하고 연구실책임자 등 연구활동종사자에게 조언 · 지도하는 업무를 수행하는 사람

07 연구실 실태조사는 과학기술정보통신부장관이 [2]년마다 조사를 실시한다.

08 연구실안전심의위원회의 심의내용을 기술하시오.

- 기본계획 수립 · 시행에 관한 사항
- 연구실 안전환경 조성에 관한 주요정책의 총괄 · 조정에 관한 사항
- 연구실사고 예방 및 대응에 관한 사항
- 연구실 안전점검 및 정밀안전진단 지침에 관한 사항
- 그 밖에 연구실 안전환경 조성에 관하여 위원장이 회의에 부치는 사항

09 연구실안전환경조성 기본계획은 [5]년마다 수립 · 시행한다.

10 연구실 안전관리 정보화에서 과학기술정보통신부장관의 역할을 기술하시오.

- 연구실안전정보를 매년 1회 이상 공표
- 연구실안전환경조성, 연구실사고 예방을 위해 연구실안전정보 수집 · 관리
- 연구실안전정보시스템을 구축 · 운영, 정보의 신뢰성과 객관성 확보를 위한 확인점검

11 연구실안전환경관리자의 지정에 대한 설명이다. 다음 빈칸을 채우시오.

- [1]명 이상 – 모든 연구활동종사자수가 1,000명 미만
- [2]명 이상 – 모든 연구활동종사자수가 1,000~3,000명 미만
- [3]명 이상 – 모든 연구활동종사자수가 3,000명 이상

12 연구주체의 장이 대리자로 하여금 연구실안전환경관리자의 직무를 대행하게 하는 경우 2가지를 기술하시오.

① 여행 · 질병 등으로 일시적으로 직무를 수행할 수 없는 경우
② 해임 · 퇴직하여 아직 연구실안전환경관리자가 선임되지 않은 경우

13 연구실안전환경관리자의 대리자를 지정하는 경우 대리자의 직무대행 기간은 [30]일을 초과할 수 없다. 다만, 출산휴가를 사유로 대리자를 지정한 경우에는 [90]일을 초과할 수 없다.

14 연구실안전관리위원회에서 협의하여야 할 사항을 기술하시오.

- 안전관리규정의 작성 또는 변경
- 안전점검실시 계획의 수립
- 정밀안전진단실시 계획의 수립
- 안전관련 예산의 계상 및 집행 계획의 수립
- 연구실안전관리 계획의 심의
- 기타 안전에 관한 사항

15 연구실안전관리위원회를 구성할 경우에는 해당 대학 · 연구기관 등의 연구활동종사자가 전체 연구실안전관리위원회 위원의 [2]분의 [1] 이상이어야 한다.

16 연구실안전관리규정에 포함되어야 하는 사항 10가지를 기술하시오.

① 안전관리 조직체계 및 그 직무에 관한 사항
② 연구실안전환경관리자 및 연구실책임자의 권한과 책임에 관한 사항
③ 연구실안전관리담당자의 지정에 관한 사항
④ 안전교육의 주기적 실시에 관한 사항
⑤ 연구실 안전표식의 설치 또는 부착
⑥ 중대연구실사고 및 그 밖의 연구실사고의 발생을 대비한 긴급대처 방안과 행동요령
⑦ 연구실사고 조사 및 후속대책 수립에 관한 사항
⑧ 연구실안전 관련 예산 계상 및 사용에 관한 사항
⑨ 연구실 유형별 안전관리에 관한 사항
⑩ 그 밖의 안전관리에 관한 사항

17 [연구주체의 장]은(는) 연구실의 안전관리를 위하여 안전점검지침에 따라 소관 연구실에 대하여 안전점검을 실시하여야 한다.

18 정밀안전진단지침에 포함되어야 하는 사항 3가지를 기술하시오.

① 유해인자별 노출도 평가에 관한 사항
② 유해인자별 취급 및 관리에 관한 사항
③ 유해인자별 사전 영향 평가 · 분석에 관한 사항

19 중대연구실사고가 발생한 경우와 안전점검 실시결과 정밀안전진단이 필요하다고 인정되는 경우에 [연구주체의 장]은(는) 정밀안전진단지침에 따라 정밀안전진단을 실시해야 한다.

20 정밀안전진단을 실시해야 하는 연구실 3가지를 기술하시오.

① 연구활동에 유해화학물질을 취급하는 연구실
② 연구활동에 유해인자를 취급하는 연구실
③ 연구활동에 독성 가스를 취급하는 연구실

21 정밀안전진단 실시대상 연구실은 [2]년마다 [1]회 이상 실시해야 한다.

22 안전점검, 정밀안전진단 실시 결과 연구활동종사자의 사망 또는 심각한 신체적 부상이나 질병을 일으킬 우려가 있는 경우 5가지를 기술하시오.

① 유해화학물질, 유해인자, 독성 가스 등 유해·위험물질의 누출 또는 관리 부실
② 전기설비의 안전관리 부실
③ 연구활동에 사용되는 유해·위험설비의 부식·균열 또는 파손
④ 연구실 시설물의 구조안전에 영향을 미치는 지반침하·균열·누수 또는 부식
⑤ 인체에 심각한 위험을 끼칠 수 있는 병원체의 누출

23 안전점검, 정밀안전진단 실시 결과 중대한 결함이 있는 경우 [7]일 이내에 과학기술정보통신부장관에게 보고해야 한다.

24 안전점검, 정밀안전진단의 대행기관 등록에 관한 내용 중 등록기관의 등록 취소를 할 수 있는 경우를 기술하시오.

거짓 또는 그 밖의 부정한 방법으로 등록 및 변경등록을 한 경우

25 안전점검, 정밀안전진단의 대행기관 등록 시 변동사항이 있다면 해당 사유 발생일부터 [6]개월 이내에 변경등록을 해야 한다.

26 안전점검, 정밀안전진단의 대행기관 등록에 관한 내용 중 업무정지 6개월 및 시정명령을 내릴 수 있는 경우를 기술하시오.

- 타인에게 대행기관 등록증을 대여한 경우
- 대행기관의 등록기준에 미달하는 경우
- 등록사항의 변동 사유 발생일부터 6개월 이내에 변경등록을 하지 아니한 경우
- 대행기관이 안전점검지침 및 정밀안전진단지침을 준수하지 아니한 경우
- 등록된 기술인력이 아닌 자로 안전점검 또는 정밀안전진단을 대행한 경우
- 안전점검 또는 정밀안전진단을 성실하게 대행하지 아니한 경우
- 업무정지 기간에 안전점검 또는 정밀안전진단을 대행한 경우

27 [연구실책임자]은(는) 사전유해인자위험분석 결과를 [연구주체의 장]에게 보고하여야 한다.

28 사전유해인자위험분석 순서를 기술하시오.

① 해당 연구실의 안전 현황 분석
② 해당 연구실의 유해인자별 위험 분석
③ 연구실안전계획 수립
④ 비상조치계획 수립

29 [연구주체의 장]은(는) 연구실의 안전관리에 관한 정보를 연구활동종사자에게 제공하여야 한다.

30 연구주체의 장은 유해인자에 노출될 위험성이 있는 연구활동종사자에 대하여 정기적으로 건강검진을 실시하여야 하는데, 이에 따라 임시건강검진을 실시하는 경우에 대해 기술하시오.

• 연구실 내에서 유소견자(연구실에서 취급하는 유해인자로 인하여 질병 또는 장해 증상 등 의학적 소견을 보이는 사람)가 발생한 경우 : 다음 중 어느 하나에 해당하는 연구활동종사자
  – 유소견자와 같은 연구실에 종사하는 연구활동종사자
  – 유소견자와 같은 유해인자에 노출된 해당 대학 · 연구기관 등에 소속된 연구활동종사자로서, 유소견자와 유사한 질병 · 장해 증상을 보이거나 유소견자와 유사한 질병 · 장해가 의심되는 연구활동종사자
• 연구실 내 유해인자가 외부로 누출되어 유소견자가 발생했거나 다수 발생할 우려가 있는 경우 : 누출된 유해인자에 접촉했거나 접촉했을 우려가 있는 연구활동종사자

31 연구실환경관리자는 지정된 날부터 [6]개월 이내에 신규교육을 받아야 하고, [2]년마다 보수교육을 받아야 한다.

32 연구주체의 장이 연구실 안전유지관리비로 예산에 계상해야 하는 항목에 대해 기술하시오.

- 연구활동종사자에 대한 교육훈련
- 연구실안전환경관리자에 대한 전문교육
- 건강검진, 보험료, 보호장비 구입
- 안전유지관리를 위한 설비의 설치 · 유지 · 보수
- 안전점검, 정밀안전진단
- 기타 과학기술정보통신부장관이 고시하는 용도

33 연구주체의 장은 연구과제 수행을 위한 연구비를 책정할 때 그 연구과제 인건비 총액의 [1]% 이상에 해당하는 금액을 안전 관련 예산으로 배정해야 한다.

34 연구실사고 조사 결과에 따라 연구활동종사자 또는 공중의 안전을 위하여 긴급한 조치가 필요하다고 판단되는 경우에 취해야 할 조치에 대해 기술하시오.

- 정밀안전진단 실시
- 유해인자의 제거
- 연구실 일부의 사용제한
- 연구실의 사용금지
- 연구실의 철거
- 그 밖에 연구주체의 장 또는 연구활동종사자가 필요하다고 인정하는 안전조치

35 연구실사고가 발생한 경우 [과학기술정보통신부장관]은(는) 재발 방지를 위하여 [연구주체의 장]에게 관련 자료의 제출을 요청할 수 있다.

36 연구주체의 장이 중대연구실 사고 발생 시 과학기술정보통신부장관에게 보고해야 하는 사항에 대해 기술하시오.

- 사고 발생 개요 및 피해 상황
- 사고 조치 내용, 사고 확산 가능성 및 향후 조치 · 대응계획
- 그 밖에 사고 내용 · 원인 파악 및 대응을 위해 필요한 사항

37 연구주체의 장은 연구활동종사자가 의료기관에서 [3]일 이상의 치료가 필요한 생명 및 신체상의 손해를 입은 연구실사고가 발생한 경우에는 사고가 발생한 날부터 [1]개월 이내에 연구실사고 조사표를 작성하여 과학기술정보통신부장관에게 보고해야 한다.

38 연구주체의 장이 연구실사고에 대비하여 가입해야 하는 보험의 종류와 보상금액에 대해 기술하시오.

- 보험의 종류 : 연구실사고로 인한 연구활동종사자의 부상 · 질병 · 신체상해 · 사망 등 생명 및 신체상의 손해를 보상하는 내용이 포함된 보험일 것
- 보상금액 : 과학기술정보통신부령으로 정하는 보험급여별 보상금액 기준을 충족할 것

39 [연구주체의 장]은(는) 대통령령으로 정하는 기준에 따라 연구활동종사자의 상해 · 사망에 대비하여 연구활동종사자를 [피보험자] 및 [수익자](으)로 하는 보험에 가입하여야 한다.

40 연구주체의 장은 연구활동종사자가 보험에 따라 지급받은 보험금으로 치료비를 부담하기에 부족하다고 인정하는 경우에는 대통령령으로 정하는 기준에 따라 해당 연구활동종사자에게 치료비를 지원할 수 있는데, 이 대통령령으로 정하는 기준에 대해 기술하시오.

- 치료비는 진찰비, 검사비, 약제비, 입원비, 간병비 등 치료에 드는 모든 의료비용을 포함할 것
- 치료비는 연구활동종사자가 부담한 치료비 총액에서 보험에 따라 지급받은 보험금을 차감한 금액을 초과하지 않을 것

41 보험급여별 보상금액기준에 대한 설명이다. 다음 빈칸을 채우시오.

[요양급여]	• 연구활동종사자가 연구실사고로 발생한 부상 또는 질병 등으로 인하여 의료비를 실제로 부담한 경우에 지급 • 다만, 긴급하거나 그 밖의 부득이한 사유가 있을 때에는 해당 연구활동종사자의 청구를 받아 요양급여를 미리 지급할 수 있음 • 최고한도(20억 원 이상)의 범위에서 실제로 부담해야 하는 의료비
[장해급여]	• 연구활동종사자가 연구실사고로 후유장해가 발생한 경우에 지급 • 후유장해 등급별로 과학기술정보통신부장관이 정하여 고시하는 금액 이상
[입원급여]	• 연구활동종사자가 연구실사고로 발생한 부상 또는 질병 등으로 인하여 의료기관에 입원을 한 경우에 입원일부터 계산하여 실제 입원일수에 따라 지급 • 다만, 입원일수가 3일 이내이면 지급하지 않을 수 있고, 입원일수가 30일 이상인 경우에는 최소한 30일에 해당하는 금액은 지급 • 입원 1일당 5만 원 이상
[유족급여]	• 연구활동종사자가 연구실사고로 인하여 사망한 경우에 지급 • 2억 원 이상
[장의비]	• 연구활동종사자가 연구실사고로 인하여 사망한 경우에 그 장례를 지낸 사람에게 지급 • 1천만 원 이상

42 과학기술정보통신부 장관이 안전관리우수연구실 인증을 취소할 수 있는 경우 4가지를 기술하시오.

① 거짓이나 그 밖의 부정한 방법으로 인증을 받은 경우(※ 이 경우 반드시 취소)
② 정당한 사유 없이 1년 이상 연구활동을 수행하지 않은 경우
③ 인증서를 반납하는 경우
④ 인증 기준에 적합하지 아니하게 된 경우

43 [연구주체의 장]은(는) 인증을 원하는 경우 과학기술정보통신부령으로 정하는 인증신청서를 [과학기술정보통신부장관]에게 제출해야 한다.

44 안전관리 우수연구실 인증제의 인증기준을 기술하시오.

> - 연구실 운영규정, 연구실 안전환경 목표 및 추진계획 등 연구실 안전환경 관리체계가 우수하게 구축되어 있을 것
> - 연구실 안전점검 및 교육 계획·실시 등 연구실 안전환경 구축·관리 활동 실적이 우수할 것
> - 연구주체의 장, 연구실책임자 및 연구활동종사자 등 연구실 안전환경 관계자의 안전의식이 형성되어 있을 것

45 안전관리 우수연구실 인증서는 [인증심의위원회]의 심의 결과 해당 연구실이 인증 기준에 적합한 경우에는 과학기술정보통신부령으로 정하는 인증서를 발급한다.

46 안전관리 우수연구실 인증제 신청 시 제출서류를 기술하시오.

> - 인증신청서
> - 기업부설연구소 또는 연구개발전담부서의 경우 인정서 사본
> - 연구활동종사자 현황
> - 연구과제 수행 현황
> - 연구장비, 안전설비 및 위험물질 보유 현황
> - 연구실 배치도
> - 연구실 안전환경 관리체계 및 연구실 안전환경 관계자의 안전의식 확인을 위해 필요한 서류

47 국가는 대학·연구기관이나 연구실 안전관리와 관련 있는 연구 또는 사업을 추진하는 비영리 법인 또는 단체에 연구실의 [안전환경 조성]에 필요한 비용의 전부 또는 일부를 지원할 수 있다.

48 연구실 안전환경조성에 필요한 비용 지원대상에 해당하는 연구 및 사업의 범위를 기술하시오.

- 연구실 안전관리 정책 · 제도개선, 안전관리 기준 등에 대한 연구, 개발 및 보급
- 연구실안전 교육자료 연구, 발간, 보급 및 교육
- 연구실안전 네트워크 구축 · 운영
- 연구실 안전점검 · 정밀안전진단 실시 또는 관련 기술 · 기준의 개발 및 고도화
- 연구실 안전의식 제고를 위한 홍보 등 안전문화 확산
- 연구실사고의 조사, 원인 분석, 안전대책 수립 및 사례 전파
- 그 밖에 연구실의 안전환경 조성 및 기반 구축을 위한 사업

49 과학기술정보통신부장관은 [효율적인 연구실 안전관리] 및 [연구실사고에 대한 신속한 대응]을(를) 위하여 권역별 연구안전지원센터를 지정할 수 있다.

50 권역별 연구안전지원센터로 지정받으려는 자가 과학기술정보통신부령으로 정하는 지정신청서에 첨부하여 과학기술정보통신부장관에게 제출하여야 하는 관련 서류를 기술하시오.

- 사업 수행에 필요한 인력 보유 및 시설 현황
- 센터 운영규정
- 사업계획서
- 그 밖에 연구실 현장 안전관리 및 신속한 사고 대응과 관련하여 과학기술정보통신부장관이 공고하는 서류

51 권역별 연구안전지원센터는 해당 연도의 사업계획과 전년도 사업 추진 실적을 과학기술정보통신부장관에게 [1]년마다 제출해야 한다.

52 권역별 연구안전지원센터의 업무에 대해 기술하시오.

> • 연구실사고 발생 시 사고 현황 파악 및 수습 지원 등 신속한 사고 대응에 관한 업무
> • 연구실 위험요인 관리실태 점검 · 분석 및 개선에 관한 업무
> • 업무 수행에 필요한 전문인력 양성 및 대학 · 연구기관 등에 대한 안전관리 기술 지원에 관한 업무
> • 연구실 안전관리 기술, 기준, 정책 및 제도 개발 · 개선에 관한 업무

53 금고 이상의 실형을 선고받고 그 집행이 끝나거나 집행을 받지 아니하기로 확정된 날부터 [2]년이 지나지 아니한 사람, 연구실안전관리사 자격이 취소된 후 [3]년이 지나지 아니한 사람은 안전관리사가 될 수 없다.

54 과학기술정보통신부장관이 연구주체의 장에게 일정한 기간을 정하여 시정명령을 내릴 수 있는 경우를 기술하시오.

> • 연구실안전정보시스템의 구축과 관련하여 필요한 자료를 제출하지 아니하거나 거짓으로 제출한 경우
> • 안전관리규정을 위반하여 연구실안전관리위원회를 구성 · 운영하지 아니한 경우
> • 안전점검 또는 정밀안전진단 업무를 성실하게 수행하지 아니한 경우
> • 연구활동종사자에 대한 교육 · 훈련을 성실하게 실시하지 아니한 경우
> • 연구활동종사자에 대한 건강검진을 성실하게 실시하지 아니한 경우
> • 안전을 위하여 필요한 조치를 취하지 아니하였거나 안전조치가 미흡하여 추가조치가 필요한 경우
> • 검사에 필요한 서류 등을 제출하지 아니하거나 검사 결과 연구활동종사자나 공중의 위험을 발생시킬 우려가 있는 경우

55 연구실안전관리사는 거짓이나 그 밖의 부정한 방법으로 연구실안전관리사 자격을 취득한 경우, 연구실안전관리사가 될 수 없는 재[결격사유]에 해당하게 된 경우, 자격이 정지된 상태에서 연구실안전관리사 업무를 수행한 경우에는 그 자격을 [취소]할 수 있다.

56 연구실안전관리사의 직무를 기술하시오.

- 연구시설 · 장비 · 재료 등에 대한 안전점검 · 정밀안전진단 및 관리
- 연구실 내 유해인자에 관한 취급 관리 및 기술적 지도 · 조언
- 연구실 안전관리 및 연구실 환경 개선 지도
- 연구실사고 대응 및 사후 관리 지도
- 그 밖에 연구실안전에 관한 사항으로서 대통령령으로 정하는 사항

※ 홀수번호 (단답형) 문제, 짝수번호 (서술형) 문제로 진행됩니다.

01 다음 빈칸을 채우시오.

[기초연구]	• 어떤 현상들의 근본원리를 탐구하는 실험적 · 이론적 연구활동 • 가설, 이론, 법칙을 정립하고, 이를 시험하기 위한 목적으로 수행 • 연구에 특정한 목적이 있고, 이를 위한 연구방향이 설정되어 있다면 이것을 목적기초연구(Oriented Basic Research)라고 함 • 경제사회적 편익을 추구하거나, 연구결과를 실제 문제에 적용하거나, 또는 연구결과의 응용을 위한 관련 부문으로의 이전 없이 지식의 진보를 위해서만 수행되는 연구를 순수기초연구(Pure Basic Research)라고 함
[응용연구]	• 기초연구의 결과 얻어진 지식을 이용하여 주로 특수한 실용적인 목적과 목표하에 새로운 과학적 지식을 획득하기 위하여 행해지는 연구 • 기초연구로 얻은 지식을 응용하여 신제품, 신재료, 신공정의 기본을 만들어내는 연구 및 새로운 용도를 개척하는 연구 • 응용연구는 연구결과를 제품, 운용, 방법 및 시스템에 응용할 수 있음을 증명하는 것을 목적으로 함 • 응용연구는 연구 아이디어에 운영 가능한 형태를 제공하며, 도출된 지식이나 정보는 종종 지식재산권을 통해 보호되거나 비공개 상태로 유지될 수 있음
[개발연구]	• 기초연구, 응용연구 및 실제경험으로부터 얻어진 지식을 이용하여 새로운 재료, 공정, 제품 장치를 생산하거나, 이미 생산 또는 설치된 것을 실질적으로 개선함으로써 추가 지식을 생산하기 위한 체계적인 활동 • 생산을 전제로 기초연구, 응용연구의 결과 또는 기존의 지식을 이용하여 신제품, 신재료, 신공정을 확립하는 기술 활동

정답

02 연구실안전의 기본방향 3가지를 기술하시오.

① 연구실의 안전확보
② 적절한 보상을 통한 연구활동종사자의 건강과 생명보호
③ 안전한 연구환경 조성

03 하인리히의 1:29:300의 법칙은 1건의 [중상해사고], 29건의 [경상해사고], 300건의 [아차사고](으)로 구성된다.

04 하인리히의 도미노이론 5단계를 기술하시오.

- 1단계 : 기초원인으로 유전적인 요소와 사회적 환경의 영향
- 2단계 : 2차원인으로 개인의 결함
- 3단계 : 직접원인으로 불안전한 행동과 불안전한 상태
- 4단계 : 사 고
- 5단계 : 사고로 인한 재해

05 1931년 『산업재해예방을 위한 과학적 접근』이라는 책을 통해 산업재해의 직접원인인 인간의 불안전한 행동과 불안전한 상태를 제거해야 한다고 주장했던 사람의 이름을 쓰시오.

하인리히

06 버드의 도미노이론 5단계를 기술하시오.

- 1단계 : 근본원인으로 통제의 부족
- 2단계 : 기본원인인 4M
- 3단계 : 직접원인인 불안전한 행동과 불안전한 상태
- 4단계 : 사 고
- 5단계 : 재 해

07 4M에 대한 설명을 읽고, 다음 빈칸을 채우시오.

[Machine]	• 실험장비 · 설비의 결함 • 위험방호 조치의 불량 • 안전장구의 결여 • 유틸리티의 결함
[Media]	• 작업공간 및 실험기구의 불량 • 가스, 증기, 분진, 흄 발생 • 방사선, 유해광선, 소음, 진동 • MSDS 자료 미비 등
[Man]	• 연구원 특성의 불안전행동 • 실험자세, 동작의 결함 • 실험지식의 부적절 등
[Management]	• 관리감독 및 지도결여 • 교육 · 훈련의 미흡 • 규정, 지침, 매뉴얼 등 미작성 • 수칙 및 각종 표지판 미부착 등

08 하비(Harvey)의 안전대책 3E에 대해 기술하시오.

• Education(안전교육) : 교육적 측면 – 안전교육의 실시 등
• Engineering(안전기술) : 기술적 측면 – 설계 시 안전측면 고려, 작업환경의 개선 등
• Enforcement(안전독려) : 관리적 측면 – 안전관리조직의 정비, 적합한 기준설정 등

09 인간의 정보처리과정을 '감각 → 지각 → 정보처리 → 실행' 순으로 정리한 사람의 이름을 쓰시오.

위켄(Wickens)

10 감각(Sensing)과 지각(Perception)에 대해 설명하시오.

감각이 물리적 자극을 감각기관을 통해서 받아들이는 과정이라면 지각은 감각기관을 거쳐 들어온 신호를 선택, 조직화 등을 통해 해석하는 과정을 말한다.

11 단기기억 용량에서 처리할 수 있는 최대 정보량를 뜻하는 용어를 쓰시오.

밀러(Miller)의 매직넘버(Magic Number) 7

12 밀러의 매직넘버 7에 대해 기술하시오.

인간의 단기기억은 절대식별에 근거하여 정보를 신뢰성 있게 전달할 수 있는 정보량은 7 이하임을 뜻한다.

13 인간의 뇌에서 정보처리를 직접 담당하지는 않으나 정보처리단계에 관여하며, 정보를 받아들일 때 충분히 [주의(Attention)]을(를) 기울이지 않으면 지각하지 못하는 현상이 발생한다.

14 주의력의 4가지 특징에 대해 기술하시오.

① 방향성 : 주의가 집중되는 방향의 자극과 정보에는 높은 주의력이 배분되나 그 방향에서 멀어질수록 주의력이 떨어진다.
② 선택성 : 여러 작업을 동시에 수행할 때는 주의를 적절히 배분해야 하며, 이 배분은 선택적으로 이루어진다.
③ 일점집중성 : 한 가지에 집중하면 다른 것에 주의가 가지 않는다.
④ 변동성 : 주의력의 수준이 50분 간격으로 높아졌다가 낮아졌다가 반복되는 현상을 말한다.

15 다음 빈칸을 채우시오.

의식의 [저하]	피로한 경우나 단조로운 반복작업을 하는 경우 정신이 혼미해짐
의식의 [혼란]	주변환경이 복잡하여 인지에 지장을 초래하고 판단에 혼란이 생김
의식의 [중단]	질병 등으로 의식의 지속적인 흐름에 공백이 발생
의식의 [우회]	걱정거리, 고민거리, 욕구불만 등으로 의식의 흐름이 다른 곳으로 빗나감

16 착오(Mistake)의 종류 중에서 판단과정의 착오에 대해 논하시오.

능력 부족, 정보 부족, 자기합리화, 과신으로 발생하는 착오이다.

17 다음 빈칸을 채우시오.

의식수준	뇌 파	의식모드	주파수대역	신뢰도
0단계	[δ(Delta)]	실신한 상태	0.5~4Hz	없 음
1단계	[θ(Theta)]	몽롱한 상태	4~7Hz	낮 음
2단계	[α(Alpha)]	편안한 상태	8~12Hz	높 음
3단계	[β(Beta)]	명료한 상태	15~18Hz	매우 높음
4단계	[High β(Beta)]	긴장한 상태	18Hz 이상	매우 낮음

18 라스무센(Rasmussen)의 3가지 행동수준 중 지식기반의 행동, 규칙기반의 행동, 숙련기반의 행동별로 발생하는 정보처리의 단계에 대해 기술하시오.

> - 지식기반 행동(Knowledge Based Behavior) : 인지 → 해석 → 사고/결정 → 행동
> - 규칙기반 행동(Rule Based Behavior) : 인지 → 유추 → 행동
> - 숙련기반 행동(Skill Based Behavior) : 인지 → 행동

19 응집력이 강하게 구성된 집단 내에서 의사결정이 획일적으로 변하는 현상을 뜻하는 용어를 쓰시오.

> 집단사고

20 레빈(Lewin)의 법칙에 대해 기술하시오.

> 인간의 행동은 개선과 환경의 함수이다.
> $B=f(P \times E)$
> B : 행동(Behavior), P : 개성(Personality), E : 환경(Environment)

21 숙련상태에 있는 행동에서 나타나는 에러로 실수(Slip), 망각(Lapse) 등의 형태로 나타나는 휴먼에러는 무엇이라 하는가?

> 기능기반오류(Skill-based Error)

22 휴먼에러의 분류 중 스웨인(Swain)과 구트만(Guttman)의 행위적 분류에 의한 휴먼에러의 형태를 기술하시오.

- 실행 에러(Commission Error) : 작업 내지 단계는 수행하였으나 잘못한 에러
- 생략 에러(Omission Error) : 필요한 작업 내지 단계를 수행하지 않은 에러
- 순서 에러(Sequential Error) : 작업수행의 순서를 잘못한 에러
- 시간 에러(Timing Error) : 주어진 시간 내에 동작을 수행하지 못하거나 너무 빠르게 또는 너무 느리게 수행하였을 때 생긴 에러
- 불필요한 행동 에러(Extraneous Act Error) : 해서는 안 될 불필요한 작업의 행동을 수행한 에러

23 휴먼에러의 요인에 대한 설명이다. 다음 빈칸을 채우시오.

[내적요인 (심리적 요인)]	• 그 일에 대한 지식이 부족할 때 • 일할 의욕이 결여되어 있을 때 • 서두르거나 절박한 상황에 놓여 있을 때 • 무엇인가의 체험으로 습관화되어 있을 때 • 스트레스가 심할 때
[외적요인 (물리적 요인)]	• 기계설비가 양립성(Compatibility)에 위배될 때 • 일이 단조로울 때 • 일이 너무 복잡할 때 • 일의 생산성이 너무 강조될 때 • 자극이 너무 많을 때 • 동일 현상의 것이 나란히 있을 때

24 인간의 욕구는 일련의 단계별로 형성된다고 하는 욕구단계설을 주장한 매슬로우(Maslow)의 욕구 6단계를 기술하시오.

- 1단계 : 생리적 욕구(Physiological Needs)
- 2단계 : 안전의 욕구(Safety Security Needs)
- 3단계 : 사회적 욕구(Acceptance Needs)
- 4단계 : 존경의 욕구(Self-esteem Needs)
- 5단계 : 자아실현의 욕구(Self-actualization)
- 6단계 : 자아초월의 욕구(Self-transcendence)

25 위생요인의 만족은 직무만족이 아니라 불만족이 일어나지 않은 상태이며, 직무에 만족하려면 동기요인을 강화해야 한다는 동기위생이론을 주장한 사람의 이름을 쓰시오.

> 허츠버그(Herzberg)

26 인간의 본질에 대한 기본적인 가정을 부정론과 긍정론으로 구분하고, 환경개선보다는 일의 자유화 추구 및 불필요한 통제를 없애는 것이 더 중요하다고 주장한 사람과 그 이론의 이름을 쓰시오.

> 맥그리거(Mcgregor)의 X, Y이론

27 데이비스(Davis)의 동기부여이론에 의하면 인간의 성과는 무엇으로부터 비롯되는지 설명하시오.

> 능력과 동기(인간의 성과 = 능력 × 동기)

28 브래들리(Bradley)의 안전관리모델에 대해 기술하시오.

> - 1단계(반응적) : 조직 구성원의 본능에 의해 안전이 관리되는 수준
> - 2단계(의존적) : 전반적인 안전관리가 관리감독자(Supervisor)에 의존하는 수준
> - 3단계(독립적) : 조직 구성원 스스로가 안전을 능동적이고 책임지는 수준
> - 4단계(상호의존적) : 팀이 중심이 되어 서로의 안전을 챙겨주는 수준으로 안전문화의 완성단계

29 연구활동종사자(L1 ; Liveware 1)를 중심으로 주변의 모든 요소가 안전에 직접적인 연관성을 가지고 있으며, 5가지 요소가 모두 조화를 이루어야 안전관리가 가능하다고 주장한 사람과 그의 안전관리모델의 이름을 쓰시오.

> 프랭크 호킨스(Frank Hawkins)의 SHELL 모델

30 스위스 치즈 이론에 의한 사고발생의 4단계 과정을 기술하시오.

> - 1단계 : 조직의 문제(Organizational Influences)로 근본적인 문제임
> - 2단계 : 감독의 문제(Unsafe Supervision)
> - 3단계 : 불안전 행위의 유발조건(Preconditions for Unsafe Acts)
> - 4단계 : 사고를 일으킨 행위자의 불안전한 행위(Unsafe Acts)

31 매슬로우(Maslow)의 욕구단계설과는 달리 동시에 2가지 이상의 욕구가 작용할 수 있다고 주장한 사람의 이름을 쓰시오.

> 알더퍼(Alderfer)

32 위험의 감소대책은 위험의 대체, 위험의 제거, 공학적 대책, 조직적 대책, 개인적 대책 등의 방법이 있다. 이들의 적용순서를 기술하시오.

> 위험의 제거 → 위험의 대체 → 공학적 대책 → 조직적 대책 → 개인적 대책(위험의 제거가 가장 우선)

33 연구실의 안전관리조직 중 안전에 대한 기술 및 경험축적이 용이하고, 사업장에 맞는 독자적인 안전개선책 수립이 가능하며, 안전지시나 안전대책이 신속하고 정확하게 전달되는 조직의 형태를 뜻하는 용어를 쓰시오.

직계참모(Line-staff)형 조직

34 참모(Staff)형 조직의 장단점을 기술하시오.

- 장 점
  - 사업장 특성에 맞는 전문적인 기술연구가 가능하다.
  - 경영자에게 조언과 자문역할을 할 수 있다.
  - 안전정보 수집이 빠르다.
- 단 점
  - 안전지시나 명령이 작업자에게까지 신속·정확하게 전달되지 못한다.
  - 권한다툼이나 조정 때문에 시간과 노력이 소모된다.

35 연구활동종사자의 안전사고위험이 있는 신발의 종류를 기술하시오.

발끝이 드러나는 신발, 샌들

36 연구실안전의 원칙 중 기본수칙에 대해 5가지 이상 기술하시오.

- 위험한 작업 시 적절한 보호구 등을 착용
- 소화기, 비상샤워기 등의 위치와 사용법을 숙지
- 독성물질, 휘발성물질 등의 위험물질은 후드 내에서 사용
- 사고 발생 시 신속히 안전관리담당자에게 보고
- 연구실로부터 대피할 수 있는 비상구 확보 및 항상 개방
- 실험 테이블 위에 나와 있는 유기용매는 최소량으로 함
- 선반이나 테이블 위의 시약병 전도방지

37 실험 실습 시 주의사항이다. 다음 빈칸을 채우시오.

① 연구실책임자의 [허락] 없이 실험실 출입금지
② 실험실에서의 [인가]되지 않은 실험금지
③ 실험실 내에서 [식음료] 섭취금지
④ 입을 이용한 [피펫팅] 금지

38 연구실에서 비상상황 발생 시 대처방안에 대해 기술하시오.

• 비상시 비상탈출 절차를 숙지한다.
• 건물의 모든 작업구역과 비상구의 위치를 숙지한다.
• 실험실의 비상 샤워기, 안구 세정기, 소화기 위치를 숙지한다.
• 실험기구, 폐기자재 등을 보행로나 소방통로에 방치하는 것을 금지한다.
• 실험실의 사건보고 양식에는 아차사고까지 보고하고 기록한다.
• 비상사태 발생 시 가장 가까운 비상구로 신속하고 안전하게 이동하고, 재출입이 가능할 때까지 대기한다.

39 연구실의 PDCA사이클 중에서 연구실 안전환경 방침과 목표를 실제적으로 프로세스에 적용하여 수행하는 단계를 쓰시오.

실행 및 운영(Do)

40 연구실의 PDCA사이클의 개발자의 이름과 그 내용에 대해 기술하시오.

> 1950년대 에드워드 데밍(Edwards Deming)이 개발한 것으로, 계획(Plan)을 세우고 실행(Do)하고 평가(Check)하며 개선(Act)하는 관리방법이다.

41 가연성 가스는 공기 중에서 연소하는 가스로, 폭발한계의 하한이 [10]% 이하, 폭발한계의 상한과 하한의 차가 [20]% 이상인 것이다.

42 독성 가스에 대해 기술하시오.

> 공기 중에 일정량 이상 존재하는 경우 인체에 유해한 독성을 가진 가스로, 허용농도가 100만분의 5,000 이하인 것(5,000ppm 이하)을 말한다.

43 불안전한 행동의 배후요인 중 인적요인으로 [심리적 요인]와(과) [생리적 요인]이(가) 있다.

44 인간의 불안전한 행동의 심리적인 요인 중 하나인 억측판단에 대해 기술하시오.

> 자의적이고 주관적인 판단, 희망적 관측을 토대로 위험도를 확인하지 않고 안일한 판단을 과신하는 것이다.

45 다음은 인간의 불안전한 행동의 배후요인 중 환경적 요인에 대한 설명이다. 빈칸을 채우시오.

[인간적 요인]	인간관계에 의한 요인, 각자의 능력 및 지능에 의한 요인
[설비적 요인]	기계설비의 위험성과 취급성의 문제 및 유지관리 시의 문제
[작업적 요인]	작업방법적 요인 및 작업환경적 문제
[관리적 요인]	교육훈련의 부족, 감독지도의 불충분, 적정배치의 불충분

46 연구실의 유해위험요인을 파악하기 위한 위험성평가 중에서 사전준비 사항에 대해 기술하시오.

- 위험성평가 실시계획서 작성
- 평가대상 선정
- 평가에 필요한 각종 자료수집

47 연구실의 유해위험요인을 파악하기 위한 위험성평가에 대한 설명이다. 다음 빈칸을 채우시오.

① [사전준비]	• 위험성평가 실시계획서작성 • 평가대상 선정 • 평가에 필요한 각종 자료 수집
② [유해 · 위험요인을 파악]	• 위험성평가에서 가장 중요 • 유해위험요인을 명확히 하는 것 • 유해위험요인이 사고에 이르는 과정을 명확히 하는 것 • 유해위험요인이 누락되지 않는 것이 중요 • 순회점검, 안전보건자료파악, 청취조사 등
③ [위험성 추정]	• 사고로 이어질 수 있는 가능성과 중대성을 추정하여 크기 산출
④ [위험성 결정]	• 추정한 위험성의 크기가 허용 가능한 범위인지 여부를 판단
⑤ [감소대책의 수립 및 실행]	• 허용 불가능한 위험성을 합리적으로 실천 가능한 범위에서 가능한 한 낮은 수준으로 감소시키기 위한 대책을 수립 · 실행

48 위험성평가에 대한 여러 가지 기법 중에서 FTA(Fault Tree Analysis)에 관해 설명하시오.

> 정상사상을 설정하고, 하위의 사고의 원인을 찾아가는 연역적 분석기법이다.

49 사전유해인자위험분석 수행 절차에 대한 설명이다. 다음 빈칸을 채우시오.

① [사전준비]	실시 대상 범위 지정
② [연구실 안전현황 분석]	관련자료(기계 · 기구 · 설비, MSDS, 연구내용, 연구방법)를 토대로 안전현황을 분석
③ [연구개발활동별 유해인자 위험분석]	현황분석결과를 토대로 유해인자에 대한 위험을 분석하고 유해인자 위험분석 보고서 작성
④ [연구개발활동 안전분석]	유해인자를 포함한 연구에 대해 연구개발활동안전분석을 실시하고, R&D SA 보고서 작성
⑤ [연구실안전계획수립]	연구활동별 유해인자 위험분석 실시 후 유해인자에 대한 안전한 취급 및 보관 등을 위한 조치, 폐기방법, 안전설비 및 개인보호구 활용 방안 등을 연구실 안전계획에 포함
⑥ [비상조치계획수립]	화재, 누출, 폭발 등의 비상사태가 발생했을 경우에 대한 대응 방법, 처리 절차 등을 비상조치계획에 포함

50 연구실 안전교육의 목적에 대해 기술하시오.

> • 재해로부터 예방, 경제적 손실 예방
> • 지식, 기능, 태도의 향상
> • 안전에 대한 신뢰도 향상

51 다음은 안전교육의 진행순서를 나타낸 것이다. 빈칸을 채우시오.

> [지식]교육 → [기능]교육 → [태도]교육

52 안전교육의 8원칙에 대해 기술하시오.

> ① 피교육자 중심의 원칙 : 상대방의 입장에서 한다.
> ② 동기부여 : 동기부여를 중요하게 교육한다.
> ③ 쉬운 것부터 : 쉬운 것부터 어려운 것으로 진행한다.
> ④ 반복 : 정기적으로 반복한다.
> ⑤ 한 번에 한 가지씩 : 한 번에 한 가지씩 순서대로 진행한다.
> ⑥ 오감활용 : 시각, 청각, 촉각, 미각, 후각 모든 감각을 활용한다.
> ⑦ 인상의 강화 : 사진 등의 보조자료를 활용하거나 견학 등을 활용한다.
> ⑧ 기능적 이해 : 지식보다 기능 중심의 이해를 중점으로 한다.

53 일상업무를 통한 현장위주의 실습교육방법을 뜻하는 용어를 쓰시오.

> OJT

54 지식교육의 진행과정을 순서대로 기술하시오.

도입 → 제시 → 적용 → 확인

55 연구실사고 발생 시 보고절차를 기술하시오.

사고발생 → 사고현황 파악 → 보고 → 후속조치 및 공표

56 연구실사고 대응방법 중 중대 연구실사고 발생 시 대응방안에 대해 기술하시오.

- 사고대책본부를 운영하기 위해 사고대응반과 현장사고조사반 구성
- 사고대책본부 : 사고대응반을 사고 장소에 급파, 초기인명구호, 사고피해의 확대 방지
- 현장사고조사반 : 사고원인분석, 출입통제, 과학기술정보통신부 보고

PART

03

기출예상문제 정답

문제 p.117

※ 홀수번호 (단답형) 문제, 짝수번호 (서술형) 문제로 진행됩니다.

01 사람이나 환경에 유해한 영향을 미치는 성질을 뜻하는 용어를 쓰시오.

> 유해성(Hazard)

02 유해성과 위해성의 관계에 대해 기술하시오.

> 위해성(Risk)이란 유해한 화학물질이 노출되는 경우 사람의 건강이나 환경에 피해를 줄 수 있는 정도를 나타내는
> 것으로 다음과 같은 계산식을 통해 산출된다.
> 위해성(Risk) = 유해성(Hazard)×노출량(Exposure)

03 다음 빈칸을 채우시오.

[유독물질]	• 유해성이 있는 화학물질
[허가물질]	• 위해성이 있다고 우려되는 화학물질
[제한물질]	• 특정 용도로 사용되는 경우 위해성이 크다고 인정되는 화학물질
[금지물질]	• 위해성이 크다고 인정되는 화학물질
[사고대비물질]	• 급성독성 · 폭발성 등이 강하여 화학사고의 발생 가능성이 높은 화학물질 • 화학사고가 발생한 경우에 그 피해 규모가 클 것으로 우려되는 화학물질

04 액비중과 가스비중을 설명하시오.

> 액비중이란 4℃ 물과 비교한 비중이며, 가스비중이란 0℃, 1atm의 공기와 비교한 비중을 말한다.

05 다음은 MSDS에 기재하는 16가지 정보이다. 빈칸을 채우시오.

① 화학 제품과 회사에 관한 정보	② 유해성, 위험성
③ 구성 성분의 명칭 및 함유량	④ [응급조치 요령]
⑤ 폭발 · 화재 시 대처방법	⑥ 누출 사고 시 대처 방법
⑦ 취급 및 저장 방법	⑧ 노출 방지 및 개인 보호구
⑨ [물리화학적 특성]	⑩ 안정성 및 반응성
⑪ 독성에 관한 정보	⑫ 환경에 미치는 영향
⑬ [폐기 시 주의사항]	⑭ 운송에 필요한 정보
⑮ 법적 규제 현황	⑯ 그 밖의 참고 사항

06 MDDS상의 그림문자에 대한 설명이다. 빈칸을 채우시오.

• GHS-MSDS 경고표시 그림문자

[폭발성]	[인화성]	[급성독성]	[호흡기 과민성]	[수생환경 유해성]
• 자기반응성 • 유기과산화물	• 물반응성 • 자기반응성 • 자연발화성 • 자기발열성 • 유기과산화물		• 발암성 • 생식세포 변이원성 • 생식독성 • 특정표적 장기독성	

[산화성]	[고압가스]	[금속부식성]	[경고]
		• 피부부식성 • 심한눈손상성	• 피부과민성 • 오존층유해성

07 인화성 물질이란 인화점이 [65℃] 이하로, 쉽게 연소하는 물질을 말한다.

08 제3류 위험물의 특성과 종류를 기술하시오.

- 수분과의 반응 시 발열 또는 가연성 가스(H_2)를 발생시키며 발화하는 물질
- 칼륨, 나트륨, 알킬알루미늄 및 알킬리튬, 황린, 알칼리금속류(칼륨 및 나트륨 제외) 및 알칼리토 금속류, 유기금속 화합물류(알킬알루미늄 및 알킬리튬 제외), 금속수소 화합물류, 금속인 화합물류, 칼슘 또는 알루미늄의 탄화물류

09 다음 빈칸을 채우시오.

[제5류 위험물 (자기반응성 물질)]	• 자체 내에 함유하고 있는 산소에 의해 연소가 이루어지며 장기간 저장하면 자연 발화의 위험이 있는 물질로, 연소속도가 매우 빠르고, 충격 등에 폭발하는 유기질화물로 되어 있음 • 유기과산화물류, 니트로화합물류, 아조화합물류, 디아조화합물류, 히드라진 및 유도체류
[제6류 위험물 (산화성 액체)]	• 물보다 비중이 크며 수용성으로 물과 반응 시 발열하며 반응 • 특히 산소 함유량이 많아 가연물의 연소를 도와주며 유독성, 부식성이 강한 물질 • 과염소산, 과산화수소, 질산, 할로겐화합물

10 화학물질의 보관환경에 대해 기술하시오.

- 휘발성 액체는 직사광선, 열, 점화원 등을 피할 것
- 환기가 잘되고 직사광선을 피할 수 있는 곳에 보관
- 보관장소는 열과 빛을 동시에 차단할 수 있어야 하며, 보관온도는 15℃ 이하가 적절
- 적당한 기간에 사용할 수 있게 필요한 양만큼 저장(하루 사용분만 연구실 내로 반입보관)
- 보관된 화학물질은 1년 단위로 물품 조사를 실시
- 정기적인 유지 관리를 실시하여 너무 오래되거나 사용하지 않는 화학물질은 폐기처리
- 모터나 스위치 부분이 시약 증기와 접촉하지 않도록 외부에 설치, 폭발 위험성이 있는 물질은 방폭형 전기설비 설치

11 보관된 화학물질은 [1]년 단위로 물품 조사를 실시해야 한다.

12 과산화물의 특성과 보관방법에 대해 기술하시오.

- 2개의 산소원자를 가지는 화합물, 산화력이 매우 커서 유기용제와 섞일 경우 대폭발이 일어날 수 있다.
- 산화제, 환원제, 열, 마찰, 충격, 빛 등에 매우 민감하다.
- 화학물질을 너무 오래 방치하는 경우 자연적으로 과산화물이 되기도 한다.
- 금속용기 보관을 원칙으로 한다.
- 환기가 잘 되고 직사광선을 피할 수 있는 곳에 보관한다.

13 부식성 물질의 종류로는 농도가 [20]% 이상인 염산·황산·질산, [60]% 이상인 인산·아세트산·불산, [40]% 이상인 수산화나트륨·수산화칼륨 등이 있다.

14 산화제의 특징과 보관방법에 대해 기술하시오.

- 약간의 에너지에도 격렬하게 분해·연소하는 물질
- 리튬, 나트륨, 칼륨 등과 같은 알칼리 금속은 물과 격렬하게 반응
- 반응속도가 빠를 경우 심한 열과 함께 수소가 발생하고 폭발을 초래
- 충분한 냉각 시스템을 갖춘 장소에서 사용 및 보관
- 가연성 액체, 유기물, 탈수제, 환원제와는 따로 보관
- 분류를 달리하는 위험물의 혼재금지 기준 준수

15 가스의 종류 중 상태에 따른 분류방법에는 [압축]가스, [액화]가스, [용해]가스 등이 있다.

16 독성 가스의 정의와 허용농도에 대해 기술하시오.

독성 가스란 공기 중에 일정량 이상 존재하는 경우 인체에 유해한 독성을 가진 가스로, 허용농도가 5,000ppm 이하인 가스(염소, 암모니아, 산화에틸렌 등)와 200ppm 이하인 가스는 맹독성 가스(포스핀)가 있다.

17 고압가스의 종류 중 압축가스는 상용온도에서 압력이 [1]MPa 이상, [35]℃에서 압력이 1Mpa 이상인 가스를 말한다.

18 고압가스 중 용해가스를 설명하시오.

15℃에서 압력이 0Pa을 초과하는 아세틸렌가스와 35℃에서 압력이 0Pa을 초과하는 액화시안화수소, 액화브롬화멘탄, 액화산화에틸렌을 말한다.

19 특정고압가스의 사용신고 대상은 액화가스로 저장능력 [500]kg 이상, 압축가스로 저장능력 [50]㎥ 이상인 가스를 말한다.

20 특정고압가스의 사용신고절차를 기술하시오.

사용신고 → 가스사용시설 시공 → 완성검사 → 완성검사필증 교부 → 가스사용 개시 → 정기검사 실시

21 가스의 폭발범위에서 혼합기체가 폭발하는 데 필요한 공기의 최소 농도를 [폭발하한](이)라 하고, 혼합기체가 폭발하는 데 필요한 공기의 최대 농도를 [폭발상한](이)라 한다.

22 폭발하한이 3%인 아세틸렌과 폭발하한이 6%인 메탄올의 용적비가 4:1인 혼합가스가 있다. 폭발하한계는 얼마인지 쓰시오. 단, 르샤틀리에 공식을 적용하여 계산하시오.

르샤틀리에 공식 : $\dfrac{100}{L} = \dfrac{V_1}{L_1} + \dfrac{V_2}{L_2} + \dfrac{V_3}{L_3} + \cdots$

$\dfrac{100}{L} = \dfrac{100 \times 0.8}{3\%} + \dfrac{100 \times 0.2}{6\%}$

L = 3.33%

23 폭발범위에 영향을 주는 인자로는 산소, [불활성 가스], 압력, [온도] 등이 있다.

24 가스사고 방지를 위한 설비기준에 대해 기술하시오.

- 저장탱크 또는 배관에 부식방지 조치
- 가스누출경보기 설치, 긴급가스차단장치 설치
- 가연성 가스를 취급하는 전기설비는 방폭형으로 설치
- 가연성 가스를 취급하는 설비에는 정전기제거조치 실시
- 최고허용사용압력을 초과하는 경우 압력배출장치 설치
- 가연성 가스를 취급하는 실내에는 누출가스가 체류하지 않도록 환기구 설치

25 가스설비의 사고예방을 위한 장치 중 가스의 정확한 양을 이송하는 데에 중요한 설비는 무엇인지 쓰시오.

압력조절기(Pressure Regulator)

26 산소, 수소, 아세틸렌, 이산화탄소, 암모니아, 염소, LPG 고압가스 용기의 색상을 기술하시오.

산소(녹색), 수소(주황색), 아세틸렌(노랑색), 이산화탄소(파랑색), 암모니아(하얀색), 염소(갈색), LPG(회색)

27 무색, 무취의 비자극성 가스로 유해성은 낮지만, 위험성이 높은 가스로 아르곤이 대표적인 가스는 무엇인지 쓰시오.

불활성 가스

28 산소농도에 따른 신체의 증상에 대해 기술하시오.

- 4% : 40초 이내 의식불명 및 사망 유발
- 6% : 순간실신, 호흡정지, 경련 5분 이내 사망
- 8% : 실신, 8분 이내 사망
- 10% : 안면창백, 의식불명, 기도폐쇄
- 12% : 어지러움증, 구토, 근력 저하, 제중지지불능, 추락
- 16% : 호흡증가, 맥박증가, 두통, 메스꺼움
- 18% : 안전한계
- 19.5% : 최소작업가능 수치(미국 OSHA기준)

29 가스실린더는 폭발사고에 대비하여 조연성 · 가연성 가스와는 [5]m, 화기를 취급하는 장소와는 [8]m의 안전거리를 확보해야 한다.

30 폐기물의 저장시설의 기준에 대해 기술하시오.

- 실험실과는 별도로 외부에 설치한다.
- 최소 3개월 이상의 폐기물을 보관할 수 있는 곳이어야 한다.
- 재활용이 가능한 폐기물과 지정폐기물 등 종류별로 별도 보관한다.
- 습기, 빗물 등으로 인한 냄새발생이나 부폐방지를 위해 외부와의 환기 및 통풍이 잘되는 곳이 적당하다(온도 10~20℃, 습도 45% 이상).
- 가연성 폐기물은 화재가 발생하지 않도록 구분한다.

31 폐수처리장에서 유기성 오니의 보관기간은 보관이 시작된 날로부터 [45]일을 초과하지 않아야 한다.

32 폐기물관리의 기본원칙에 대해 기술하시오.

- 가스발생 시 반응이 완료된 후 폐기한다.
- 물질의 성질 및 상태별로 분리하여 폐기한다.
- 반응이 완결되어 안정화되어 있는 상태에서 폐기한다.
- 화학반응이 일어날 것으로 예상되는 물질의 혼합을 금지한다.
- 처리 폐기물에 대한 사전 유해성·위험성을 평가하고 숙지한다.
- 수집용기에 적합한 폐기물 스티커를 부착하고 기록을 유지한다.
- 장기간 보관을 금지하고, 뚜껑을 밀폐하는 등 누출 방지를 위한 장치를 설치한다.
- 개인보호구와 비상샤워기, 세안기, 소화기 등 응급안전장치를 설치한다.

33 폐기물 정보 작성 시 기재사항으로는 최초 수집된 날짜, 수집자 정보, 폐기물 용량, [pH], 혼합물질, 유기 용매, 잠재적인 위험도, 폐기물 저장소 이동 날짜 등이 있다.

34 화학폐기물 보관용기가 갖추어야 할 요건에 대해 기술하시오.

- 유리용기 사용금지 : 불산, 나트륨 수산화물, 강한 알카리성 용액
- 금속용기 사용금지 : 부식성 물질
- 폐액용기의 뚜껑 : 스크류 타입이어야 함
- 폐액 수거용기의 경우는 20 ℓ 를 초과금지
- 수집 용기의 70% 정도만 채움(최대 80%까지 차면 연구실 외부로 즉시 반출)

35 화학폐기물의 처리방법 중 폐유의 처리방법으로 타르·피치류는 [소각]하거나, 관리형 매립시설에 매립하는 방법이 있다.

36 화학폐기물에 있어서 부식성 물질의 종류에 대해 pH농도를 기준으로 기술하시오.

pH 2 이하를 폐산이라 하며, pH 12.5 이상을 폐알카리 폐기물이라 한다.

37 폐산과 폐알칼리 폐기물은 가능하면 pH [7]에 근접하도록 중화시켜 처리해야 한다.

38 발화성 물질의 특성과 종류를 기술하시오.

불과 작용해서 발열 반응을 일으키거나 가연성 가스를 발생시켜 연소 또는 폭발하는 물질로 그 종류로는 철분, 금속분, 마그네슘, 알카리금속 등이 있다.

39 유해물질함유폐기물 처리방법 중 [분진]은(는) 고온용융 처분하거나 고형화처분해야 한다.

40 유해물질함유폐기물 처리방법 중 폐흡착제 및 폐흡수제 처리방법에 대해 기술하시오.

- 고온소각 처분대상물질을 흡수하거나 흡착한 것 중 가연성은 고온 소각하여야 하고, 불연성은 지정폐기물을 매립할 수 있는 관리형 매립시설에 매립
- 일반소각 처분대상물질을 흡수하거나 흡착한 것 중 가연성은 일반 소각하여야 하며, 불연성은 지정폐기물을 매립할 수 있는 관리형 매립시설에 매립
- 안정화처분
- 시멘트 · 합성고분자화합물을 이용하여 고형화처분, 혹은 이와 비슷한 방법으로 고형화처분
- 광물유 · 동물유 또는 식물유가 포함된 것은 포함된 기름을 추출하는 등의 방법으로 재활용

41 폭발의 위험성이 있으므로 환기가 양호하고 서늘한 장소에서 분해를 촉진시킬 수 있는 연소성 물질과 철저히 분리하여 처리해야 하는 물질은 [산화성] 물질로 대표적인 물질로는 과염소산이 있다.

42 화학폐기물의 처리방법 중 방사선폐기물의 처리방법에 대해 기술하시오.

- 고체 방사선 폐기물 : 플라스틱 봉지에 넣고 테이프로 봉한 후 방사선물질 폐기전용의 고안된 금속제 용기에 넣어 처리
- 액체 방사선 폐기물 : 수용성과 유기성으로 분리하며, 고체의 경우와 마찬가지로 액체방사선 폐기물을 위해 고안된 용기를 이용해야 함
- 폐기물이 나온 시험번호, 방사성 동위원소, 폐기물이 물리적 형태 등으로 표시된 방사선의 양을 기록 · 유지

43 독성이 강한 액체금속으로 노출 시 일회용 스포이드를 이용하여 플라스틱 용기에 수집하고, 수집한 수은에 황 또는 아연을 뿌려 안정화시킨 후 폐기 처리해야 하는 물질은 무엇인지 쓰시오.

수 은

44 과산화물 생성물질의 특성과 보관방법에 대해 기술하시오.

충격, 강한 빛, 열 등에 노출 시 폭발할 수 있으므로 취급 · 저장 · 폐기 처리에는 각별한 주의가 필요하고, 낮은 온도나 실온에서도 산소와 반응하거나 과산화합물을 형성할 수 있어 개봉 후 물질에 따라 3개월 또는 6개월 내 폐기처리 하는 것이 안전하다.

45 피부, 호흡, 소화 등을 통해 체내에 흡수되기 때문에 소량의 양을 정하여 사용하여야 하며, 화학물질의 누출방지를 위해 항상 후드 내에서만 사용해야 하는 물질은 무엇인지 쓰시오.

독성 물질

46 유기용제 중 에테르의 보관방법에 대해 기술하시오.

고열, 충격, 마찰에도 공기 중 산소와 결합하여 불안전한 과산화물을 형성하며 매우 격렬하게 폭발할 수 있으므로, 공기를 완전히 차단하여 황갈색 유리병에 저장하고 암실이나 금속용기에 보관해야 한다.

47 액체가스를 취급하는 경우에는 반드시 [안면보호구](이)나 [고글]을(를) 상시 착용해야 한다.

48 가스사고 방지를 위해 가스밸브의 설치 및 조작방법에 대해 기술하시오.

- 밸브에는 개폐 방향을 명시한다.
- 밸브 등이 설치된 배관에는 가스명, 흐름 방향, 사용압력 등을 표시한다.
- 안전밸브, 자동차단밸브, 제어용 공기밸브에 개폐상태표지 부착, 잠금장치 봉인, 조작금지 표지 등을 설치한다.
- 가스밸브는 반드시 손으로 직접 조작해야 한다.

49 가스운의 이동에 영향을 미치는 3요소는 가스의 [상대밀도], 난류혼합도, [공기이동]이다.

50 폭발성가스위험장소에 대한 설명이다. 다음 빈칸을 채우시오.

0종 장소 (NFPA497 Division 1)	• [지속 위험지역] • [폭발성 가스 · 증기가 폭발 가능한 농도로 계속해서 존재하는 지역]
1종 장소 (NFPA497 Division 1)	• [간헐 위험지역] • [상용 상태에서 위험분위기가 존재할 가능성이 있는 장소]
2종 장소 (NFPA497 Division 2)	• [이상상태 위험지역] • [이상상태에서 위험 분위기가 단시간 동안 존재할 수 있는 장소]

51 분진위험장소 중 공기 중에서 가연성 분진의 형태가 정상작동 중에 빈번하게 폭발성 분위기를 형성할 수 있는 장소는 [21]종 장소이다.

52 방폭구조에 대한 설명이다. 다음 빈칸을 채우시오.

내압방폭구조(d)	[용기 내부에서 폭발 시, 그 압력을 견디는 구조]
압력방폭구조(p)	[연료를 제어하는 구조로 가연성 가스가 용기내부로 침입하지 못하도록 한 구조]
유입방폭구조(o)	[점화원을 제어하는 구조로, 스파크가 발생할 수 있는 부분을 산소가 차단된 오일에 넣어 만든 구조]
안전증방폭구조(e)	[정상적인 상태에서는 열, 아크, 불꽃이 발생하지 않도록 안전도를 증가시킨 구조]
본질안전방폭구조(ia, ib)	[점화원을 제어하는 구조로, 발화를 일으키는 에너지를 최소화한 구조]
충전방폭구조(q)	[점화원을 제어하는 구조로, 스파크가 발생할 수 있는 부분을 모래와 같은 미세한 석영가루 등의 충진물로 채운 구조]
비점화방폭구조(n)	[정상작동 시 점화원이 발생하지 않는 구조]
몰드방폭구조(m)	[점화원을 제어하는 구조로, 스파크가 발생할 수 있는 부분을 컴파운드로 둘러쌓아 폭발성 가스와 차단하는 구조]
특수방폭구조(s)	[상기 8가지 구조 이외의 방폭구조]

53 방폭설비의 온도등급은 방폭을 위해 최소점화에너지 이하로 유지하기 위한 방폭형 전기설비의 최고표면온도 기준으로 온도등급은 [T1~T6]이(가) 있으며, [T6]이(가) 가장 비싸다.

54 실험실의 설계 시 벽과 바닥에 대한 설계기준에 대해 기술하시오.

- 사용하는 화학물질에 부식되지 않는 재질로 보수 및 청소가 용이할 것
- 화학물질이 쏟아졌을 때 침투하지 못하는 구조로 시공할 것
- 바닥은 평탄하며 미끄러지지 않는 구조일 것
- 바닥면은 실험실 특성에 맞는 내화학성 제품으로 마감할 것
- 실험실 바닥하중은 100~125psi 이상일 것

55 사람의 호흡기로 들어가기 전 오염원에서 밖으로 빼주는 역할을 하는 장비를 [흄후드](이)라 한다.

56 가스안전설비에 있어서 가스누출경보기의 설치조건에 대해 기술하시오.

- 연구실 안에 설치되는 경우, 설비군의 둘레 10m마다 1개 이상 설치
- 연구실 밖에 설치되는 경우, 설비군의 둘레 20m마다 1개 이상 설치
- 감지대상가스가 공기보다 무거운 경우 바닥에서 30cm 이내 설치
- 감지대상가스가 공기보다 가벼운 경우 천장에서 30cm 이내 설치
- 진동이나 충격이 있는 장소, 온도 및 습도가 높은 장소는 피함
- 출입구 부근 등 외부 기류가 통하는 장소는 피함
- 충분한 강도가 있어야 함
- 가연성 가스의 경우 방폭 성능이 있어야 함
- 가연성 가스는 폭발하한계 1/4 이하에서 경보를 울려야 함
- 독성 가스 감지기는 TLV-TWA 기준 농도 이하에서 경보를 울려야 함

PART 04 기출예상문제 정답

문제 p.166

※ 홀수번호 (단답형) 문제, 짝수번호 (서술형) 문제로 진행됩니다.

01 기계사고 발생 시 조치순서 중 폭발이나 화재의 경우에 소화 활동을 개시하면서 2차 재해의 확산 방지에 노력하고 현장에서 다른 연구활동종사자를 대피시키는 단계를 쓰시오.

> 2차 재해방지

02 기계사고 발생 시 조치순서를 쓰시오.

> 기계정지 → 사고자 구조 → 사고자 응급처치 → 2차 재해방지 → 현장보존

03 기계의 위험요인 중 공작물 가공을 위해 공구가 회전운동이나 왕복운동을 함으로써 만들어지는 위험점을 뜻하는 용어를 쓰시오.

> 작업점

04 기계의 위험요인을 기계의 구성품을 기준으로 쓰시오.

원동기, 동력전달장치, 작업점, 부속장치

05 기계의 사고체인의 5요소 중 작업자의 신체 일부가 기계설비에 말려들어 갈 위험은 무엇인지 쓰시오.

말림(얽힘)

06 기계의 사고체인의 5요소를 쓰시오.

함정, 충격, 접촉, 말림(얽힘), 튀어나옴

07 기계의 위험점 중에서 서로 맞대어 회전하는 회전체에 의해서 만들어지는 위험점은 무엇인지 쓰시오.

물림점

08 기계의 위험점 중 끼임점에 대해 기술하시오.

회전하는 동작부분과 고정부분 사이에 형성되는 위험점으로 교반기 날개와 용기 몸체 사이, 반복작동하는 링크기구 등에서 생긴다.

09 기계의 위험점 중 밀링커터, 띠톱이나 둥근톱 톱날, 벨트의 이음새에 생기는 위험점은 무엇인지 쓰시오.

절단점

10 기계의 위험점 중 접선물림점에 대해 기술하시오.

풀리와 벨트사이에서 발생하는 회전하는 부분에 접선으로 물려 들어가는 위험점으로 체인과 스프로킷 사이 피니언과 랙에서도 생긴다.

11 기계설비의 안전조건 중 기계설비의 오동작, 고장 등의 이상발생 시 안전이 확보되어야 하는 안전조건을 뜻하는 용어를 쓰시오.

기능의 안전화

12 기계설비의 안전조건 6가지를 쓰시오.

① 외형의 안전화
② 기능의 안전화
③ 구조의 안전화
④ 작업의 안전화
⑤ 작업점의 안전화
⑥ 보전의 안전화

13 방호장치의 분류 중 위험장소를 방호하는 것으로 위험점에 작업자가 접근하여 일어날 수 있는 재해를 방지하기 위해 차단벽이나 망을 설치하는 방호장치는 무엇인지 쓰시오.

격리형 방호장치

14 방호장치의 분류 중 위험원을 방호하는 방호장치 2가지를 쓰시오.

김지형 방호장치, 포집형 방호장치

15 인간이 실수를 범하여도 안전장치가 설치되어 있어 사고나 재해로 연결되지 않게 하는 안전원리를 무엇이라 하는지 쓰시오.

Fool Proof

16 구조적 Fail Safe의 종류를 쓰시오.

다경로 하중구조, 분할구조, 교대구조, 하중경감구조

17 비파괴검사 중 방사선을 시험체에 투과시켜 필름에 상을 형성함으로써 시험체 내부의 결함을 검출하는 검사방법은 무엇인지 쓰시오.

방사선 투과검사

18 비파기 검사방법 중 와류탐상검사에 대해 기술하시오.

금속시험체에 교류코일을 접근시키면 결함이 있는 부위에서 유기되는 전압이나 전류가 변하는 현상을 이용한 검사이다.

19 응력과 변형률 선도에서 하중에 대해 내부에서 견디는 힘을 무엇이라 하는지 쓰시오.

응 력

20 응력과 변형률 선도의 상항복점에 대해 기술하시오.

하중의 증가 없이도 재료의 신장이 발생하는 응력이 최대인 점의 항복점

21 기계나 구조물이 허용할 수 있는 최대응력을 뜻하는 용어를 쓰시오.

허용응력

22 허용응력과 사용응력의 차이점에 대해 기술하시오.

사용응력이 기계나 구조물에서 운전 시 작용하는 응력이라면, 허용응력은 기계나 구조물이 허용할 수 있는 최대응력을 말한다.

23 파손 없이 사용할 수 있는 기준강도와 허용응력의 비율을 뜻하는 용어를 쓰시오.

안전율

24 기준강도에 대해 기술하시오.

> 기준강도는 재료마다 모두 다르고, 사용환경에 따라 다른 강도로 손상을 준다고 인정되는 응력을 뜻하다. 따라서 재료가 강도적으로 안전하기 위해서 허용응력은 기준강도보다 작아야 하므로 그 크기는 기준강도 > 허용응력 > 사용응력 순이어야 한다.

25 '기준강도/허용응력'이 무엇에 대한 계산법인지 쓰시오.

> 안전율

26 안전율의 선정조건 7가지를 기술하시오.

> ① 하중견적의 정확도
> ② 응력계산의 정확도
> ③ 재료 및 균질성에 대한 신뢰도
> ④ 불연속부분
> ⑤ 예측할 수 없는 변화
> ⑥ 공작의 정도
> ⑦ 응력의 종류 및 성질

27 좌굴이 발생하는 장주에서는 기준강도로 삼아야 하는 것이 무엇인지 쓰시오.

> 좌굴응력

28 기준강도의 조건을 연강, 주철, 반복하중, 고온상태, 좌굴상태를 기준으로 기술하시오.

연 강	[연강과 같은 연성재료는 항복점을 기준강도로 함]
주 철	[주철과 같은 취성재료는 극한강도를 기준강도로 함]
반복하중	[반복하중이 존재하는 경우 피로강도를 기준강도로 함]
고온상태	[고온에서 정하중이 존재하는 경우 Creep한도를 기준강도로 함]
좌굴상태	[좌굴이 발생하는 장주에서는 좌굴응력을 기준강도로 함]

29 인간의 가청주파수 대역을 쓰시오.

20~20,000Hz

30 소음의 대책 중 전파경로의 대책에 대해 기술하시오.

- 근로자와 소음원과의 거리 이격
- 천정, 벽, 바닥이 소음을 흡수하고 반향을 줄임
- 전파경로상에 흡음장치, 차음장치를 설치, 전파경로 절연
- 소음원을 밀폐, 차음벽 설치
- 차음상자로 소음원을 격리
- 고소음장비에 소음기 설치
- 공조덕트에 흡·차음제를 부착한 소음기 부착
- 소음장비의 탄성지지로 구조물로 전달되는 에너지양 감소

31 국소진동으로 인해 발생하는 것으로 압축공기를 이용한 진동공구를 사용하는 근로자의 손가락에서 흔히 발생하며, 손가락에 있는 말초혈관 운동의 장애로 인하여 혈액순환이 저해되는 현상을 뜻하는 용어를 쓰시오.

레이노 현상

32 진동에 장기노출 시 발생하는 증상에 대해 기술하시오.

전신진동, 안정감 저하, 활동의 방해, 건강의 약화, 과민반응, 멀미, 순환계, 수면장애 등을 유발하며, 순환계, 자율신경계, 내분비계 등에 생리적 문제 유발, 심리적 문제도 유발한다.

33 진동의 대책 중 가장 먼저 고려해야 하는 대책이 무엇인지 쓰시오.

공학적 대책

34 진동의 공학적 대책 중 진동댐핑과 진동격리를 설명하시오.

- 진동댐핑 : 탄성을 가진 진동흡수재(고무)를 부착하여 진동을 최소화
- 진동격리 : 진동발생원과 직업자 사이의 진동 경로를 차단

35 정리정돈의 3정과 5S을 설명하시오.

- 3정 : 정품, 정량, 정위치
- 5S : 정리, 정돈, 청소, 청결, 습관화

36 보호구의 구비조건에 대해 기술하시오.

- 착용이 간편해야 함
- 작업에 방해가 되지 않아야 함
- 재료의 품질이 양호해야 함
- 구조와 끝마무리가 양호해야 함
- 외양과 외관이 양호해야 함
- 유해 · 위험요소에 대한 방호성능이 충분해야 함
- 보호구를 착용하고 벗을 때 수월해야 하고, 착용했을 때 구속감이 적고 고통이 없어야 함
- 예측할 수 있는 유해위험요소로부터 충분히 보호될 수 있는 성능을 갖추어야 함
- 충분한 강도와 내구성이 있어야 하며 표면 등의 끝마무리가 잘 되어서 이로 인한 상처 등을 유발시키지 않아야 함

37 방진마스크는 안면에 밀착하는 부분이 피부에 장해를 주지 않아야 하고, [여과재]은(는) 여과성능이 우수하며 인체에 장해를 주지 않아야 한다.

38 공기압축기의 주요 구조부를 쓰시오.

- 동력전달부
- 압력계
- 안전밸브
- 드레인밸브

39 공작기계 중 다수의 절삭날을 가진 공구를 사용하여 평면, 곡면 등을 절삭하는 기계의 명칭을 쓰시오.

밀링머신

40 연삭기의 주요 위험요인에 대해 기술하시오.

- 말림 : 연마석 회전부에 말림위험
- 파편 : 절삭칩의 비산, 파편의 접촉에 의한 상해위험
- 분진 : 분진에 의한 호흡기 손상위험
- 감전 : 고전압의 사용에 따른 감전위험

41 교류아크용접기에서 가장 빈번하게 발생하는 재해는 무엇인지 쓰시오.

감 전

42 가스크로마토그래피(Gas Chromatography)에 대해 기술하시오.

화학물질을 분석할 때 사용하는 가장 보편적인 실험 기기로 대부분의 실험실에서 보유하고 있으며, 시료 내에 포함된 물질을 개별적으로 분리하거나, 성분분석에 사용된다.

43 고온·고압으로 살균하는 기구로 멸균온도, 시간 및 배기판이 자동으로 조절되며, 배지, 초자기구, 실험폐기물을 단시간 내에 멸균처리할 때 사용되는 장비의 명칭을 쓰시오.

고압멸균기(Autoclave)

44 레이저의 주요위험에 대해 기술하시오.

- 실명위험 : 레이저가 눈에 조사될 경우 발생
- 화상 : 레이저가 피부에 조사될 경우 발생
- 화재 : 레이저 가공중 불꽃에 의해 발생
- 감전 : 누전, 쇼트 등으로 인해 발생

45 열순환 방식에 따라서는 자연순환, 강제순환 방식이 있으며, 온도조절기, 내부열순환팬, 가열공간이 챔버(Chamber)가 주요 구조부로 구성되는 실험기계의 명칭을 쓰시오.

오 븐

46 안전인증대상기계기구의 종류 9가지를 쓰시오.

① 프레스, ② 전단기·절곡기, ③ 크레인, ④ 리프트, ⑤ 압력용기, ⑥ 롤러기, ⑦ 사출성형기, ⑧ 고소 작업대, ⑨ 곤돌라

47 HEPA필터, ULPA필터 등을 통해 깨끗한 공기를 공급하는 장비로 작업공간의 청정도유지, 시료오염방지를 목적으로 사용되고, 작업대, 유리창(SASH), HEPA필터로 구성되는 실험용 장비의 명칭을 쓰시오.

무균실험대(Clean Bench)

48 원심분리기(Centrifuge)에서 발생가능한 위험요인을 기술하시오.

- 끼임 : 덮개 또는 잠금 장치 사이에 손가락 등 끼임위험
- 충돌 : 로터 등 회전체 충돌 · 접촉에 의한 신체 상해위험
- 감전 : 제품에 물 등 액체로 인한 쇼트 감전 상해 위험, 젖은 손으로 작동 시 감전위험

49 레이저 등급별 위험도에서 4등급의 레이저는 출력이 얼마 이상인지 쓰시오.

500mW

50 방사선 사고에 대한 응급조치 4원칙을 기술하시오.

① 안전유지의 원칙 : 인명 및 신체의 안전을 최선으로 하고, 물질의 손상에 대한 배려를 차선으로 한다.
② 통보의 원칙 : 인근에 있는 사람, 사고현장책임자(시설관리자) 및 방사선장해방지에 종사하는 관계자(방사선관리담당자, 방사선안전관리자)에게 신속히 알린다.
③ 확대방지의 원칙 : 응급조치를 한 자가 과도한 방사선피폭이나 방사선물질의 흡입을 초래하지 않는 범위 내에서 오염의 확산을 최소한으로 저지하고, 화재발생 시 초기 소화와 확대 방지에 노력한다.
④ 과대평가의 원칙 : 사고의 위험성은 과대평가하는 것은 있어도 과소평가하는 일은 없도록 한다.

51 방사선의 외부피폭에 대한 3원칙을 쓰시오.

시간, 거리, 차폐

52 에너지가 강해 전자를 떼어내어 원자를 전리시킬 수 있는 엑스선, 감마선 등과 같은 전자파를 뜻하는 용어를 쓰시오.

전리전자파

53 전자기파의 유해성에 대한 3가지 작용을 쓰시오.

열작용, 비열작용, 자극작용

54 유해광선 중 감마선의 유해성에 대해 기술하시오.

돌연변이를 일으키기도 하고, 암을 발생시킬 수도 있는 위험한 전자기파이다.

55 국제보건기구(WHO) IARC암 발생등급분류 중 사람에게 발암성이 있는 석면, 담배 등에 해당하는 등급을 쓰시오.

1등급

56 국제보건기구(WHO) IARC암 발생등급분류 중 2등급 A형에 대한 물리화학인자를 기술하시오.

자외선, 디젤엔진매연, 무기 납 화합물, 미용사 및 이발사 직업 등 79종

기출예상문제 정답

문제 p.205

※ 홀수번호 (단답형) 문제, 짝수번호 (서술형) 문제로 진행됩니다.

01 [생물체](이)란 유전물질을 전달하거나 복제할 수 있는 모든 생물로 생식능력이 없는 유기체, 바이러스 및 바이로이드(Viroid)를 포함한다.

02 LMO와 GMO의 차이점을 기술하시오.

> 생물의 유전자 중 유용한 유전자만을 취하여 이종(異種) 생물체의 유전자와 결합시킨 유전자변형생물체라 하는데 자체적으로 생식과 번식이 가능한 것을 LMO, 불가능한 것을 GMO라 한다.

03 연구실에서 병원성 미생물, 감염성 물질 등 생물체 취급으로 인해 발생할 수 있는 위험으로부터 사람과 환경을 보호하는 일련의 활동을 [생물안전관리](이)라 한다.

04 생물재해에 대해 기술하시오.

> 병원체로 인하여 발생할 수 있는 사고 및 피해로 실험실 감염과 확산 등이 포함된다.

05 [생물안전]의 목표는 생물재해를 방지함으로써 연구활동종사자의 건강한 삶을 보장하고 안전한 환경을 유지하기 위함이다.

06 생물안전의 3가지 구성요소를 쓰시오.

> ① 위해성평가능력 확보
> ② 물리적 밀폐 확보
> ③ 안전운영

07 물리적 밀폐에는 [1차적] 밀폐와 [2차적] 밀폐가 있다.

08 생물안전의 3가지 요소 중 위해성평가능력 확보에서는 위해도에 따라 4가지 위험군으로 분류하는데 1~4 분류군에 대해 기술하시오.

> • 제1위험군 : 질병을 일으키지 않는 생물체
> • 제2위험군 : 증세가 경미하고 예방 및 치료가 용이한 질병을 일으키는 생물체
> • 제3위험군 : 증세가 심각하거나 치명적일 수 있으나, 예방 및 치료가 가능한 질병을 일으키는 생물체
> • 제4위험군 : 치명적인 질병 또는 예방 및 치료가 어려운 질병을 일으키는 생물체

09 생물안전의 3가지 구성요소 중에서 실험 외부 환경이 감염성 병원체 등에 오염되는 것을 방지하고, 연구시설의 올바른 설계 및 설치, 시설 관리·운영하기 위한 수칙 등을 마련하고 준수하는 활동을 무엇이라 하는지 쓰시오.

2차적 밀폐

10 생물안전의 3가지 구성요소 중에서 안전관리의 운영방법 5가지를 기술하시오.

조직과 인력	• 생물안전관리책임자를 임명 • 생물안전위원회 설치·운영
병원체 등록 및 기록물 관리	• 주요실험, 사용미생물, 병원체를 규정에 맞게 등록 • 보관 위치 등에 대한 기록과 관련자료들의 목록관리
생물안전교육 프로그램 실시	• 연구책임자 및 생물안전관리자는 시험·연구종사자들로 하여금 취급하는 미생물 등의 감염 시 증세와 병원성에 대해 충분히 숙지 • 무균 조작 기술, 소독 및 멸균법, 적합한 개인보호구의 선택과 사용법 등 기본적인 생물안전 준수사항을 교육 • 생물안전 3등급 이상의 특수연구시설 출입자에 대해 별도의 생물안전 3등급 시설 운영규정 및 근무 시 필요한 준수사항을 추가적으로 교육
응급조치 확보	• 감염 및 유출 등에 대비하여 기관 내 의료관리자 임명, 응급조치요령 마련
생물재해에 대한 위해성 평가능력 확보	• 연구실책임자 및 생물안전관리자는 수행실험에 대한 위해성 평가 능력을 확보 • 취급 병원체 및 미생물의 위험군을 바탕으로 전파방식, 에어로졸 발생을 억제하는 방법, 생물안전연구시설, 안전장비 등에 대한 적절한 지식과 이해가 필요

11 생물안전의 3가지 구성요소 중에서 [안전관리의 운영]은(는) 생물안전관리를 위한 운영 방안, 체계수립, 이행 등을 통해 안전한 환경을 확보하는 것이다.

12 연구실 주요 위해요소 6가지를 쓰시오.

① 생물학적 위해요소
② 화학적 위해요소
③ 기계적 위해요소
④ 전기적 위해요소
⑤ 열역학적 위해요소
⑥ 방사능적 위해요소

13 감염병의 전파, 격리가 필요한 유해 동물, 외래종이나 유전자변형생물체의 유입 등에 의한 위해를 최소화하기 위한 일련의 선제적 조치 및 대책으로 생물학적 물질의 도난이나 의도적인 유출을 막고 잠재적 위험성이 있는 생물체의 잘못된 사용을 방지한다는 협의의 개념도 포함되는 것을 [생물보안](이)라 한다.

14 생물안전등급 4가지에 대해 기술하시오.

① BSL-1 : 위험도가 낮고 사람과 동물에게 전파가능성이 없는 미생물만 취급하는 경우
② BSL-2 : 지역사회위험도가 낮고, 치료제가 존재하는 바이러스를 취급하는 경우
③ BSL-3 : 개체위험도가 높고, 사람과 동물에게 중대한 질환을 일으키는 바이러스를 취급하는 경우
④ BSL-4 : 개체 간 전파가 매우 쉽고, 치료제가 없는 바이러스를 취급하는 경우

15 생물안전등급 4등급 중에서 기관생물안전위원회를 반드시 설치 · 운영해야 하고, 생물안전관리자를 지정해야 하며, 인체위해성 허가가 필요한 등급은 몇 등급인지 쓰시오.

4등급

16 생물안전등급 3등급에 대해 기술하시오.

개체위험도가 높고, 사람과 동물에게 중대한 질환을 일으키는 바이러스를 취급하는 시설로 기관생물안전위원회의 설치·운영이 필요하며, 생물안전관리자 지정, 환경위해성 허가가 필요한 시설이다.

17 실험실 책임자는 고위험병원체 관리대장 및 사용내역대장을 몇 년간 보관해야 하는지 쓰시오.

5년

18 생물안전수칙 중 운송 시 안전수칙에 대해 기술하시오.

병원성미생물 및 감염성 물질을 담고 있는 용기가 쉽게 파손되지 않고 밀폐가 가능한 용기를 사용해야 하며, 사고에 대비하여 내용물이 외부로 유출되지 않도록 3중 포장해야 한다. 또한 병원성미생물 및 감염성 물질의 특성이 보존될 수 있도록 적절한 온도를 유지할 수 있는 조건으로 수송 또는 운반해야 한다.

19 LMO연구시설은 생물안전등급에 따라서 누구에게 신고하거나 허가를 취득해야 하는지 쓰시오.

관계 중앙행정기관장

20 LMO연구실의 설치 및 운영기준에 대해 기술하시오.

> LMO연구실은 인체, 환경에 대한 위해 정도나 예방조치 및 치료 등에 따라서 안전관리 등급을 구분하여 설치 · 운영해야 한다.

21 단순히 [중합효소 연쇄반응](으)로 유전자를 확인하는 시설은 LMO 취급 시설에 해당하지 않는다.

22 기관생물안전위원회의 역할에 대해 기술하시오.

> 기관생물안전위원회는 유전자재조합실험 등이 수반되는 실험의 위해성 평가 심사 및 승인에 관한 사항을 담당해야 하고, 생물안전 교육 · 훈련 및 건강관리에 관한 사항, 생물안전관리규정의 제 · 개정에 관한 사항, 기타 기관 내 생물안전 확보에 관한 사항을 담당한다.

23 기관생물안전위원회의 필수 설치대상을 기술하시오.

> 생물안전등급(BSL)-2 등급 이상

24 기관생물안전위원회의 구성인력에 대해 기술하시오.

위원장 1인, 생물안전관리책임자 1인, 외부위원 1인을 포함한 5인 이상의 내·외부위원으로 구성한다.

25 생물안전관리인력 중 생물안전위원회를 운영하며, 생물안전관리규정 제·개정하고, 기관 내 생물안전 준수 사항을 이행·감독하는 직책명을 쓰시오.

생물안전관리책임자

26 생물안전관리인력 중 의료관리자(MA ; Medical Advisor)의 역할을 무엇인지 쓰시오.

의료자문과 생물안전 사고에 대한 응급처치 및 자문

27 생물안전관리인력 중 유전자재조합실험의 위해성 평가를 담당하고, 연구활동종사자에 대한 생물안전 교육 및 훈련에 대한 책임이 있는 직책명을 쓰시오.

연구실책임자(PI ; Principal Investigator)

28 생물학적 위해성 평가(Biological Risk Assessment)에 있어 3가지 주요 위해요인에 대해 쓰시오.

① 병원체 요소
② 연구활동종사자 요소
③ 실험환경 요소

29 생물체로 야기될 수 있는 질병의 심각성과 발생 가능성을 평가하는 체계적인 과정을 무엇이라 하는지 쓰시오.

생물학적 위해성 평가(Biological Risk Assessment)

30 생물학적 위해성 평가(Biological Risk Assessment)의 5단계를 쓰시오.

① 유해성 확인 : 유해한 영향을 유발시키는지 물질을 확인
② 노출평가 : 물질이 인체 내부로 들어오는 노출 수준을 추정
③ 용량 · 반응 평가 : 특정 용량의 유해물질이 노출되었을 경우 유해한 영향을 발생시킬 확률을 확인
④ 위해특성 : 위해 발생 가능성과 심각성을 고려하여 위해성(Risk)을 추정
⑤ 위해도 결정(판단) : 위해특성을 통해 파악된 위해성(Risk)을 우선적으로 개선할 수 있도록 우선순위를 결정

31 고위험 병원체 등 감염성 물질을 다룰 때 사람과 환경을 보호하기 위해 사용하는 기본적인 1차적 밀폐장치로 내부에 장착된 헤파필터를 통해 유입된 공기를 처리하는 장비는 무엇인지 쓰시오.

생물안전작업대(BSC)

32 생물안전작업대(BSC)의 Class1~3에 대하여 보호대상을 기술하시오.

> - Class1 : 연구종사자 보호
> - Class2 : 연구종사자 및 실험물질보호
> - Class3 : 최대안전 밀폐환경제공 · 시험 · 연구종사자 · 실험물질 보호

33 정화된 공기가 작업대에 제공되고 작업대의 공기는 개구부를 통하여 작업대 밖으로 배출되므로 시료를 보호할 수는 있지만 연구자를 보호할 수 없는 장비는 무엇인지 쓰시오.

> 무균작업대(Clean Bench)

34 실험실 장비 중 아이솔레이터(Isolator)에 대해 기술하시오.

> 완전한 무균환경을 유지하는 방식으로 무균동물(Germfree Animal)과 노토바이오트(Gnotobiote) 동물을 사육할 때 사용하며, 아이솔레이터의 실내 공기는 기기에 장착된 초고성능 필터에서 여과된 후 송풍된다. 4등급 연구시설은 별도의 덕트에 의한 아이솔레이터 설치해야 한다.

35 멸균법 중 습열멸균방법을 이용한 것으로 실험실 등에서 널리 사용되며, 일반적으로 121℃에서 15분간 처리하는 방식의 장비는 무엇인지 쓰시오.

> 고압증기멸균기(Autoclave)

36 고압증기멸균기(Autoclave)의 사용 시 주의사항에 대해 기술하시오.

- 고온의 수증기를 이용하므로 멸균 실시 전, 내부의 물 상태를 항상 점검해야 한다. 절대로 건조한 상태로 멸균기를 가동해서는 안 된다.
- 멸균기 내부에 대상물을 적절히 배치하여 한쪽으로 몰리거나 치우치지 않게 골고루 적재한다.
- 멸균기 문의 잠금장치 등을 이용하여 완전히 닫고 가동시간, 온도, 압력 등을 확인한 후 작동시킨다.

37 실험실 장비 중 고속회전을 통한 원심력으로 물질을 분리하는 장치로 사용시 안전컵 · 로터의 잘못된 이용 또는 튜브의 파손에 따른 감염성 에어로졸 및 에어로졸화된 독소의 방출과 같은 위해성이 있는 장비는 무엇인지 쓰시오.

원심분리기

38 개인보호구 중에서 고글의 사용조건에 대해 기술하시오.

- 실험 중 취급 병원체가 튀거나 충격위험이 있는 경우 반드시 고글, 안면보호대를 착용한다.
- 실험용 안전안경은 옆에서 튀는 액체나 파편에 대하여 눈을 보호할 수 없으므로, 반드시 고글을 착용한다.

39 연구실 개인보호구 중 에어로졸의 흡입 가능성이 있거나 잠재적으로 오염된 공기에 노출될 수 있는 연구를 수행할 경우 착용하는 것은 무엇인지 쓰시오.

호흡보호구

40 의료폐기물의 종류에 대해 기술하시오.

- 격리의료폐기물 : 격리된 사람에 대한 의료행위에서 발생한 폐기물
- 위해의료폐기물 : 감염 등 위해를 줄 수 있는 폐기물로 조직물류폐기물, 병리계폐기물, 손상성폐기물, 생물ㆍ화학폐기물, 혈액오염폐기물이 있음
- 일반의료폐기물 : 혈액, 체액, 분비물, 배설물이 함유되어 있는 탈지면, 붕대, 거즈 등의 폐기물

41 사업장폐기물 중 폐유ㆍ폐산 등 주변 환경을 오염시킬 수 있거나 의료폐기물 등 인체에 위해를 줄 수 있는 해로운 물질은 무엇인지 쓰시오.

지정폐기물

42 위해의료폐기물 중에서 조직물류폐기물에는 무엇이 있는지 쓰시오.

인체 또는 동물의 조직ㆍ장기ㆍ기관ㆍ신체의 일부, 동물의 사체, 혈액ㆍ고름 및 혈액생성물(혈청, 혈장, 혈액제제)

43 의료용 폐기물에서 봉투형 용기는 용량의 몇 % 미만으로 채워야 하는지 쓰시오.

75%

44 실험실 폐유기용제 중 할로겐족 유기용제를 저온 소각해서는 안 되는 이유를 기술하시오.

할로겐족 유기용제를 저온 소각 시 다이옥신등과 같은 독성이 높은 유기염소계 화합물이 생성된다.

45 실험폐수는 고압증기멸균을 이용하는 생물학적 활성제거설비를 설치하여 처리하고, 연구시설에서 배출되는 공기는 2단의 헤파필터를 통해 배기해야 하는 생물안전등급은 어느 등급인지 쓰시오.

BSL-4

46 생물체 관련 폐기물에 대한 설명 중 세척에 영향을 미치는 3대 요소를 쓰시오.

물, 세제, 온도

47 생물체 관련 폐기물에 대한 설명 중 미생물의 생활력을 파괴시키거나 약화시켜 감염 및 증식력을 없애는 조작을 의미하는 것으로, 미생물의 영양세포를 사멸시킬 수 있으나 아포는 파괴하지 못하는 것은 무엇인지 쓰시오.

소 독

48 살균소독에 대한 미생물의 저항성 중 획득저항성을 설명하시오.

미생물이 환경, 소독제 등에 노출되는 시간이 경과함에 따라 발생하는 미생물의 염색체 유전자 변이로 치사농도 보다 낮은 농도의 소독제를 지속적으로 사용하는 과정에서 획득되는 내성을 말한다.

49 소독의 방법 3가지를 쓰시오.

물리적 소독, 자연적 소독, 화학적 소독

50 멸균 방법 중 습식멸균에 대해 기술하시오.

멸균방법 중 가장 흔히 사용되는 방법으로 고압증기멸균기를 이용하여 121℃에서 15분간 처리하며, 물에 의한 습기로 열전도율 및 침투효과가 좋아 멸균에 가장 효과적이며 신뢰할 수 있는 방법으로 환경독성이 없어 많은 실험실 및 연구시설에서 사용되고 있다.

51 개에 물린 경우에는 [70%] 알코올 또는 기타 소독제(Povidone-iodine 등)를 이용하여 소독한 후, 동물의 [광견병 예방접종] 여부를 확인해야 한다.

52 감염성 물질이 안면부에 접촉 시 조치방법에 대해 기술하시오.

> 즉시 눈 세척기(Eye Washer) 또는 흐르는 깨끗한 물을 사용하여 15분 이상 세척하고, 눈을 비비거나 압박하지 않도록 주의가 필요한 경우 샤워실을 이용하여 전신 세척을 해야 한다.

53 주사기에 짤렸을 경우에는 신속히 찔린 부위의 보호구를 벗고 주변을 압박, 방혈 후 [15]분 이상 충분히 흐르는 물 또는 생리식염수로 세척하고 의료관리자에게 보고하고, 취급하였던 병원성 미생물 또는 감염성 물질을 고려하여 적절한 의학적 조치를 받도록 한다.

54 실험용 쥐(Rat)에 물린 경우 조치방법에 대해 기술하시오.

> 실험용 쥐(Rat)에 물린 경우에는 서교열(Rat Bite Fever) 등을 조기에 예방하기 위해 고초균(Bacillus Subtilis)에 효력이 있는 항생제를 투여해야 한다.

55 실험구역 내에서 감염성 물질 등이 유출된 경우, 사고 시 발생한 에어로졸이 가라앉도록 몇 분 정도 방치한 후에 적절한 개인보호구를 착용하고 사고 지역으로 복귀해야 하는지 쓰시오.

> 20분

56 LMO 비상상황 5단계에 대해 기술하시오.

- 1단계 : 연락 및 통제
- 2단계 : 초동조치
- 3단계 : 조사판단
- 4단계 : 비상조치
- 5단계 : 최종보고
- 6단계 : 분석 및 재발방지

PART 06 기출예상문제 정답

문제 p.239

※ 홀수번호 (단답형) 문제, 짝수번호 (서술형) 문제로 진행됩니다.

01 [연소](이)란 가연성 물질이 공기 중의 산소와 만나 빛과 열을 수반하며 급격히 산화하는 현상을 말한다.

02 연소하한(LFL)과 연소상한(UFL)에 대해 기술하시오.

> 가연성 가스가 공기와 혼합되어 발화되었을 때 화염의 전파가 일어날 수 있는 농도 범위를 부피 농도(vol %)로 나타낸 것으로, 연소에 필요한 가연물의 최소농도를 연소하한(LFL), 연소에 필요한 가연물의 최대농도를 연소상한(UFL)이라 한다.

03 연소 상태가 지속될 수 있는 온도를 뜻하는 용어를 쓰시오.

> 연소점

04 인화점과 연소점에 대해 기술하시오.

> 인화점은 점화원에 의해 연소할 수 있는 최저온도로 가연성 물질이 점화원과 접촉할 때 연소를 시작할 수 있는 최저온도를 말하며, 연소점은 연소상태가 지속될 수 있는 온도를 말한다.

05 최소산소농도(MOC) = [산소몰수] × 연소하한계(LFL)

06 최소산소농도에 대해 기술하시오.

> 가연성 혼합가스 내에 화염이 전파될 수 있는 최소한의 산소농도를 말한다.

07 점화에 필요한 최소에너지(Minimum Ignition Energy)를 뜻하는 용어를 쓰시오.

> 최소점화에너지(MIE)

08 연소의 4요소를 쓰시오.

① 가연물
② 점화원
③ 산 소
④ 연쇄반응

09 연소범위에 영향을 주는 3요인은 온도, 압력, [산소농도]이다.

10 연소의 형태 3가지를 쓰시오.

① 기체의 연소 : 예혼합연소, 확산연소 등
② 액체의 연소 : 증발연소, 분무연소 등
③ 고체의 연소 : 분해연소, 증발연소, 표면연소 등

11 가연물의 종류로는 고체가연물, [액체가연물], 기체가연물이 있다.

12 가연물의 구비조건 6가지를 쓰시오.

① 발열량이 클 것
② 표면적이 클 것
③ 활성화 에너지가 작을 것
④ 열전도도가 작을 것
⑤ 발열반응일 것
⑥ 연쇄반응을 수반할 것

13 제5류 위험물로 연소에 필요한 산소공급원을 함유하는 물질을 뜻하는 용어를 쓰시오.

자기반응성 물질

14 산소공급원의 종류 3가지를 쓰시오.

① 공 기
② 산화제
③ 자기반응성 물질

15 점화원 중 압축열, 마찰열, 마찰스파크와 같은 점화원을 뜻하는 용어를 쓰시오.

기계적 점화원

16 고체연소의 종류 4가지를 쓰시오.

① 증발연소(Evaporative Combustion)
② 분해연소(Destructive Combustion)
③ 표면연소(Surface Combustion)
④ 자기연소(Self Combustion)

17 마그네슘, 티타늄, 지르코늄, 나트륨, 리튬, 칼륨 등과 같은 가연성 금속에서 발생하는 화재를 뜻하는 용어를 쓰시오.

금속화재(D급화재)

18 화재의 4단계를 기술하시오.

① 초기 : 실내 가구 등의 일부가 독립적으로 연소
② 성장기 : 가구 등에서 천장면까지 화재 확대
③ 최성기 : 연기의 양은 적어지고 화염의 분출이 강해지며 유리가 파손
④ 감쇠기 : 화세가 쇠퇴하며, 연소 확산의 위험은 없음

19 소화약제의 종류 중 지방족 탄화수소인 메탄, 알코올 등의 분자에 포함된 수소원자의 일부 또는 전부를 할로겐원소(F, Cl, Br, I 등)로 치환한 소화약제를 뜻하는 용어를 쓰시오.

할론 소화약제

20 화재감지기의 종류 4가지를 쓰시오.

① 차동식 감지기
② 정온식 감지기
③ 연기 감지기
④ 불꽃 감지기

21 비상시 건물의 창, 발코니 등에서 지상까지 포대를 사용하여 그 포대 속을 활강하는 피난기구는 무엇인지 쓰시오.

구조대

22 피난 설비의 종류 중 피난교에 대해 기술하시오.

건축물의 옥상 층 또는 그 이하의 층에서 화재발생 시 옆 건축물로 피난하기 위해 설치하는 피난기구이다.

23 옥내소화전의 수원의 양(㎥) 계산식을 쓰시오.

130ℓ / min × 20min × 소화전 개수(최대 5개)

24 스프링클러의 종류 5가지를 쓰시오.

① 습 식
② 건 식
③ 부압식
④ 준비작동식
⑤ 일제살수식

25 칼륨, 나트륨, 알루미늄, 마그네슘 등 금속류에서 주로 발생하는 화재를 뜻하는 용어를 쓰시오.

금속화재

26 차동식 감지기에 대해 기술하시오.

주위 온도가 일정 상승률 이상이 되었을 경우 작동하는 감지기이다.

27 주위 온도가 일정한 온도 이상이 되었을 경우에 작동하는 감지기는 무엇인지 쓰시오.

정온식 감지기

28 소화활동설비 6가지를 쓰시오.

① 제연설비
② 연결송수관설비
③ 연결살수설비
④ 비상콘센트설비
⑤ 무선통신보조설비
⑥ 연소방지설비

29 화재 이외의 요인에 의하여 자동화재탐지설비가 작동하여 화재 경보를 발하는 것을 무엇이라 하는지 쓰시오.

비화재보

30 소화기의 능력단위에 대해 기술하시오.

소화능력시험을 통해 각 화재 종류별로 소화능력을 인정받은 수치로, 1단위란 소나무 90개를 우물정자 모양으로 730mm × 730mm로 쌓고, 1.5 ℓ 의 휘발유를 부은 다음 불을 붙인 후에 소화를 시작하여 완전연소 시의 소화기의 능력을 말한다.

31 분말 소화기는 고압의 가스를 이용하여 탄산수소나트륨 또는 [제1인산암모늄] 분말을 방출하는 소화기이다.

32 이산화탄소 소화기의 소화효과를 기술하시오.

이산화탄소를 액화하여 충전한 것으로 액화이산화탄소가 방출되면 고체 상태인 드라이아이스로 변하면서 화재 장소를 이산화탄소 가스로 덮어 공기를 차단한다.

33 소화기는 바닥으로부터 높이 [1.5]m 이하인 곳에 비치하고, '소화기'라고 표시한 표지를 보기 쉬운 곳에 부착한다.

34 가압송수장치의 종류 4가지를 쓰시오.

① 자동기동방식
② 수동기동방식
③ 고가수조방식
④ 압력수조방식

35 등유, 경유, 휘발유, LPG, LNG, 부탄가스 등과 같은 인화성 액체, 가연성 가스류 등의 화재로 물은 소화효과가 없어 포소화설비 등을 사용하여 진화해야 하는 화재는 무엇인지 쓰시오.

유류화재

36 부압식 스프링클러에 대해 기술하시오.

> 스프링클러의 오작동으로 인한 누수피해를 최소화하기 위한 설비로, 1차측까지는 물이 가압되고, 2차측에는 물이 부압으로 되어 있는 타입의 스프링클러를 말한다.

37 [전류](이)란 전위차가 있을 때 발생하는 전자의 흐름으로 단위는 A(Ampere)를 쓰고, [전압](이)란 전위의 차를 말하는 것으로 단위는 V(Volt)를 쓴다.

38 전력(W)에 대해 기술하시오.

> 단위시간 동안에 1V의 전압에서 1A의 전류가 흐를 때 소비되는 에너지를 말하며, 단위는 W(Watt)를 쓴다.

39 일정한 시간 동안에 사용한 전력의 양을 뜻하며, 단위로는 Wh를 사용하는 용어를 쓰시오.

> 전력량(Wh)

40 누전차단기의 종류 3가지를 쓰시오.

① 고속형
② 보통형
③ 인체보호형

41 접지의 종류 중 전력계통의 중성선을 접지하는 방법은 무엇인지 쓰시오.

계통접지

42 접지의 목적 4가지를 쓰시오.

① 감전보호
② 기기손상 방지
③ 잡음발생 방지
④ 설비오작동 방지

43 접지시스템의 종류 중 특 · 고 · 저압의 전로는 물론이고 피뢰설비, 통신선 등 전부를 연결하는 접지 방법을 뜻하는 용어를 쓰시오.

통합접지

44 공통접지에 대해 기술하시오.

특·고·저압의 전로에 시공한 접지극을 하나로 연결하는 접지를 말한다.

45 정전기 발생에 영향을 주는 요인으로는 [물질특성], 분리속도, 접촉면적, 물질과의 운동 영향이 있다.

46 액체류가 파이프를 통해서 이동할 때 발생하는 대전의 종류를 뜻하는 용어를 쓰시오.

유동대전

47 브러시(스트리머) 방전에 대해 기술하시오.

코로나 방전이 진전하여 발생하며 방전에너지가 4mJ까지 발생되어 화재폭발 위험성이 높은 방전이다.

48 정전기가 점화원이 되기 위한 4가지 조건을 쓰시오.

① 정전기의 발생수단이 있어야 한다.
② 생성된 전하를 축적하고 전위차를 유지해야 한다.
③ 에너지의 스파크 방전이 있어야 한다.
④ 스파크가 인화성 혼합물 내에서 일어나야 한다.

49 정전기 재해의 방지방법 중 정전기가 잘 통하는 물질을 사용하는 방법은 무엇인지 쓰시오.

도전성 재료의 사용

50 제전장치의 종류 3가지를 쓰시오.

① 전압인가식
② 자기방전식
③ 방사선식

51 심장의 전기 전도계에 이상이 생겨 심장이 불규칙하게 뛰는 현상을 뜻하는 용어를 쓰시오.

심실세동

52 전격의 메커니즘(순서)을 쓰시오.

심장부 통전 → 심실세동 → 호흡중추신경통전 → 호흡정지 → 질식 → 사망

53 감전현상으로 인해 인체가 받게 되는 충격(호흡정지, 심실세동)을 뜻하는 용어를 쓰시오.

전 격

54 감전의 위험요소 4가지를 쓰시오.

① 통전전류의 크기
② 통전경로
③ 통전시간
④ 전원의 종류

55 방폭구조의 종류 중 스파크 등이 점화능력이 없다는 것을 확인한 구조로 가장 우수하여 가장 위험한 0종 장소에서 사용하는 방폭구조를 뜻하는 용어를 쓰시오.

본질안전 방폭구조

56 감전사고의 기본대책 3가지를 쓰시오.

① 설비의 안전화
② 작업의 안전화
③ 위험성에 대한 지식의 습득

PART

07 기출예상문제 정답

문제 p.295

※ 홀수번호 (단답형) 문제, 짝수번호 (서술형) 문제로 진행됩니다.

01 MSDS의 작성원칙에서 구성 성분의 함유량을 기재하는 경우에는 함유량의 [±5]%의 범위에서 함유량의 범위로 함유량을 대신하여 표시할 수 있다.

02 MSDS에 대해 설명하시오.

> 화학물질을 안전하게 사용하고 관리하기 위하여 제조자명, 성분, 성질, 취급방법, 취급 시 주의사항, 법률 등의 필요한 정보를 기재한 물질에 대한 여러 정보를 담은 자료를 말한다.

03 다음의 경고표지는 인체에 유해한 화학물질 경고표지이다. 어떤 유해성을 표기한 것인지 빈칸을 채우시오.

경고표지	유해성 분류기준
	[수생환경유해성]

04 Fire diamond(NFPA 704)에서 다음 빈칸을 채우시오.

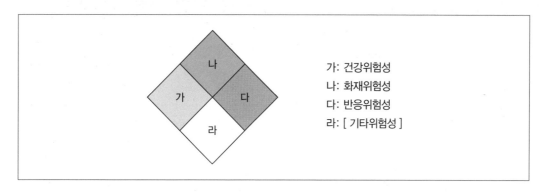

가: 건강위험성
나: 화재위험성
다: 반응위험성
라: [기타위험성]

05 화학물질이 노출기준 중 단시간노출기준으로 15분간의 시간가중평균노출값을 나타내는 것은 무엇인지 쓰시오.

STEL(Short Term Exposure Limit)

06 혼합물의 노출기준 산출식을 쓰시오.

$$혼합물의\ 노출기준 = \frac{C_1}{T_1} + \frac{C_2}{T_2} + \cdots\cdots + \frac{C_n}{T_n}$$

－ C : 화학물질 각각의 측정치
－ T : 화학물질 각각의 노출기준

07 시간가중평균노출기준으로 1일 8시간 작업을 기준으로 하여 유해인자의 측정치에 발생시간을 곱하여 8시간으로 나눈 값을 뜻하는 용어를 쓰시오.

TWA(Time Weighted Average)

08 Fire diamond(NFPA 704)에서 청색, 적색, 황색, 백색이 나타내는 위험성을 쓰시오.

- 청색 : 건강위험성(Health Hazards)
- 적색 : 화재위험성(Flammability Hazards)
- 황색 : 반응위험성(Instability Hazards)
- 백색 : 기타위험성(Special Hazards)

09 물리적 유해인자 중 소음에 대하여 산업안전보건법에서는 1일 8시간 작업기준으로 [85dB] 이상의 소음이 발생하는 작업을 소음작업으로 규정한다.

10 진동작업 근로자에게 진동이 인체에 미치는 영향과 증상에 관하여 주지시켜야 하는 내용을 기술하시오.

- 보호구의 선정과 착용방법
- 진동기계 · 기구 관리방법
- 진동장해 예방방법

11 물질의 원자를 전리시킬 수 있는 에너지가 있는 방사선을 뜻하는 용어를 쓰시오.

전리방사선

12 화학적 유해인자 중 흄(Fume)에 대해 설명하시오.

고체상태에 있던 무기물질(탄소화합물이 없는 물질)이 승화하여 화학적 변화를 일으킨 후 응축되어 고형의 미립자가 된 것이다.

13 분진이란 입경이 크기가 [0.1~30μm]인 물질로 고체가 분쇄된 형태로 [30μm]보다 작으면 공기 중에 부유하며 [2.5μm]보다 작은 입자는 미세분진이라 한다.

14 생물학적 유해인자 중 바이오에어로졸(Bio-aerosol)에 대해 설명하시오.

Bio(살아있는)+Aerosol(공기중에 부유하는 액체상태의 입자)의 합성어로, 살아있거나 죽은 생물체 또는 생물체에서 유래된 물질이 고체, 액체 상태로 공기 중에 부유하는 입자를 말한다.

15 노동부 고시에 의한 발암물질의 분류 중 사람에게 충분한 발암성 증거가 있는 물질의 등급을 쓰시오.

1A물질

16 인간공학의 목표 4가지를 쓰시오.

① 효율성 제고
② 쾌적성 제고
③ 편리성 제고
④ 안전성 제고

17 다음은 인간의 정보처리 과정을 기술한 것이다. 빈칸을 채우시오.

감각 → [지각] → 정보처리 → 실행

18 인간의 정보처리과정 중 지각(Perception)에 대해 설명하시오.

감각기관을 거쳐 들어온 신호를 장기기억 속에 담긴 기존 기억과 비교하는 과정을 말한다.

19 인간의 기억체계 중 작업에 필요한 기억이라 해서 작업기억이라고도 부르는 용어를 쓰시오.

단기기억

20 경로용량에 대해 설명하시오.

단기기억에 유지할 수 있는 최대항목수(경로용량)는 7±2로 밀러(Miller)의 매직넘버(Magic Number)라고 한다.

21 체내에서 일어나는 여러 가지 연쇄적인 화학반응을 말하는 것으로 음식물을 섭취하여 기계적인 일과 열로 전환되는 화학과정을 뜻하는 용어를 쓰시오.

대 사

22 에너지 대사율(RMR ; Relative Metabolic Rate)에서 산소소모량에 의해 결정되는 경작업부터 초중작업의 RMR의 수치를 기술하시오.

- 경작업 : 1~2RMR
- 중(中)작업 : 2~4RMR
- 중(重)작업 : 4~7RMR
- 초중작업 : 7RMR 이상

23 직무요건이 근로자의 능력이나 자원, 욕구와 일치하지 않을 때 생기는 유해한 신체적 또는 정서적 반응을 무엇이라 하는가?

　　직무스트레스

24 직무스트레스의 4가지 요인은 무엇인가?

　　① 환경요인 : 경기침체, 정리해고, IT기술의 발전으로 인한 고용불안
　　② 조직요인 : 조직구조나 분위기, 근로조건, 역할 갈등 및 모호성 등
　　③ 직무요인 : 장시간의 근로시간, 물리적으로 유해하거나 쾌적하지 않은 작업환경 등
　　④ 인간적 요인 : 상사, 동료, 부하 직원 등과의 관계에서 오는 갈등이나 불만 등

25 반복적이고 누적되는 특정한 일 또는 동작과 연관되어 신체 일부를 무리하게 사용하면서 나타나는 질환을 쓰시오.

　　근골격계질환

26 근골격계질환의 발생원인 6가지를 쓰시오.

　　① 반복적인 동작
　　② 부자연스러운 자세(부적절한 자세)
　　③ 무리한 힘의 사용(중량물 취급, 수공구 취급)
　　④ 접촉스트레스(작업대 모서리, 키보드, 작업 공구 등에 의해 손목, 팔 등의 신체 부위가 지속적으로 충격을 받을 경우)
　　⑤ 진동 공구 취급작업
　　⑥ 기타요인(부족한 휴식시간, 극심한 저온 또는 고온, 스트레스, 너무 밝거나 어두운 조명 등)

27 표시장치 중 정확한 계량치를 제공하는 것이 목적이며, 읽기 쉽도록 설계한 표시장치를 뜻하는 용어를 쓰시오.

정량적 표시장치

28 시각적 표시장치를 사용해야 하는 경우를 기술하시오.

① 메세지가 길고 복잡할 때
② 메세지가 공간적 참조를 다룰 때
③ 메세지를 나중에 참고할 필요가 있을 때
④ 소음이 과도할 때
⑤ 작업자의 이동이 적을 때
⑥ 즉각적인 행동 불필요할 때

29 작업설계에 있어서 사용자 개인에 따라 장치나 설비의 특정 차원들이 조절될 수 있는 설계방법을 쓰시오.

조절식 설계

30 작업설계의 적용순서를 쓰시오.

조절식 설계 → 극단치 설계 → 평균치 설계

31 사람이 작업하는 데 사용하는 공간으로 사람이 몸을 앞으로 구부리거나 구부리지 않고 도달할 수 있는 전방의 3차원 공간을 뜻하는 용어를 쓰시오.

> 포락면

32 공간배치의 6원칙을 쓰시오.

① 중요성의 원칙 : 시스템 목적을 달성하는 데 상대적으로 더 중요한 요소들은 사용하기 편리한 지점에 위치
② 사용빈도의 원칙 : 빈번하게 사용되는 요소들은 가장 사용하기 편리한 곳에 배치
③ 사용순서의 원칙 : 연속해서 사용하여야 하는 구성요소들은 서로 옆에 놓여야 하고, 조작순서를 반영하여 배열
④ 일관성 원칙 : 동일한 구성요소들은 기억이나 찾는 것을 줄이기 위하여 같은 지점에 위치
⑤ 양립성 원칙 : 서로 근접하여 위치, 조종장치와 표시장들의 관계를 쉽게 알아볼 수 있도록 배열 형태를 반영
⑥ 기능성 원칙 : 비슷한 기능을 갖는 구성요소들끼리 한데 모아서 서로 가까운 곳에 위치시킴. 색상으로 구분

33 건강장해를 일으키는 화학물질의 분류 4가지는 [유기화합물], 금속, 산과 알카리류, 가스상태의 물질이다.

34 ACGIH(미국 산업위생 전문가협의회)에서 규정한 발암물질의 종류를 쓰시오.

① A1 : 인간에게 발암성이 확인됨
② A2 : 인간에게 발암성이 의심됨
③ A3 : 동물 실험 결과 발암성이 입증되었으나, 사람에 대해서는 입증하지 못함
④ A4 : 사람에게 암을 일으키는 것으로 분류되지 않음. 발암성은 의심되나 연구결과 없음
⑤ A5 : 사람에게 암을 일으키지 않음. 연구결과 발암성이 아니라는 결과에 도달함

35 제임스 리즌의 GEMS(Generic Error Modeling System) 모델에서 인간의 불안전한 행동은 [의도되지 않은 행동]와(과) [의도된 행동](으)로 나눌 수 있다.

36 다음 빈칸을 채우시오.

물질 경고표지		
표지내용	용어 및 의미	적용 장소 및 대상 분야
	[방사능 위험]	• 방사능 위험기기, 방사능물질 사용기기, 방사능물질 보관장소, 방사능 취급기기
	[위험장소, 기구 경고]	• 관계자 이외의 접근을 통제하는 장소 • 관계자 이외의 자의 조작을 금하는 기구
	[고압전기 위험]	• 고압전기 발생기기, 고전압 전원 • 정전기 발생기기, 고전압 사용기기
	[유해광선 위험]	• 레이저, 방사능, X선, 자외선, 적외선 등의 유해광선 취급 • 고휘도의 광원, 높은 조도 환경의 작업장

37 개인보호구의 착의순서이다. 다음 빈칸을 채우시오.

긴 소매 실험복 → [마스크, 호흡보호구] → 고글/보안면 → 실험장갑

38 호흡용 보호구 중 공기공급식 보호구를 설명하시오.

공기 공급관, 공기호스 또는 자급식 공기원(산소탱크 등)을 가진 호흡용 보호구로, 송기식과 자급식이 있다.

39 소음이 [85]dB을 초과하는 실험을 할 때는 청력보호구를 착용해야 한다.

40 연구실의 출입통로기준에 대해 기술하시오.

저 · 중 · 고위험연구실 모두 출입구에는 비상대피표지를 부착해야 하고, 통로폭은 90cm 이상 확보해야 하며, 사람, 연구장비, 기자재 출입이 용이하도록 주 출입통로의 적정 폭, 간격을 확보해야 한다.

41 실험실의 세안장치의 수량기준은 수량은 최소 [1.5] ℓ /min 이상, [15]분 동안 지속되어야 한다.

42 실험실 환기에서 국소배기장치가 설치되어야 하는 경우를 기술하시오.

- 오염물질의 독성이 강한 경우, 오염물질이 입자상인 경우
- 유해물질의 발생주기가 균일하지 않은 경우
- 배출량이 시간에 따라 변동하는 경우
- 배출원이 고정되어 있고, 근로자가 근접하여 작업하는 경우
- 배출원이 크고, 배출량이 많은 경우
- 냉난방비용이 큰 경우

43 시간당 환기횟수를 의미하며, 1/환기계수로 표현되는 용어를 쓰시오.

환기율(ACH)

44 일반 공장건물 용적이 5,500㎥이고, 일반공장의 환기계수 7.5이다. 필요환기량은 얼마이며, 풍량이 74㎥/min의 송풍기를 사용한다면 필요한 송풍기의 대수는 얼마인지 계산하시오.

- 필요 환기량은 5,500/7.5 = 733㎥/min
- 풍량이 74㎥/min의 송풍기를 사용한다면 733/74 = 9.90이므로 10대가 필요

45 외부식 플랜지부착 장방형의 배풍량 계산식을 쓰시오.

> $Q = 0.75 \times V(10X^2 + A)$
>
> Q : 필요환기량($㎥/min$)
>
> V : 제어속도(m/sec)
>
> A : 후드단면적($㎡$)
>
> X : 후드 중심선으로부터 발생원까지의 거리, 제어거리(m)

46 시험실 부스의 유지관리방법에 대해 기술하시오.

> - 후드로 배출되는 물질의 냄새 감지 시 배기장치가 작동 점검
> - 후드 및 국소배기장치는 1년에 1회 이상 자체검사를 실시
> - 제어풍속은 3개월에 1회 측정하여 이상유무 확인
> - 부스 앞에 서 있는 작업자는 주위의 공기흐름을 변화시킬 수 있으므로 실험자를 2인 이하로 최소화
> - 시약을 부스 내에 보관 시 항상 후드의 배기장치를 켜두어야 함

47 흄후드에서 후드의 전면 양 옆과 바닥을 따라 위치하여 후드 안으로 공기의 흐름이 유선형으로 흐르도록 하며 난류를 방지하는 작용을 하는 구성품의 명칭을 쓰시오.

> 에어포일(Airfoil)

48 흄후드 대하여 약간 유해한 물질과 매우 유해한 물질의 제어풍속을 쓰시오.

> - 흄후드 내 풍속(약간 유해한 화학물질) : 안면부 풍속 21~30m/min 정도
> - 흄후드 내 풍속(매우 유해한 화학물질) : 안면부 풍속 45m/min 정도

49 포위식 포위형 후드에서 가스를 취급하는 경우 제어풍속은 [0.4]m/s이고, 입자를 취급하는 경우 제어풍속은 [0.7]m/s이다.

50 입자상물질의 처리하는 공기정화장치의 종류를 쓰시오.

- 중력집진장치
- 관성력집진장치
- 원심력집진장치
- 세정집진장치
- 여과집진장치
- 전기집진장치

51 후드 및 덕트를 통해 반송된 유해물질을 정화시키는 고정식 또는 이동식의 제진, 집진, 흡수, 흡착, 연소, 산화, 환원 방식 등의 처리장치를 뜻하는 명칭을 쓰시오.

공기정화장치

52 원심력집진장치에서 블로다운 효과란 무엇인지 설명하시오.

사이클론의 분진퇴적함 또는 호퍼에서 처리 가스량의 5~10%를 흡입하여 난류현상을 억제시킴으로써 선회기류의 흐트러짐을 방지하고 집진된 분진의 비산을 방지하는 방법을 말한다.

53 가스상의 물질을 처리하는 공기정화장치에는 흡수법, [흡착법], 연소법 등이 있다.

54 공기정화장치의 송풍기 종류 중 축류식 송풍기의 종류를 쓰시오.

- 프로펠러 송풍기 : 효율(25~50%)은 낮으나 설치비용이 저렴하여 전체환기에 적합
- 튜브형 축류 송풍기 : 모터를 덕트 외부에 부착시킬 수 있고 날개의 마모, 오염의 경우 청소가 용이
- 베인형 축류 송풍기 : 저풍압, 다풍량의 용도로 적합하며, 효율(25~50%)은 낮으나 설치비용이 저렴

55 공기정화장치의 배기구 설치기준에서 옥외에 설치하는 배기구는 지붕으로부터 [1.5]m 이상 높게 설치해야 한다.

56 배풍기의 검사방법 중 배풍기 정압(FSP) 산정식을 쓰시오.

배풍기 정압(FSP) = 배풍기 입구정압(SPout) − 출구정압(SPin) − 입구동압(VPin)

기출문제

최신기출문제

2023

연구실안전관리사 제2차 시험
기출복원문제

정답 및 해설 **p.428**

※ 응시자 후기 및 기출데이터 등의 자료를 기반으로 기출문제와 유사하게 복원된 문제를 제공합니다. 실제 시험문제와 일부 다를 수 있습니다.

※ 1~6번 단답형 문제, 7~12번 (일부) 서술형 문제로 진행됩니다.

01 연구실안전법에서 규정하는 연구실안전관리위원회에 관한 내용이다. 다음 빈칸을 채우시오.

> 「연구실 안전환경 조성에 관한 법률」 제11조(연구실안전관리위원회)
> ① 연구주체의 장은 연구실 안전과 관련된 주요사항을 협의하기 위하여 연구실안전관리위원회를 구성·운영하여 야 한다.
> ② 연구실안전관리위원회에서 협의하여야 할 사항은 다음 각 호와 같다.
>   1. 제12조 제1항에 따른 [   ]의 작성 또는 변경
>   2. 제14조에 따른 안전점검 실시 계획의 수립
>   3. 제15조에 따른 정밀안전진단 실시 계획의 수립
>   4. 제22조에 따른 [   ]의 계상 및 집행 계획의 수립
>   5. 연구실 [   ]의 심의
>   6. 그 밖에 연구실 안전에 관한 주요사항

02 다음 자료를 보고 답을 쓰시오.

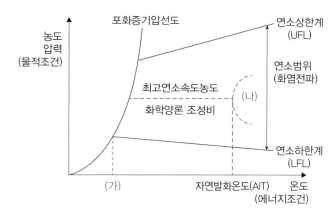

(1) 자료의 빈칸을 채우시오.

(2) KS C IEC 60079상, 가연물질의 발화온도가 100~135℃일 때 사용 가능한 전기기기의 방폭 등급을 쓰시오(단, 2개 등급에 걸쳐 있으면 모두 기재).

03 다음 빈칸에 해당하는 기계 방호장치를 쓰시오.

(1) 교류아크용접장치 : [　　　]
(2) 연삭기에서 숫돌이 부서질 경우 : [　　　]
(3) 공기압축기 : 안전밸브, [　　　]

기출문제

04 안전보건규칙에서 규정하는 근골격계부담작업에 관한 내용이다. 다음 빈칸을 채우시오.

「산업안전보건기준에 관한 규칙」 제657조(유해요인 조사)

① 사업주는 근로자가 근골격계부담작업을 하는 경우에 [   ]마다 다음 각 호의 사항에 대한 유해요인조사를 하여야 한다. 다만, 신설되는 사업장의 경우에는 신설일부터 1년 이내에 최초의 유해요인 조사를 하여야 한다.

  1. 설비 · 작업공정 · 작업량 · 작업속도 등 작업장 상황

  2. 작업시간 · 작업자세 · 작업방법 등 작업조건

  3. 작업과 관련된 근골격계질환 징후와 증상 유무 등

② 사업주는 다음 각 호의 어느 하나에 해당하는 사유가 발생하였을 경우에 제1항에도 불구하고 지체 없이 유해요인 조사를 하여야 한다. 다만, 제1호의 경우는 근골격계부담작업이 아닌 작업에서 발생한 경우를 포함한다.

  1. 법에 따른 임시건강진단 등에서 근골격계질환자가 발생하였거나 근로자가 근골격계질환으로 「산업재해보상보험법 시행령」 별표3 제2호 가목 · 마목 및 제12호 라목에 따라 [   ]으로 인정받은 경우

  2. 근골격계부담작업에 해당하는 새로운 [   ]를 도입한 경우

  3. 근골격계부담작업에 해당하는 업무의 양과 작업공정 등 작업환경을 변경한 경우

③ 사업주는 유해요인 조사에 근로자 대표 또는 해당 작업 근로자를 참여시켜야 한다.

05 유전자변형생물체법에서 규정하는 유전자변형생물체 수입에 관한 내용이다. 다음 빈칸을 채우시오.

「유전자변형생물체의 국가간 이동 등에 관한 법률」 제24조(표시)

① 유전자변형생물체를 개발 · 생산 또는 수입하는 자는 그 유전자변형생물체 또는 그 유전자변형생물체의 용기나 포장 또는 수입송장에 유전자변형생물체의 종류 등 <u>대통령령</u>으로 정하는 사항을 표시하여야 한다.

「유전자변형생물체의 국가간 이동 등에 관한 법률」 시행령 제24조(표시사항)

법 제24조 제1항에 따라 유전자변형생물체의 용기나 포장 또는 수입송장에 표시하여야 하는 사항은 다음 각 호와 같다.

1. 유전자변형생물체의 명칭 · 종류 · [   ] 및 특성

2. 유전자변형생물체의 안전한 취급을 위한 [   ]

3. 유전자변형생물체의 개발자 또는 생산자, 수출자 및 수입자의 성명 · 주소(상세하게 기재) 및 전화번호

4. 유전자변형생물체에 해당하는 사실

5. [   ]로 사용되는 유전자변형생물체 해당 여부

06 전로의 사용전압별 DC시험전압 및 절연저항에 관한 자료이다. 다음 빈칸을 채우시오.

전로의 사용전압 V	DC시험전압 V	절연저항 ㏁
[　　] 및 PELV	[　　]V	0.5
FELV, 500V 이하	500V	1.0
500V 초과	1,000V	[　　]

특별저압(Extra Low Voltage : 2차 전압이 AC 50V, DC 120V 이하)으로 [　　] 및 PELV는 1차와 2차가 전기적으로 절연된 회로, FELV는 1차와 2차가 전기적으로 절연되지 않은 회로

07 다음 빈칸에 해당하는 기계 위험요소 및 그에 관한 설명을 쓰시오.

(1) [　　]

날카롭거나 뜨겁거나 또는 전류가 흐름으로써 접촉 시 상해가 일어날 위험요소가 있는가?

(2) 충격(Impact)

(3) 함정(Trap)

(4) 말림, 얽힘(Entanglement)

(5) 튀어나옴(Ejection)

08 다음에 해당하는 설명을 기술하시오.

(1) 플래쉬오버

① 정 의

② 발생원인

③ 발생단계

(2) 백드래프트

① 정 의

② 발생원인

③ 발생단계

09 탄화칼슘에 관한 다음 문제의 답을 쓰시오.

(1) 탄화칼슘과 물 반응식을 쓰시오.

(2) (1)의 반응으로 발생하는 가스의 위험도 계산하시오(단, 연소 범위는 2.5~81vol%).

(3) (1)의 반응으로 발생하는 가스가 연소되는 최소산소농도(MOC)를 계산하시오.

10 기관생물안전위원회에 관한 다음 문제의 답을 쓰시오.

(1) 관련 법에 따른 기관생물안전위원회 인원구성을 기술하시오.

(2) 벤처기업 등 소규모 기업에서 기관생물안전위원회를 설립하기 어려울 때의 생물안전관리 방법을 서술하시오.

(3) 유전자변형생물관리 위원회의 지침에 따른 역할은 4가지가 있는데 '기타 기관 내 생물안전 확보에 관한 사항'을 제외한 3가지를 기술하시오.

11 정밀안전진단에 관한 다음 문제의 답을 쓰시오.

(1) 정밀안전진단 시행해야 하는 대상 연구실 3가지를 쓰시오(단, 관련 법규를 명시).

(2) 정밀안전진단 포함내용 3가지를 쓰시오.

12 호흡용 보호구에 관한 다음 설명의 빈칸을 채우시오.

(1) **공기정화식** : 오염공기를 여과재 또는 정화통을 통과시켜 오염물질을 제거하는 방식. 비전동식과 전동식으로 분류

　① [　　] : [　　　　　　　　　　　　　　　　　　　　　　　　　　　　　　　] (예 방진마스크, 방독마스크)

　② [　　] : 오염공기가 여과재 또는 정화통을 통과한 뒤 정화된 공기가 안면부로 가도록 고안된 것으로서 이 때 송풍장치를 사용한 형태 (예 방독+방진 겸용, 전동기 부착 방진 · 방독마스크)

(2) **공기공급식** : 공기 공급관, 공기호스 또는 자급식 공기원(산소탱크 등)을 가진 호흡용 보호구. 송기식과 자급식으로 분류

　① **송기식** : [　　　　　　　　　　　　　　　　　　　　　　　] (예 송기마스크, 에어라인마스크)

　② **자급식** : [　　　　　　　　　　　　　　　　　　　　　　　] (예 공기호흡기, 산소호흡기)

기출문제

2023

연구실안전관리사 제2차 시험
기출복원문제 정답

문제 **p.420**

※ 응시자 후기 및 기출데이터 등의 자료를 기반으로 기출문제와 유사하게 복원된 문제와 전문가의 예시 답안을 제공합니다. 실제 시험문제 및 시행처의 표준정답과 일부 다를 수 있습니다.

01 연구실안전법에서 규정하는 연구실안전관리위원회에 관한 내용이다. 다음 빈칸을 채우시오.

「연구실 안전환경 조성에 관한 법률」 제11조(연구실안전관리위원회)

① 연구주체의 장은 연구실 안전과 관련된 주요사항을 협의하기 위하여 연구실안전관리위원회를 구성 · 운영하여야 한다.

② 연구실안전관리위원회에서 협의하여야 할 사항은 다음 각 호와 같다.

　1. 제12조 제1항에 따른 [**안전관리규정**]의 작성 또는 변경

　2. 제14조에 따른 안전점검 실시 계획의 수립

　3. 제15조에 따른 정밀안전진단 실시 계획의 수립

　4. 제22조에 따른 [**안전 관련 예산**]의 계상 및 집행 계획의 수립

　5. 연구실 [**안전관리 계획**]의 심의

　6. 그 밖에 연구실 안전에 관한 주요사항

---

02 다음 자료를 보고 답을 쓰시오.

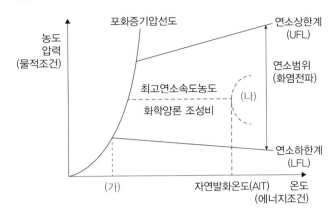

(1) 자료의 빈칸을 채우시오.

    (가) : 인화점
    (나) : 자연발화

(2) KS C IEC 60079상, 가연물질의 발화온도가 100~135℃일 때 사용 가능한 전기기기의 방폭 등급을 쓰시오(단, 2개 등급에 걸쳐 있으면 모두 기재).

    T4

03 다음 빈칸에 해당하는 기계 방호장치를 쓰시오.

    (1) 교류아크용접장치 : [자동전격방지기]
    (2) 연삭기에서 숫돌이 부서질 경우 : [방호덮개]
    (3) 공기압축기 : 안전밸브, [언로드 밸브]

04 안전보건규칙에서 규정하는 근골격계부담작업에 관한 내용이다. 다음 빈칸을 채우시오.

> 「산업안전보건기준에 관한 규칙」 제657조(유해요인 조사)
> ① 사업주는 근로자가 근골격계부담작업을 하는 경우에 [3년]마다 다음 각 호의 사항에 대한 유해요인조사를 하
> 여야 한다. 다만, 신설되는 사업장의 경우에는 신설일부터 1년 이내에 최초의 유해요인 조사를 하여야 한다.
> 1. 설비 · 작업공정 · 작업량 · 작업속도 등 작업장 상황
> 2. 작업시간 · 작업자세 · 작업방법 등 작업조건
> 3. 작업과 관련된 근골격계질환 징후와 증상 유무 등
> ② 사업주는 다음 각 호의 어느 하나에 해당하는 사유가 발생하였을 경우에 제1항에도 불구하고 지체 없이 유해
> 요인 조사를 하여야 한다. 다만, 제1호의 경우는 근골격계부담작업이 아닌 작업에서 발생한 경우를 포함한다.
> 1. 법에 따른 임시건강진단 등에서 근골격계질환자가 발생하였거나 근로자가 근골격계질환으로 「산업재해보상
> 보험법 시행령」 별표3 제2호 가목 · 마목 및 제12호 라목에 따라 [업무상 질병]으로 인정받은 경우
> 2. 근골격계부담작업에 해당하는 새로운 [작업 · 설비]를 도입한 경우
> 3. 근골격계부담작업에 해당하는 업무의 양과 작업공정 등 작업환경을 변경한 경우
> ③ 사업주는 유해요인 조사에 근로자 대표 또는 해당 작업 근로자를 참여시켜야 한다.

05 유전자변형생물체법에서 규정하는 유전자변형생물체 수입에 관한 내용이다. 다음 빈칸을 채우시오.

> 「유전자변형생물체의 국가간 이동 등에 관한 법률」 제24조(표시)
> ① 유전자변형생물체를 개발 · 생산 또는 수입하는 자는 그 유전자변형생물체 또는 그 유전자변형생물체의 용기
> 나 포장 또는 수입송장에 유전자변형생물체의 종류 등 대통령령으로 정하는 사항을 표시하여야 한다.
> 「유전자변형생물체의 국가간 이동 등에 관한 법률」 시행령 제24조(표시사항)
> 법 제24조 제1항에 따라 유전자변형생물체의 용기나 포장 또는 수입송장에 표시하여야 하는 사항은 다음 각 호와
> 같다.
> 1. 유전자변형생물체의 명칭 · 종류 · [용도] 및 특성
> 2. 유전자변형생물체의 안전한 취급을 위한 [주의사항]
> 3. 유전자변형생물체의 개발자 또는 생산자, 수출자 및 수입자의 성명 · 주소(상세하게 기재) 및 전화번호
> 4. 유전자변형생물체에 해당하는 사실
> 5. [환경 방출]로 사용되는 유전자변형생물체 해당 여부

06 전로의 사용전압별 DC시험전압 및 절연저항에 관한 자료이다. 다음 빈칸을 채우시오.

전로의 사용전압 V	DC시험전압 V	절연저항 MΩ
[SELV] 및 PELV	[250]V	0.5
FELV, 500V 이하	500V	1.0
500V 초과	1,000V	[1.0]

특별저압(Extra Low Voltage : 2차 전압이 AC 50V, DC 120V 이하)으로 [SELV] 및 PELV는 1차와 2차가 전기적으로 절연된 회로, FELV는 1차와 2차가 전기적으로 절연되지 않은 회로

07 다음 빈칸에 해당하는 기계 위험요소 및 그에 관한 설명을 쓰시오.

(1) [접촉(Contact)]

날카롭거나 뜨겁거나 또는 전류가 흐름으로써 접촉 시 상해가 일어날 위험요소가 있는가?

(2) 충격(Impact)

운동하는 어떤 기계요소들과 사람이 부딪혀 그 요소의 운동에너지에 의해 사고가 일어날 가능성은 없는가?

(3) 함정(Trap)

기계요소의 운동에 의해서 트랩점이 발생하지 않는가?

(4) 말림, 얽힘(Entanglement)

작업자의 신체 일부가 기계설비에 말려들어 갈 위험이 없는가?

(5) 튀어나옴(Ejection)

기계요소와 피가공재가 튀어나올 위험이 있는가?

08 다음에 해당하는 설명을 기술하시오.

(1) 플래쉬오버

① 정 의

화재 중기상태에서 천장으로 올라간 열이 복사되고 곧 바닥의 가연물로 반사되어 바닥의 가연물이 더욱 분해되는데, 이 과정에서 가연성 가스를 발생시킨다. 이 가스(CO, 가연성 일산화탄소)가 카메라 섬광의 플래시처럼 순간적으로 실내 전체를 연소 착화하는 현상으로, 비정상 연소현상이다.

② 발생원인

인화점을 초과하는 온도상승

③ 발생단계

성장기 마지막과 최성기 시작점의 경계

(2) 백드래프트

① 정 의

산소가 부족한 밀폐된 공간에 불씨 연소로 인한 가스가 가득 찬 상태에서 갑자기 개구부 개방으로 새로운 산소가 유입될 때 불씨가 화염으로 변하면서 폭풍을 동반하여 실외로 분출되는 현상

② 발생원인

외부 (신선한) 공기의 유입

③ 발생단계

감쇠기

09 탄화칼슘에 관한 다음 문제의 답을 쓰시오.

(1) 탄화칼슘과 물 반응식을 쓰시오.

$$C_2H_2 + \frac{5}{2}O_2 \rightarrow 2CO_2 + H_2O$$

연료 1몰당 산소 $\frac{5}{2}$ 몰이 필요하다는 것을 의미한다.

(2) (1)의 반응으로 발생하는 가스의 위험도 계산하시오(단, 연소 범위는 2.5~81vol%).

$$위험도(H) = \frac{(UFL - LFL)}{LFL}$$

$$= \frac{81 - 2.5}{2.5} = 31.4$$

(3) (1)의 반응으로 발생하는 가스가 연소되는 최소산소농도(MOC)를 계산하시오.

$$MOC = LFL \times O_2 \ 몰수$$

$$= 2.5 \times \frac{5}{2} = 6.25\%$$

10 기관생물안전위원회에 관한 다음 문제의 답을 쓰시오.

(1) 관련 법에 따른 기관생물안전위원회 인원구성을 기술하시오.

위원장 1인, 생물안전관리책임자 1인, 외부위원 1인을 포함한 5인 이상의 내·외부위원으로 구성한다.

(2) 벤처기업 등 소규모 기업에서 기관생물안전위원회를 설립하기 어려울 때의 생물안전관리 방법을 서술하시오.

해당 업무를 외부 기관생물안전위원회에 위탁할 수 있다.

(3) 유전자변형생물관리 위원회의 지침에 따른 역할은 4가지가 있는데 '기타 기관 내 생물안전 확보에 관한 사항'을 제외한 3가지를 기술하시오.

① 유전자재조합실험의 위해성평가 심사 및 승인에 관한 사항
② 생물안전 교육·훈련 및 건강관리에 관한 사항
③ 생물안전관리규정의 제·개정에 관한 사항

※ 보건복지부고시 유전자재조합실험지침 제20조(기관생물안전위원회) 참고

11 정밀안전진단에 관한 다음 문제의 답을 쓰시오.

(1) 정밀안전진단 시행해야 하는 대상 연구실 3가지를 쓰시오(단, 관련 법규를 명시).

① 연구개발활동에 화학물질관리법에 따른 유해화학물질을 취급하는 연구실
② 연구개발활동에 산업안전보건법에 따른 유해인자를 취급하는 연구실
③ 연구개발활동에 고압가스안전관리법에 따른 독성가스를 취급하는 연구실

(2) 정밀안전진단 포함내용 3가지를 쓰시오.

① 유해인자별 노출도평가의 적정성
② 유해인자별 취급 및 관리의 적정성
③ 연구실 사전유해인자위험분석의 적정성

※ 과학기술정보통신부고시 연구실 안전점검 및 정밀안전진단에 관한 지침 제3장(정밀안전진단) 참고

12 호흡용 보호구에 관한 다음 설명의 빈칸을 채우시오.

---

(1) **공기정화식** : 오염공기를 여과재 또는 정화통을 통과시켜 오염물질을 제거하는 방식. 비전동식과 전동식으로 분류

  ① [**비전동식**] : [별도의 송풍장치 없이 오염공기가 여과재 또는 정화통을 통과한 뒤 정화된 공기가 안면부로 가도록 고안된 형태] (예 방진마스크, 방독마스크)

  ② [**전동식**] : 오염공기가 여과재 또는 정화통을 통과한 뒤 정화된 공기가 안면부로 가도록 고안된 것으로서 이때 송풍장치를 사용한 형태 (예 방독+방진 겸용, 전동기 부착 방진 · 방독마스크)

(2) **공기공급식** : 공기 공급관, 공기호스 또는 자급식 공기원(산소탱크 등)을 가진 호흡용 보호구. 송기식과 자급식으로 분류

  ① **송기식** : [공기호스 등으로 호흡용 공기를 공급할 수 있도록 설계된 형태] (예 송기마스크, 에어라인마스크)

  ② **자급식** : [사용자의 몸에 지닌 압력공기 실린더, 압력산소실린더, 또는 산소발생장치가 작동되어 호흡용 공기가 공급되도록 한 형태] (예 공기호흡기, 산소호흡기)

행운이란 100%의 노력 뒤에 남는 것이다.

− 랭스턴 콜먼 −